谢丙堃　著

现代 C++ 语言核心特性解析

人民邮电出版社

北　京

图书在版编目（CIP）数据

现代C++语言核心特性解析 / 谢丙堃著. -- 北京：
人民邮电出版社，2021.10
ISBN 978-7-115-56417-7

Ⅰ. ①现… Ⅱ. ①谢… Ⅲ. ①C++语言—程序设计
Ⅳ. ①TP312.8

中国版本图书馆CIP数据核字(2021)第075745号

内 容 提 要

本书是一本 C++ 进阶图书，全书分为 42 章，深入探讨了从 C++11 到 C++20 引入的核心特性。书中不仅通过大量的实例代码讲解特性的概念和语法，还从编译器的角度分析特性的实现原理，书中还穿插了 C++ 标准委员会制定特性标准时的一些小故事，帮助读者知其然也知其所以然。

本书适合因为工作需要学习 C++ 新特性的 C++ 从业者，同样也适合对 C++ 新特性非常感兴趣的 C++ 爱好者。此外，具备 C++ 基础知识的 C++ 初学者也可以通过本书领略 C++ 的另外一道风景。

◆ 著　　　谢丙堃
　　责任编辑　陈聪聪
　　责任印制　王　郁　焦志炜
◆ 人民邮电出版社出版发行　　北京市丰台区成寿寺路 11 号
　　邮编　100164　电子邮件　315@ptpress.com.cn
　　网址　https://www.ptpress.com.cn
　　北京七彩京通数码快印有限公司印刷
◆ 开本：800×1000　1/16
　　印张：28.25　　　　　　　　　　2021 年 10 月第 1 版
　　字数：591 千字　　　　　　　2024 年 11 月北京第 11 次印刷

定价：119.90 元

读者服务热线：(010)81055410　印装质量热线：(010)81055316
反盗版热线：(010)81055315
广告经营许可证：京东市监广登字 20170147 号

推荐序

在现代计算机的历史中，剑桥大学有着很重要的地位。1949年5月6日，剑桥大学制造的 EDSAC 计算机成功运行，成为世界上第一台具有完整功能的存储程序计算机。EDSAC 是由剑桥大学数学实验室设计的，核心人物是莫里斯·威尔克斯（Maurice Wilkes）（1913—2010）。

1951年，爱迪生-韦斯利出版社（Addison-Wesley）出版了一本名为《为电子数字计算机准备程序》的书，书中介绍了如何为 EDSAC 计算机编写软件，这本书开创了一个新的出版领域，是出版历史中最早的软件编程图书。这本书的第一作者便是莫里斯·威尔克斯，第二作者是 EDSAC 团队的另一个成员戴维·惠勒（David J. Wheeler）（1927—2004）。

1970年，剑桥大学数学实验室改名为计算机实验室。

1975年，一个来自丹麦的年轻人申请到剑桥大学读博士，面试他的便是莫里斯·威尔克斯和罗杰·尼达姆（Roger Needham）。罗杰于1962年加入剑桥大学数学实验室，后来成为微软欧洲研究院的首任院长。

今天回想起来，1975年的这次面试可谓阵容强大，两位面试官一位是 EDSAC 的总设计师，一位是后来的研究院院长。

两位资深的面试官轮番提问，一个问题接着一个问题，让被面试者难以应付，有点焦头烂额。不过虽然面试过程很痛苦，但是结果却非常让人愉快，被面试的年轻人通过了面试。这个年轻人便是今天被尊称为 C++之父的本贾尼·斯特劳斯特卢普（Bjarne Stroustrup）先生。本贾尼出生于1950年，25岁时就已经在丹麦的奥尔胡斯大学获得了硕士学位。这次面试让他得到了到现代计算机的摇篮之一继续学习的机会，也让他满足了女朋友的心愿。在到剑桥面试之前，本贾尼已经拿到了一所大学的邀约（offer），但他的女朋友说："如果你能拿到剑桥大学的邀约，你应该选择剑桥。"

获得剑桥大学的学习机会，实现了女朋友的愿望，让本贾尼也很高兴。更重要的是，指导本贾尼博士学业的导师便是 EDSAC 的设计者之一戴维·惠勒。

多年之后在本贾尼获得计算机历史博物馆的院士荣誉后接受采访时，他仍清楚地记得第一次到惠勒办公室时的情景。本贾尼坐下来后，想听听导师安排自己做什么。没想到，惠勒提出了一个问题："你知道读博士和读硕士的差别吗？"

本贾尼回答道："不知道。"

惠勒说："如果一定需要我告诉你应该做什么，那么你就是来读硕士。"

本贾尼明白了，导师是让他自己寻找研究方向。于是本贾尼花了一年时间来寻找研究方向，经过大量的调查和分析，最后选择了分布式系统。

1979 年，本贾尼在剑桥大学拿到了博士学位。经过一番努力，他最终获得了到大洋彼岸的贝尔实验室工作的机会。

于是本贾尼先生带着妻子和女儿从英国到了美国。贝尔实验室位于美国新泽西州的默里山。在本贾尼到达前，那里已经因为发明了 UNIX 和 C 语言而名扬天下。

到贝尔实验室报到后，本贾尼找到自己的主管，坐下来，想听听领导安排自己做什么。领导的指示非常简单："做点有趣的东西。"

回想起当年在剑桥第一次接受惠勒导师指导的经历，本贾尼对这个回答已经不惊异了。而且感到非常高兴，因为可以按照自己的想法大干一场。

做什么呢？本贾尼在做博士研究时，使用了一种名叫 Simula 的语言，它的最大特点就是"面向对象"，可以非常直观地表达现实世界，代码很优雅。但相对于贝尔实验室里流行的 C 语言来说，Simula 的效率不够高。一个伟大的想法浮现在本贾尼的脑海里，那就是做一种新的编程语言，它既有 C 的高效性，又有 Simula 的自然和优雅。

想好了就动手，本贾尼把自己的新语言临时取名为"带有类的 C"（C with Classes），开始改造编译器。

开发一种新的编程语言是一项巨大的工程，定义语法、开发编译器、编写用户手册等。在这个过程中，本贾尼给自己的新语言取了一个简单的名字：C++。

经过近 5 年的工作，1984 年，C++ 语言的参考手册在贝尔实验室内部发布了。

1985 年，C++ 的商业版本对外发布，C++ 开始了走向世界的步伐。

我在 20 世纪 90 年代读大学时，专业课程里安排的编程语言有 FORTRAN、C 以及汇编语言，没有 C++。但是在图书馆里，我找到了介绍 C++ 的书。更重要的是，当年流行的 Borland C++ 3.1 集成开发环境里大量使用了 C++ 语言，最著名的就是宝蓝（Borland）公司开发的对象窗口库（Object Windows Library，OWL）。于是我开始自学 C++ 语言，并且使用 C++ 语言编写了一些程序，包括我的毕业设计程序。

2005 年，在上海的 C++ 大会上，第一次见到本贾尼先生，近距离聆听了他关于 C++ 的演讲。从那以后，多次与本贾尼先生见面，与他谈论的话题也逐渐增多。

2019 年 11 月，本贾尼先生亲临 C++ 大会会场，演讲间隙与很多与会者微笑合影。特别是在与本贾尼的座谈结束后，很多人走到本贾尼身边，请求合影。本贾尼先生有求必应，座谈大约 12 点结束，我上了个卫生间回来，合影仍在继续。根据主办方的安排，这天的午餐是所有讲师与本贾尼先生共进午餐，因为合影，午餐被推迟了十几分钟。餐厅在 5 楼，午餐后有演讲或者想听演讲的讲师离开了，本贾尼先生继续在餐厅，一边喝茶，一边聊天，我与他聊到 13 点多后，因为有事也到 4 楼会场了。14 点左右，我在会场侧面的卫生间门口，又见到本贾尼先生，他被一位同行拦住，请求合影。就是在这样"人生有三急"的情况下，本贾尼先生还是非常配合地与那位同行来了个二人合照。我当时真是佩服本贾尼先生的平易和温和。

从 2010 年起，C++语言走上了快车道，在过去 10 年间发布了 4 个版本，大刀阔斧地引入了很多新的特征。在 C++11 开始的 4 个已发布版本中，C++引入了 100 多个新特征。这么多新特征让很多人感觉 C++仿佛成了一门新的语言。于是便有了现代 C++的说法。

与经典 C++相比，现代 C++的学习难度也比较大。这意味着对于一些老的 C++程序员，学习现代 C++也是有挑战的。如何快速掌握现代 C++呢？

在 2008 年《软件调试》第 1 版出版后，我在高端调试网站举办了一个书友活动，在那次活动中，一个年轻帅气的年轻人给我留下了深刻的印象，他风华正茂，目光炯炯有神。他就是谢丙堃，当时在武汉大学读书。

去年年底，丙堃发了一份书稿给我，是关于现代 C++的，我翻看了一下，书中选取了现代 C++的 40 多个特征，每个特征一章，从多个角度解读这个特征。可贵的是，书中不仅有代码示例，结合实际代码来说理，还有作者的很多感悟和经验分享。

现代社会中，每个人都忙忙碌碌，特别是程序员群体，大多忙得像个陀螺。人生就在这样的忙碌中一天天过去。偶尔的闲暇也往往被各种游戏和刷屏占据，顾不上思考人生的方向和怎么实现目标。丙堃能在工作之余，坚持 3 年之久，日积月累，沉淀下这样一份书稿，真是难能可贵，钦佩之余，略缀数语于书前，聊表寸心。

张银奎
2021 年 3 月于盛格塾

前言

为什么要写这本书

近 10 年来 C++的更新可谓是非常频繁，这让我在 2017 年时感受到了一丝不安。那个时候我发现在开源平台上已经有很多项目采用 C++11 和 C++14 标准编写，其中不乏一些知名的代码库，而公司里所用的编译环境还没有完全支持 C++11，也很少有人真正了解过 C++11 的新特性。这带来一个很严重的问题，公司项目依赖的代码库更新到最新标准以后，我们将难以在一时之间维护甚至阅读它们，因为 C++之父曾经说过 "These enhancements are sufficient to make C++11 feel like a new language."，他认为新特性的增强足以使 C++11 感觉像是一种新语言。可见即使是掌握 C++11 标准也需要将其当作一门新语言去学习，更何况当时的情况是 C++17 标准对 C++又一次进行了大幅更新，很多原来的理解已经不准确甚至是不正确的了。尽管如此，我当时却没办法找到一本深入探讨 C++11～C++17 最新语言特性的书，在互联网上也只能找到零散的资料，并且大多数还是英文的。于是我产生了自己动手写一本深入探讨 C++最新语言特性的图书的想法。事实证明，我的担忧是有必要的。到目前为止已经有越来越多的项目开始迁移到新的 C++标准，例如 LLVM(C++14)、thrust(C++17)等，C++正在进入一个全新的时代，作为程序员的我们必须与时俱进地学习这些新特性来确保我们的技术不会过时。

本书的组织结构

本书的内容编排是理论结合实践，涵盖了 C++11～C++20 全部新增的语言核心特性，本书既能当作一本教材让读者可以由浅入深、由基础特性到高级特性来掌握新增特性的原理和用法，也能作为一本"字典"让读者有针对性地查阅单个特性。

本书分为两个部分，第一部分（第 1~34 章）讲解基础特性，这部分内容在编程过程中会经常用到，具体如下。

第 1 章介绍 C++11~C++20 新增的基础类型，包括新的 long long 整型和多个新字符类型。

第 2 章介绍内联和嵌套命名空间，通过本章读者将学到如何在外部无感知的情况下切换命名空间。

第 3 章探讨了新特性中的重点 auto 占位符，探究它的推导规则，在 lambda 表达式中的应用，这将会是读者在现今 C++ 中用到最多的关键字。

第 4 章探讨了 decltype 说明符，同样阐述了其推导规则，并将 decltype(auto) 和 auto 做了详细比较，有助于读者厘清两者的区别。

第 5 章介绍了函数返回类型后置特性，读者可以通过这种函数声明方式让编译器自动推导返回类型。

第 6 章深入探讨了右值引用，该特性是所有新特性中最难理解的特性之一。本章一步一步引导读者理解右值引用的含义和用途，并介绍其在移动语义中发挥的重要作用。另外还深入介绍了值类别，包括泛左值、纯右值和将亡值。

第 7 章介绍了 lambda 表达式特性，逐步递进地讨论了 lambda 表达式功能的增强，包括基础语法、广义捕获、泛型 lambda 表达式以及如何在 lambda 表达式中使用模板语法。

第 8 章介绍了新的类成员的初始化方法，并且阐述了该方法与初始化列表的区别和优势。

第 9 章探究了列表初始化，该特性为初始化容器类型的对象提供了方便。本章详细描述了其工作原理并且演示了如何让自定义容器支持列表初始化。

第 10 章介绍了指定默认和删除函数的方法，读者通过本章可以学到如何通过指定默认函数强制编译器生成函数，以及删除特定函数让编译器无法自动生成。

第 11 章介绍非受限联合类型，该特性可以解决联合类型在 C++ 中缺乏实用性的问题，通过非受限联合类型可以在联合类型中声明非平凡类型成员。

第 12 章和第 13 章介绍了委托构造函数和继承构造函数，它们都是为了解决 C++ 类中构造函数代码冗余的问题。

第 14 章探究了强枚举类型，强枚举类型解决了普通枚举类型中几个一直被诟病的问题，包括类型检查不严格、底层类型定义不清晰等。

第 15 章详细探讨了扩展的聚合类型，阐明聚合类型的新定义，指出该新定义下过去代码中可能出现的问题。

第 16 章介绍了 override 和 final 说明符，说明了重写、重载和隐藏的区别，读者可以通过这两个说明符将虚函数重写的语法检查工作交给编译器。

第 17 章深入探讨了基于范围的 for 循环,该特性能简化枚举容器中元素的代码,除了描述该特性的使用方法,本章还说明了 for 循环的实现原理,并且实现了一个支持基于范围的 for 循环容器例子。

第 18 章介绍了支持初始化语句的 if 和 switch,使用该特性可以将变量的初始化以及条件判断统一到相同的作用域。

第 19 章介绍了 static_assert 关键字,读者可以通过本章了解如何通过 static_assert 让代码在编译阶段就找到错误。

第 20 章深入探讨了结构化绑定的使用方式、规则和原理,通过本章,读者将学会如何让 C++ 像 Python 一样返回多个值,如何让一个第三方类型支持结构化绑定语法。

第 21 章介绍了 noexcept 关键字,描述了 noexcept 相对于 throw() 的优势,并且探讨了 noexcept 在作为运算符时如何为移动构造函数提供异常控制的支持。

第 22 章讨论了类型别名和别名模板,读者通过本章将学会通过 using 关键字定义类型别名,并且掌握别名模板为后续模板的相关特性打下基础。

第 23 章介绍了指针字面量 nullptr,讨论了 nullptr 相对于 0 作为空指针常量的优势。

第 24 章探究了三向比较特性,阐述了三向比较运算符的语法,返回类型特征以及自动生成其他比较运算符的规则。

第 25 章介绍了线程局部存储,读者可以从本章了解到编译器和操作系统支持线程局部存储的方法,以及线程局部存储解决了哪些问题。

第 26 章介绍了扩展的 inline 说明符特性,该特性解决了类的非常量静态成员变量声明必须和定义分开的问题。

第 27 章深入探究了常量表达式。本章有一定难度,不仅介绍了使用 constexpr 定义常量表达式函数、构造函数,并且分不同时期的标准探讨了使常量表达式成立的规则的变化,另外还讨论了 constexpr 在 if 控制结构、lambda 表达式和虚函数中的应用。

第 28 章讨论了表达式求值顺序的问题,新特性解决了 C++17 之前 C++标准没有对表达式求值顺序做严格规定的问题。

第 29 章讨论了新标准对字面量的优化,其中集中描述了新标准对二进制整数、十六进制浮点、原生字符串字面量的支持,另外还详细介绍了如何实现自定义字面量。

第 30 章深入探讨了 alignas 和 alignof 关键字。本章从 CPU 的角度出发讨论了数据对齐对于程序运行效率的重要性,进而说明如何使用新标准提供的方式完成数据对齐,最后用实例证明了数据对齐对性能的影响。

第 31 章介绍了属性说明符和标准属性,通过本章读者将学会使用属性的方法,了解指定属性的规则，并且能充分理解 C++11 到 C++20 中的 9 个标准属性。

第 32 章介绍了新增预处理器和宏。本章展示了使用__has_include 预处理器判断是否包含头文件的方法，并且介绍了一系列的特性测试宏，使用它们可以判断编译器对某个特性的支持程度。

第 33 章深入探讨了协程的使用方法和原理，从如何简单地借助标准库使用协程入手，分别诠释了 co_await、co_yield 和 co_return 运算符原理，并且展示了如何自定义一个支持协程的类型。

第 34 章是一些其他基础特性的优化，虽然这些特性比较简短不成体系但是却也相当重要，比如返回值优化，允许数组转换为未知范围的数组等。

从第 35 章开始进入本书的第二部分，第二部分主要探讨的是模板相关的新特性，具体如下。

第 35 章深入讨论了可变参数模板。本章中除了介绍可变参数模板的基本语法，还深入讨论了形参包展开的各种场景，展示了使用可变参数模板进行模板元编程的方法，最后探讨了 C++17 中折叠表达式的语法和规则。

第 36 章介绍了新标准对 typename 的优化，新标准明确指明了可以省略 typename 的场景，并且让模板参数支持使用 typename。

第 37 章集中介绍了新标准对模板参数的改进，包括允许局部和匿名类型作为模板实参、将函数模板添加到 ADL 查找规则中等。

第 38 章讨论了新标准模板推导的优化，在 C++17 标准之前实例化类模板必须显式指定模板实参，但是现在不需要了。本章介绍了使用构造函数推导类模板实参的方法以及它在各种场景下的应用。

第 39 章介绍了用户定义推导指引，读者通过本章将学到如何通过自定义推导指引来控制编译器推导模板实例路径。

第 40 章讨论了 SFINAE 规则，通过 SFINAE 规则开发人员能够控制编译器选择模板实例化的方法，SFINAE 规则也是模板元编程必不可少的组成部分。

第 41 章深入探讨了概念和约束，通过这部分内容读者可以体会到对编译器前所未有的掌控力，概念可以通过各方面约束编译器对模板的实例化。本章详细讨论了 concept 和 requires 的语法和使用规则，并且展示了其在可变参数模板和 auto 中的约束作用。

第 42 章介绍了模板特性的其他优化，包括新增的变量模板以及使用 friend 声明模板形参的优化等。

本书特色

　　本书并不是直接告诉读者 C++11～C++20 的新特性该怎么使用，而是希望读者通过本书能够了解新特性诞生的前因后果，用实际例子探讨过去 C++中的缺陷以及新特性如何修复和完善优化，并且尽可能地描述新特性在编译器中的实现原理。它没有告诉读者"你应该这样使用这个新特性"，而是在说："嘿，我有一个不错的新特性，可以解决你手中的问题，它的原理是……而且关于这个特性我还有一个小故事，想听听吗？"另外，为了保证新特性被编译器切实有效地实现，本书中几乎所有的代码都采用 GCC、Clang 和 MSVC 编译过。在编译器表现与 C++标准描述不一致的时候会提醒读者注意其中的区别。

读完这本书你将收获什么

- 为什么我的类在使用 C++17 标准后无法初始化对象了？
- 为什么在不改变任何代码的情况下，用新编译器编译的程序运行效率提高了？
- 想定义 lambda 表达式用于异步调用，却发现导致未定义的行为该怎么办？
- 想让编辑器自动推导返回类型该怎么办？
- 作为库的作者，想在客户调用库代码的时候判断客户提供的类是否具有某个成员函数，以及采用不同的实现方案时该怎么做？

　　读完这本书读者不仅会找到以上这些问题的答案，还将了解答案背后的原理和故事。

面向读者

　　本书的读者需要具有一定的 C++基础，并且想要学习 C++新特性或者因为工作项目需要学习 C++新特性。对于有基础的读者来说，本书的大部分章节都比较容易理解，极少数章节可能需要反复阅读以加深理解。模板相关的大部分章节也不会成为阅读的障碍，有泛型编程和模板元编程经验的读者理解起来会更快一些。对于初学者来说，建议在阅读的时候手边备一本 C++编程基础的图书，在阅读本书的时候会经常用到。

致谢

感谢我的好友赵歆、李正伟，你们当年的提议和 3 年多来的鼓励给了我写这本书的信心和动力。

感谢人民邮电出版社的各位编辑对本书出版付出的辛勤劳动，特别感谢陈聪聪编辑在本书从草稿到出版过程中对我的帮助，正是您的热情指导才让这本书如此迅速地与读者相见，也特别感谢张银奎老师对本书的认可并且为本书作序，谢谢你们。

最后要感谢我的家人，没有你们的默默付出、鼓励和支持，我可能无法提笔写下这本书，感谢你们。

资源与支持

本书由异步社区出品，社区（https://www.epubit.com/）为读者提供相关资源和后续服务。

配套资源

本书提供如下资源：

- 本书源代码。

要获得以上配套资源，请在异步社区本书页面中单击 配套资源 ，跳转到下载界面，按提示进行操作即可。注意：为保证购书读者的权益，该操作会给出相关提示，要求输入提取码进行验证。

提交错误信息

作者和编辑尽最大努力来确保书中内容的准确性，但难免会存在疏漏。欢迎读者将发现的问题反馈给我们，帮助我们提升图书的质量。

当读者发现错误时，请登录异步社区，按书名搜索，进入本书页面，单击"提交勘误"，输入错误信息，单击"提交"按钮即可。本书的作者和编辑会对读者提交的错误信息进行审核，确认并接受后，读者将获赠异步社区的 100 积分。积分可用于在异步社区兑换优惠券、样书或奖品。

扫码关注本书

扫描下方二维码，读者将会在异步社区微信服务号中看到本书信息及相关的服务提示。

与我们联系

我们的联系邮箱是 chencongcong@ptpress.com.cn。

如果读者对本书有任何疑问或建议，请读者发邮件给我们，并请在邮件标题中注明本书书名，以便我们更高效地做出反馈。

如果读者有兴趣出版图书、录制教学视频，或者参与图书翻译、技术审校等工作，可以发邮件给我们；有意出版图书的作者也可以提交投稿。

如果读者所在的学校、培训机构或企业，想批量购买本书或异步社区出版的其他图书，也可以发邮件给我们。

如果读者在网上发现有针对异步社区出品图书的各种形式的盗版行为，包括对图书全部或部分内容的非授权传播，请读者将怀疑有侵权行为的链接发邮件给我们。读者的这一举动是对作者权益的保护，也是我们持续为读者提供有价值的内容的动力之源。

关于异步社区和异步图书

"异步社区"是人民邮电出版社旗下 IT 专业图书社区，致力于出版精品 IT 技术图书和相关学习产品，为作译者提供优质出版服务。异步社区创办于 2015 年 8 月，提供大量精品 IT 技术图书和电子书，以及高品质技术文章和视频课程。更多详情请访问异步社区官网 https://www.epubit.com。

"异步图书"是由异步社区编辑团队策划出版的精品 IT 专业图书的品牌，依托于人民邮电出版社的计算机图书出版积累和专业编辑团队，相关图书在封面上印有异步图书的 LOGO。异步图书的出版领域包括软件开发、大数据、AI、测试、前端、网络技术等。

异步社区

微信服务号

目录

第 1 章

新基础类型（C++11～C++20）

1.1 整数类型 long long

整型 long long 虽然是 C++11 才新加入标准的，但是我们似乎很早就开始使用这个类型了，这其中包含了一个有趣的故事。

long long 这个类型早在 1995 年 6 月之前就由罗兰·哈廷格（Roland Hartinger）提出申请加入 C++标准。但是当时的 C++标准委员会以 C 语言中不存在这个基本类型为由，拒绝将这个类型加入 C++中。而就在 C++98 标准出台的一年后，C99 标准就添加了 long long 这个类型，并且流行的编译器也纷纷支持了该类型，这也就是我们很早就接触到 long long 的原因。在此之后 C++标准委员会在 C++11 中才有计划将整型 long long 加入标准中。

我们知道 long 通常表示一个 32 位整型，而 long long 则是用来表示一个 64 位的整型。不得不说，这种命名方式简单粗暴。不仅写法冗余，而且表达的含义也并不清晰。如果按照这个命名规则，那么 128 位整型就该被命名为 long long long 了。但是不管怎么样，long long 既然已经加入了 C++11 的标准，那么我们能做的就是适应它，并且希望不会有 long long long 这种类型的诞生。

C++标准中定义，long long 是一个至少为 64 位的整数类型。请注意这里的用词"至少"，也就说 long long 的实际长度可能大于 64 位。不过我至今也没有看到大于 64 位长度的 long long 出现。另外，long long 是一个有符号类型，对应的无符号类型为 unsigned long long，当然读者可能看到过诸如 long long int、unsigned long long int 等类型，实际上它们和 long long、unsigned long long 具有相同的含义。C++标准还为其定义 LL 和 ULL 作为这两种类型的字面量后缀，所以在初始化 long long 类型变量的时候可以这么写：

```
long long x = 65536LL;
```

当然，这里可以忽略 LL 这个字面量后缀，直接写成下面的形式也可以达到同样的效果：

```
long long x = 65536;
```

要强调的是，字面量后缀并不是没有意义的，在某些场合下我们必须用到它才能让代码的逻辑正确，比如下面的代码：

```
long long x1 = 65536 << 16;      // 计算得到的 x1 值为 0
std::cout << "x1 = " << x1 << std::endl;

long long x2 = 65536LL << 16;    // 计算得到的 x2 值为 4294967296（0x100000000）
std::cout << "x2 = " << x2 << std::endl;
```

以上代码的目的是将 65536 左移 16 位，以获得一个更大的数值。但是，x1 计算出来的值却是 0，没有增大反而减小了。原因是在没有字面量后缀的情况下，这里的 65536 被当作 32 位整型操作，在左移 16 位以后，这个 32 位整型的值变成了 0，所以事实是将 0 赋值给了 x1，于是我们看到 x1 输出的结果为 0。而在计算 x2 的过程中，代码给 65536 添加了字面量后缀 LL，这使编译器将其编译为一个 64 位整型，左移 16 位后仍然可以获得正确的结果：4294967296（0x100000000）。另外，有些编译器可能在编译 long long x1 = 65536 << 16; 的时候显示一些警告提示，而另一些编译器可能没有，无论如何我们必须在编写代码的时候足够小心，避免上面情况的发生。

和其他整型一样，long long 也能运用于枚举类型和位域，例如：

```
enum longlong_enum : long long {
    x1,
    x2
};

struct longlong_struct {
    long long x1 : 8;
    long long x2 : 24;
    long long x3 : 32;
};

std::cout << sizeof(longlong_enum::x1) << std::endl;   // 输出大小为 8
std::cout << sizeof(longlong_struct) << std::endl;      // 输出大小为 8
```

作为一个新的整型 long long，C++标准必须为它配套地加入整型的大小限制。

在头文件中增加了以下宏, 分别代表 long long 的最大值和最小值以及 unsigned long long 的最大值:

```
#define LLONG_MAX 9223372036854775807LL        // long long 的最大值
#define LLONG_MIN (-9223372036854775807LL - 1) // long long 的最小值
#define ULLONG_MAX 0xffffffffffffffffULL        // unsigned long long 的最大值
```

在 C++中应该尽量少使用宏, 用模板取而代之是明智的选择。C++标准中对标准库头文件做了扩展, 特化了 long long 和 unsigned long long 版本的 numeric_limits 类模板。这使我们能够更便捷地获取这些类型的最大值和最小值, 如下面的代码示例:

```cpp
#include <iostream>
#include <limits>
#include <climits>
#include <cstdio>
int main(int argc, char *argv[])
{
    // 使用宏方法
    std::cout << "LLONG_MAX = " << LLONG_MAX << std::endl;
    std::cout << "LLONG_MIN = " << LLONG_MIN << std::endl;
    std::cout << "ULLONG_MAX = " << ULLONG_MAX << std::endl;

    // 使用类模板方法
    std::cout << "std::numeric_limits<long long>::max() = "
        << std::numeric_limits<long long>::max() << std::endl;
    std::cout << "std::numeric_limits<long long>::min() = "
        << std::numeric_limits<long long>::min() << std::endl;
    std::cout << "std::numeric_limits<unsigned long long>::max() = "
        << std::numeric_limits<unsigned long long>::max() << std::endl;

    // 使用 printf 打印输出
    std::printf("LLONG_MAX = %lld\n", LLONG_MAX);
    std::printf("LLONG_MIN = %lld\n", LLONG_MIN);
    std::printf("ULLONG_MAX = %llu\n", ULLONG_MAX);
}
```

输出结果如下:

```
LLONG_MAX = 9223372036854775807
LLONG_MIN = -9223372036854775808
ULLONG_MAX = 18446744073709551615
std::numeric_limits<long long>::max() = 9223372036854775807
std::numeric_limits<long long>::min() = -9223372036854775808
std::numeric_limits<unsigned long long>::max() = 18446744073709551615
LLONG_MAX = 9223372036854775807
```

```
LLONG_MIN = -9223372036854775808
ULLONG_MAX = 18446744073709551615
```

以上代码很容易理解，唯一需要说明的一点是，随着整型 long long 的加入，std::printf 也加入了对其格式化打印的能力。新增的长度指示符 ll 可以用来指明变量是一个 long long 类型，所以我们分别使用%lld 和%llu 来格式化有符号和无符号的 long long 整型了。当然，使用 C++标准的流输入/输出是一个更好的选择。

1.2　新字符类型 char16_t 和 char32_t

在 C++11 标准中添加两种新的字符类型 char16_t 和 char32_t，它们分别用来对应 Unicode 字符集的 UTF-16 和 UTF-32 两种编码方法。在正式介绍它们之前，需要先弄清楚字符集和编码方法的区别。

1.2.1　字符集和编码方法

通常我们所说的字符集是指系统支持的所有抽象字符的集合，通常一个字符集的字符是稳定的。而编码方法是利用数字和字符集建立对应关系的一套方法，这个方法可以有很多种，比如 Unicode 字符集就有 UTF-8、UTF-16 和 UTF-32 这 3 种编码方法。除了 Unicode 字符集，我们常见的字符集还包括 ASCII 字符集、GB2312 字符集、BIG5 字符集等，它们都有各自的编码方法。字符集需要和编码方式对应，如果这个对应关系发生了错乱，那么我们就会看到计算机世界中令人深恶痛绝的乱码。不过，现在的计算机世界逐渐达成了一致，就是尽量以 Unicode 作为字符集标准，那么剩下的工作就是处理 UTF-8、UTF-16 和 UTF-32 这 3 种编码方法的问题了。

UTF-8、UTF-16 和 UTF-32 简单来说是使用不同大小内存空间的编码方法。

UTF-32 是最简单的编码方法，该方法用一个 32 位的内存空间（也就是 4 字节）存储一个字符编码，由于 Unicode 字符集的最大个数为 0x10FFFF（ISO 10646），因此 4 字节的空间完全能够容纳任何一个字符编码。UTF-32 编码方法的优点显而易见，它非常简单，计算字符串长度和查找字符都很方便；缺点也很明显，太占用内存空间。

UTF-16 编码方法所需的内存空间从 32 位缩小到 16 位（占用 2 字节），但是由于存储空间的缩小，因此 UTF-16 最多只能支持 0xFFFF 个字符，这显然不太够用，于是 UTF-16 采用了一种特殊的方法来表达无法表示的字符。简单来说，从 0x0000～

0xD7FF 以及 0xE000～0xFFFF 直接映射到 Unicode 字符集，而剩下的 0xD800～0xDFFF 则用于映射 0x10000～0x10FFFF 的 Unicode 字符集，映射方法为：字符编码减去 0x10000 后剩下的 20 比特位分为高位和低位，高 10 位的映射范围为 0xD800～0xDBFF，低 10 位的映射范围为 0xDC00～0xDFFF。例如 0x10437，减去 0x10000 后的高低位分别为 0x1 和 0x37，分别加上 0xD800 和 0xDC00 的结果是 0xD801 和 0xDC37。

幸运的是，一般情况下 0xFFFF 足以覆盖日常字符需求，我们也不必为了 UTF-16 的特殊编码方法而烦恼。UTF-16 编码的优势是可以用固定长度的编码表达常用的字符，所以计算字符长度和查找字符也比较方便。另外，在内存空间使用上也比 UTF-32 好得多。

最后说一下我们最常用的 UTF-8 编码方法，它是一种可变长度的编码方法。由于 UTF-8 编码方法只占用 8 比特位（1 字节），因此要表达完数量高达 0x10FFFF 的字符集，它采用了一种前缀编码的方法。这个方法可以用 1～4 字节表示字符个数为 0x10FFFF 的 Unicode（ISO 10646）字符集。为了尽量节约空间，常用的字符通常用 1～2 字节就能表达，其他的字符才会用到 3～4 字节，所以在内存空间可以使用 UTF-8，但是计算字符串长度和查找字符在 UTF-8 中却是一个令人头痛的问题。表 1-1 展示了 UTF-8 对应的范围。

▼表 1-1

代码范围 十六进制	UTF-8 二进制	注释
000000～00007F 128 个代码	0zzzzzzz	ASCII 字符范围，字节由零开始
000080～0007FF 1920 个代码	110yyyyy 10zzzzzz	第 1 字节由 110 开始，接着的字节由 10 开始
000800～00D7FF 00E000～00FFFF 61440 个代码	1110xxxx 10yyyyyy 10zzzzzz	第 1 字节由 1110 开始，接着的字节由 10 开始
010000～10FFFF 1048576 个代码	11110www 10xxxxxx 10yyyyyy 10zzzzzz	将由 11110 开始，接着的字节从 10 开始

1.2.2　使用新字符类型 char16_t 和 char32_t

对于 UTF-8 编码方法而言，普通类型似乎是无法满足需求的，毕竟普通类型无法表达变长的内存空间。所以一般情况下我们直接使用基本类型 char 进行处理，而过去也没有一个针对 UTF-16 和 UTF-32 的字符类型。到了 C++11，char16_t 和 char32_t 的出现打破了这个尴尬的局面。除此之外，C++11 标准还为 3 种编码提供了新前缀用于声明 3 种编码字符和字符串的字面量，它们分别是 UTF-8 的前缀 u8、UTF-16 的前缀 u 和 UTF-32 的前缀 U：

```
char utf8c = u8'a';                    // C++17 标准
//char utf8c = u8'好';
char16_t utf16c = u'好';
char32_t utf32c = U'好';
char utf8[] = u8"你好世界";
char16_t utf16[] = u"你好世界";
char32_t utf32[] = U"你好世界";
```

在上面的代码中，分别使用 UTF-8、UTF-16 和 UTF-32 编码的字符和字符串对
变量进行了初始化，代码很简单，不过还是有两个地方值得一提。

char utf8c = u8'a'在 C++11 标准中实际上是无法编译成功的，因为在 C++11
标准中 u8 只能作为字符串字面量的前缀，而无法作为字符的前缀。这个问题直到
C++17 标准才得以解决，所以上述代码需要 C++17 的环境来执行编译。

char utf8c = u8'好'是无法通过编译的，因为存储"好"需要 3 字节，显
然 utf8c 只能存储 1 字节，所以会编译失败。

1.2.3　wchar_t 存在的问题

在 C++98 的标准中提供了一个 wchar_t 字符类型，并且还提供了前缀 L，用它
表示一个宽字符。事实上 Windows 系统的 API 使用的就是 wchar_t，它在 Windows
内核中是一个最基础的字符类型：

```
HANDLE CreateFileW(
  LPCWSTR lpFileName,
  …
);


CreateFileW(L"c:\\tmp.txt", …);
```

上面是一段在 Windows 系统上创建文件的伪代码，可以看出 Windows 为创建文
件的 API 提供了宽字符版本，其中 LPCWSTR 实际上是 const wchar_t 的指针类
型，我们可以通过 L 前缀来定义一个 wchar_t 类型的字符串字面量，并且将其作为
实参传入 API。

讨论到这里读者会产生一个疑问，既然已经有了处理宽字符的字符类型，那么
为什么又要加入新的字符类型呢？没错，wchar_t 确实在一定程度上能够满足我们
对于字符表达的需求，但是起初在定义 wchar_t 时并没有规定其占用内存的大小。
于是就给了实现者充分的自由，以至于在 Windows 上 wchar_t 是一个 16 位长度的
类型（2 字节），而在 Linux 和 macOS 上 wchar_t 却是 32 位的（4 字节）。这导致
了一个严重的后果，我们写出的代码无法在不同平台上保持相同行为。而 char16_t
和 char32_t 的出现解决了这个问题，它们明确规定了其所占内存空间的大小，让

代码在任何平台上都能够有一致的表现。

1.2.4　新字符串连接

由于字符类型增多，因此我们还需要了解一下字符串连接的规则：如果两个字符串字面量具有相同的前缀，则生成的连接字符串字面量也具有该前缀，如表 1-2 所示。如果其中一个字符串字面量没有前缀，则将其视为与另一个字符串字面量具有相同前缀的字符串字面量，其他的连接行为由具体实现者定义。另外，这里的连接操作是编译时的行为，而不是一个转换。

▼表 1-2

源代码	等同于	源代码	等同于	源代码	等同于
u"a" u"b"	u"ab"	U"a" U"b"	U"ab"	L"a" L"b"	L"ab"
u"a" "b"	u"ab"	U"a" "b"	U"ab"	L"a" "b"	L"ab"
"a" u"b"	u"ab"	"a" U"b"	U"ab"	"a" L"b"	L"ab"

需要注意的是，进行连接的字符依然是保持独立的，也就是说不会因为字符串连接，将两个字符合并为一个，例如连接"\xA" "B"的结果应该是"\nB"（换行符和字符 B），而不是一个字符"\xAB"。

1.2.5　库对新字符类型的支持

随着新字符类型加入 C++11 标准，相应的库函数也加入进来。C11 在<uchar.h>中增加了 4 个字符的转换函数，包括：

```
size_t mbrtoc16( char16_t* pc16, const char* s, size_t n, mbstate_t* ps );
size_t c16rtomb( char* s, char16_t c16, mbstate_t* ps );
size_t mbrtoc32( char32_t* pc32, const char* s, size_t n, mbstate_t* ps );
size_t c32rtomb( char* s, char32_t c32, mbstate_t* ps );
```

它们的功能分别是多字节字符和 UTF-16 编码字符互转，以及多字节字符和 UTF-32 编码字符互转。在 C++11 中，我们可以通过包含<cuchar>来使用这 4 个函数。当然 C++11 中也添加了 C++ 风格的转发方法 std::wstring_convert 以及 std::codecvt。使用类模板 std::wstring_convert 和 std::codecvt 相结合，可以对多字节字符串和宽字符串进行转换。不过这里并不打算花费篇幅介绍这些转换方法，因为它们在 C++17 标准中已经不被推荐使用了，所以应该尽量避免使用它们。

除此之外，C++标准库的字符串也加入了对新字符类型的支持，例如：

```
using u16string = basic_string<char16_t>;
using u32string = basic_string<char32_t>;
using wstring = basic_string<wchar_t>;
```

1.3   char8_t 字符类型

使用 char 类型来处理 UTF-8 字符虽然可行，但是也会带来一些困扰，比如当库函数需要同时处理多种字符时必须采用不同的函数名称以区分普通字符和 UTF-8 字符。C++20 标准新引入的类型 char8_t 可以解决以上问题，它可以代替 char 作为 UTF-8 的字符类型。char8_t 具有和 unsigned char 相同的符号属性、存储大小、对齐方式以及整数转换等级。引入 char8_t 类型后，在 C++17 环境下可以编译的 UTF-8 字符相关的代码会出现问题，例如：

```
char str[] = u8"text";  // C++17 编译成功；C++20 编译失败，需要 char8_t
char c = u8'c';
```

当然反过来也不行：

```
char8_t c8a[] = "text"; // C++20 编译失败，需要 char
char8_t c8 = 'c';
```

另外，为了匹配新的 char8_t 字符类型，库函数也有相应的增加：

```
size_t mbrtoc8(char8_t* pc8, const char* s, size_t n, mbstate_t* ps);
size_t c8rtomb(char* s, char8_t c8, mbstate_t* ps);

using u8string = basic_string<char8_t>;
```

最后需要说明的是，上面这些例子只是 C++ 标准库为新字符类型新增代码的冰山一角，有兴趣的读者可以翻阅标准库代码，包括<atomic>、<filesystem>、<istream>、<limits>、<locale>、<ostream>、<string>以及<string_view>等头文件，这里就不一一介绍了。

1.4   总结

本章从 C++ 最基础的新特性入手，介绍了整型 long long 以及 char8_t、char16_t 和 char32_t 字符类型。虽说这些新的基础类型非常简单，但是磨刀不误砍柴工，掌握新基础类型（尤其是 3 种不同的 Unicode 字符类型）会让我们在使用 C++ 处理字符、字符串以及文本方面更加游刃有余。比如，当你正在为处理文本文件中 UTF-32 编码的字符而头痛时，采用新标准中 char32_t 和 u32string 也许会让问题迎刃而解。

第2章

内联和嵌套命名空间（C++11～C++20）

2.1 内联命名空间的定义和使用

开发一个大型工程必然会有很多开发人员的参与，也会引入很多第三方库，这导致程序中偶尔会碰到同名函数和类型，造成编译冲突的问题。为了缓解该问题对开发的影响，我们需要合理使用命名空间。程序员可以将函数和类型纳入命名空间中，这样在不同命名空间的函数和类型就不会产生冲突，当要使用它们的时候只需打开其指定的命名空间即可，例如：

```cpp
namespace S1 {
  void foo() {}
}

namespace S2 {
  void foo() {}
}

using namespace S1;

int main()
{
  foo();
  S2::foo();
}
```

以上是命名空间的一个典型例子，例子中命名空间 S1 和 S2 都有相同的函数 foo，在调用两个函数时，由于命名空间 S1 被 using 关键字打开，因此 S1 的 foo

函数可以直接使用，而 S2 的 foo 函数需要使用::来指定函数的命名空间。

　　C++11 标准增强了命名空间的特性，提出了内联命名空间的概念。内联命名空间能够把空间内函数和类型导出到父命名空间中，这样即使不指定子命名空间也可以使用其空间内的函数和类型了，比如：

```
#include <iostream>

namespace Parent {
  namespace Child1
  {
      void foo() { std::cout << "Child1::foo()" << std::endl; }
  }

  inline namespace Child2
  {
      void foo() { std::cout << "Child2::foo()" << std::endl; }
  }
}

int main()
{
  Parent::Child1::foo();
  Parent::foo();
}
```

　　在上面的代码中，Child1 不是一个内联命名空间，所以调用 Child1 的 foo 函数需要明确指定所属命名空间。而调用 Child2 的 foo 函数则方便了许多，直接指定父命名空间即可。现在问题来了，这个新特性的用途是什么呢？这里删除内联命名空间，将 foo 函数直接纳入 Parent 命名空间也能达到同样的效果。

　　实际上，该特性可以帮助库作者无缝升级库代码，让客户不用修改任何代码也能够自由选择新老库代码。举个例子：

```
#include <iostream>

namespace Parent {
  void foo() { std::cout << "foo v1.0" << std::endl; }
}

int main()
{
  Parent::foo();
}
```

　　假设现在 Parent 代码库提供了一个接口 foo 来完成一些工作，突然某天由于加入了新特性，需要升级接口。有些用户喜欢新的特性但并不愿意为了新接口去修改他们的代码；还有部分用户认为新接口影响了稳定性，所以希望沿用老的接口。这里最直接的办法是提供两个不同的接口函数来对应不同的版本。但是如果库中函数很多，则会出现大量需要修改的地方。另一个方案就是使用内联命名空间，将不同版本的接口归纳到不同的命名空间中，然后给它们一个容易辨识的空间名称，最后将当前最新版本的接口以内联的方式导出到父命名空间中，比如：

```cpp
namespace Parent {
  namespace V1 {
      void foo() { std::cout << "foo v1.0" << std::endl; }
  }

  inline namespace V2 {
      void foo() { std::cout << "foo v2.0" << std::endl; }
  }
}

int main()
{
  Parent::foo();
}
```

从上面的代码可以看出，虽然 foo 函数从 V1 升级到了 V2，但是客户的代码并不需要任何修改。如果用户还想使用 V1 版本的函数，则只需要统一添加函数版本的命名空间，比如 Parent::V1::foo()。使用这种方式管理接口版本非常清晰，如果想加入 V3 版本的接口，则只需要创建 V3 的内联命名空间，并且将命名空间 V2 的 inline 关键字删除。请注意，示例代码中只能有一个内联命名空间，否则编译时会造成二义性问题，编译器不知道使用哪个内联命名空间的 foo 函数。

2.2 嵌套命名空间的简化语法

有时候打开一个嵌套命名空间可能只是为了向前声明某个类或者函数，但是却需要编写冗长的嵌套代码，加入一些无谓的缩进，这很难让人接受。幸运的是，C++17 标准允许使用一种更简洁的形式描述嵌套命名空间，例如：

```cpp
namespace A::B::C {
  int foo() { return 5; }
}
```

以上代码等同于：

```
namespace A {
  namespace B {
    namespace C {
        int foo() { return 5; }
    }
  }
}
```

很显然前者是一种更简洁的定义嵌套命名空间的方法。除简洁之外，它也更加符合我们已有的语法习惯，比如嵌套类：

```
std::vector<int>::iterator it;
```

实际上这份语法规则的提案早在 2003 年的时候就已经提出，只不过到 C++17 才被正式引入标准。另外有些遗憾的是，在 C++17 标准中没有办法简洁地定义内联命名空间，这个问题直到 C++20 标准才得以解决。在 C++20 中，我们可以这样定义内联命名空间：

```
namespace A::B::inline C {
    int foo() { return 5; }
}
// 或者
namespace A::inline B::C {
    int foo() { return 5; }
}
```

它们分别等同于：

```
namespace A::B {
    inline namespace C {
        int foo() { return 5; }
    }
}

namespace A {
    inline namespace B {
        namespace C {
            int foo() { return 5; }
        }
    }
}
```

请注意，inline 可以出现在除第一个 namespace 之外的任意 namespace 之前。

2.3 总结

本章主要介绍内联命名空间，正如上文中介绍的，该特性可以帮助库作者无缝切换代码版本而无须库的使用者参与。另外，使用新的嵌套命名空间语法能够有效消除代码冗余，提高代码的可读性。

第 3 章

auto 占位符（C++11～C++17）

3.1 重新定义的 auto 关键字

严格来说 auto 并不是一个新的关键字，因为它从 C++98 标准开始就已经存在了。当时 auto 是用来声明自动变量的，简单地说，就是拥有自动生命期的变量，显然这是多余的，现在我们几乎不会使用它。于是 C++11 标准赋予了 auto 新的含义：声明变量时根据初始化表达式自动推断该变量的类型、声明函数时函数返回值的占位符。例如：

```
auto i = 5;                   // 推断为 int
auto str = "hello auto";      // 推断为 const char*
auto sum(int a1, int a2)->int  // 返回类型后置，auto 为返回值占位符
{
    return a1+a2;
}
```

在上面的代码中，我们不需要为 i 和 str 去声明具体的类型，auto 要求编译器自动完成变量类型的推导工作。sum 函数中的 auto 是一个返回值占位符，真正的返回值类型是 int，sum 函数声明采用了函数返回类型后置的方法，该方法主要用于函数模板的返回值推导（见第 5 章）。注意，auto 占位符会让编译器去推导变量类型，如果我们编写的代码让编译器无法进行推导，那么使用 auto 会导致编译失败，例如：

```
auto i;    // 编译失败
i = 5;
```

很明显，以上代码在声明变量时没有对变量进行初始化，这使编译器无法确认其具体类型要导致编译错误，所以在使用 auto 占位符声明变量的时候必须初始化变量。进一步来说，有 4 点需要引起注意。

1. 当用一个 auto 关键字声明多个变量的时候，编译器遵从由左往右的推导规则，以最左边的表达式推断 auto 的具体类型：

```
int n = 5;
auto *pn = &n, m = 10;
```

在上面的代码中，因为 &n 类型为 int *，所以 pn 的类型被推导为 int *，auto 被推导为 int，于是 m 被声明为 int 类型，可以编译成功。但是如果写成下面的代码，将无法通过编译：

```
int n = 5;
auto *pn = &n, m = 10.0;   // 编译失败，声明类型不统一
```

上面两段代码唯一的区别在于赋值 m 的是浮点数，这和 auto 推导类型不匹配，所以编译器通常会给予一条 "in a declarator-list 'auto' must always deduce to the same type" 报错信息。细心的读者可能会注意到，如果将赋值代码替换为 int m = 10.0;，则编译器会进行缩窄转换，最终结果可能会在给出一条警告信息后编译成功，而在使用 auto 声明变量的情况下编译器是直接报错的。

2. 当使用条件表达式初始化 auto 声明的变量时，编译器总是使用表达能力更强的类型：

```
auto i = true ? 5 : 8.0;    // i 的数据类型为 double
```

在上面的代码中，虽然能够确定表达式返回的是 int 类型，但是 i 的类型依旧会被推导为表达能力更强的类型 double。

3. 虽然 C++11 标准已经支持在声明成员变量时初始化（见第 8 章），但是 auto 却无法在这种情况下声明非静态成员变量：

```
struct sometype {
    auto i = 5;     // 错误，无法编译通过
};
```

在 C++11 中静态成员变量是可以用 auto 声明并且初始化的，不过前提是 auto 必须使用 const 限定符：

```
struct sometype {
    static const auto i = 5;
};
```

遗憾的是，const 限定符会导致 i 常量化，显然这不是我们想要的结果。幸

运的是，在 C++17 标准中，对于静态成员变量，auto 可以在没有 const 的情况下使用，例如：

```
struct sometype {
    static inline auto i = 5;     // C++17
};
```

4. 按照 C++20 之前的标准，无法在函数形参列表中使用 auto 声明形参（注意，在 C++14 中，auto 可以为 lambda 表达式声明形参）：

```
void echo(auto str) {…} // C++20 之前编译失败，C++20 编译成功
```

另外，auto 也可以和 new 关键字结合。当然，我们通常不会这么用，例如：

```
auto i = new auto(5);
auto* j = new auto(5);
```

这种用法比较有趣，编译器实际上进行了两次推导，第一次是 auto(5)，auto 被推导为 int 类型，于是 new int 的类型为 int *，再通过 int *推导 i 和 j 的类型。我不建议像上面这样使用 auto，因为它会破坏代码的可读性。在后面的内容中，我们将讨论应该在什么时候避免使用 auto 关键字。

3.2   推导规则

1. 如果 auto 声明的变量是按值初始化，则推导出的类型会忽略 cv 限定符。进一步解释为，在使用 auto 声明变量时，既没有使用引用，也没有使用指针，那么编译器在推导的时候会忽略 const 和 volatile 限定符。当然 auto 本身也支持添加 cv 限定符：

```
const int i = 5;
auto j = i;          // auto 推导类型为 int，而非 const int
auto &m = i;         // auto 推导类型为 const int，m 推导类型为 const int&
auto *k = &i;        // auto 推导类型为 const int，k 推导类型为 const int*
const auto n = j;    // auto 推导类型为 int，n 的类型为 const int
```

根据规则 1，在上面的代码中，虽然 i 是 const int 类型，但是因为按值初始化会忽略 cv 限定符，所以 j 的推导类型是 int 而不是 const int。而 m 和 k 分别按引用和指针初始化，因此其 cv 属性保留了下来。另外，可以用 const 结合 auto，让 n 的类型推导为 const int。

2. 使用 auto 声明变量初始化时，目标对象如果是引用，则引用属性会被忽略：

```
int i = 5;
int &j = i;
auto m = j;      // auto 推导类型为 int，而非 int&
```

根据规则 2，虽然 j 是 i 的引用，类型为 int&，但是在推导 m 的时候会忽略其引用。

3. 使用 auto 和万能引用声明变量时（见第 6 章），对于左值会将 auto 推导为引用类型：

```
int i = 5;
auto&& m = i;     // auto 推导类型为 int&（这里涉及引用折叠的概念）
auto&& j = 5;     // auto 推导类型为 int
```

根据规则 3，因为 i 是一个左值，所以 m 的类型被推导为 int&，auto 被推导为 int&，这其中用到了引用折叠的规则。而 5 是一个右值，因此 j 的类型被推导为 int&&，auto 被推导为 int。

4. 使用 auto 声明变量，如果目标对象是一个数组或者函数，则 auto 会被推导为对应的指针类型：

```
int i[5];
auto m = i;      // auto 推导类型为 int*
int sum(int a1, int a2)
{
    return a1+a2;
}
auto j = sum     // auto 推导类型为 int (__cdecl *)(int,int)
```

根据规则 4，虽然 i 是数组类型，但是 m 会被推导退化为指针类型，同样，j 也退化为函数指针类型。

5. 当 auto 关键字与列表初始化组合时，这里的规则有新老两个版本，这里只介绍新规则（C++17 标准）。

（1）直接使用列表初始化，列表中必须为单元素，否则无法编译，auto 类型被推导为单元素的类型。

（2）用等号加列表初始化，列表中可以包含单个或者多个元素，auto 类型被推导为 std::initializer_list<T>，其中 T 是元素类型。请注意，在列表中包含多个元素的时候，元素的类型必须相同，否则编译器会报错。

```
auto x1 = { 1, 2 };     // x1 类型为 std::initializer_list<int>
auto x2 = { 1, 2.0 };   // 编译失败，花括号中元素类型不同
auto x3{ 1, 2 };        // 编译失败，不是单个元素
auto x4 = { 3 };        // x4 类型为 std::initializer_list<int>
auto x5{ 3 };           // x5 类型为 int
```

在上面的代码中，x1 根据规则 5(2) 被推导为 std::initializer_list<T>，其中的元素都是 int 类型，所以 x1 被推导为 std::initializer_list<int>。同样，x2 也应该被推导为 std::initializer_list<T>，但是显然两个元素类型不同，导致编译器无法确定 T 的类型，所以编译失败。根据规则 5（1），x3 包含多个元素，直接导致编译失败。x4 和 x1 一样被推导为 std::initializer_list<int>，x5 被推导为单元素的类型 int。

根据上面这些规则，读者可以思考下面的代码，auto 会被推导成什么类型呢？

```cpp
class Base {
public:
  virtual void f()
  {
      std::cout << "Base::f()" << std::endl;
  };
};

class Derived : public Base {
public:
  virtual void f() override
  {
      std::cout << "Derived::f()" << std::endl;
  };
};

Base* d = new Derived();
auto b = *d;
b.f();
```

以上代码有 Derived 和 Base 之间的继承关系，并且 Derived 重写了 Base 的 f 函数。代码使用 new 创建了一个 Derived 对象，并赋值于基类的指针类型变量上。读者知道 d->f() 一定调用的是 Derived 的 f 函数。但是 b.f() 调用的又是谁的 f 函数呢？实际上，由于 auto b = *d 这一句代码是按值赋值的，因此 auto 会直接推导为 Base。代码自然会调用 Base 的复制构造函数，也就是说 Derived 被切割成了 Base，这里的 b.f() 最终调用 Base 的 f 函数。那么进一步发散，如果代码写的是 auto &b = *d，结果又会如何呢？这个就交给读者自己验证了。

3.3　什么时候使用 auto

合理使用 auto，可以让程序员从复杂的类型编码中解放出来，不但可以少敲很多代码，也会大大提高代码的可读性。但是事情总是有它的两面性，如果滥用 auto，则会让代码失去可读性，不仅让后来人难以理解，间隔时间长了可能自己写的代码也要研读很久才能弄明白其含义。所以，下面我们来探讨一下，如何合理地使用 auto。这里再多说一句，每个人对 auto 的使用可能有不同的理解，我这里阐述的是自己认为最合适的使用场景。首先简单归纳 auto 的使用规则。

1. 当一眼就能看出声明变量的初始化类型的时候可以使用 auto。
2. 对于复杂的类型，例如 lambda 表达式、bind 等直接使用 auto。

对于第一条规则，常见的是在容器的迭代器上使用，例如：

```cpp
std::map<std::string, int> str2int;
// … 填充 str2int 的代码
for (std::map<std::string, int>::const_iterator it = str2int.cbegin();
  it != str2int.cend(); ++it) {}
// 或者
for (std::pair<const std::string, int> &it : str2int) {}
```

上面的代码如果不用 auto 来声明迭代器，那么我们需要编写 std::map<std::string, int>::const_iterator 和 std::pair<const std::string, int>来代替 auto，而多出来的代码并不会增强代码的可读性，反而会让代码看起来冗余，因为通常我们一眼就能看明白 it 的具体类型。请注意，第二个 for 的 it 类型是 std::pair<const std::string, int>，而不是 std::pair<std::string, int>，如果写成后者是无法通过编译的。直接使用 auto，可以避免上述问题：

```cpp
std::map<std::string, int> str2int;
// … 填充 str2int 的代码
for (auto it = str2int.cbegin(); it != str2int.cend(); ++it) {}
// 或者
for (auto &it : str2int) {}
```

反过来说，如果使用 auto 声明变量，则会导致其他程序员阅读代码时需要翻阅初始化变量的具体类型，那么我们需要慎重考虑是否适合使用 auto 关键字。

对于第二条规则，我们有时候会遇到无法写出类型或者过于复杂的类型，或者即使能正确写出某些复杂类型，但是其他程序员阅读起来也很费劲，这种时候建议使用 auto 来声明，例如 lambda 表达式：

```cpp
auto l = [](int a1, int a2) { return a1 + a2; };
```

这里 l 的类型可能是一个这样的名称 xxx::<lambda_efdefb7231ea07622630c86251a36ed4>（不同的编译器命名方法会有所不同），我们根本无法写出其类型，只能用 auto 来声明。再例如：

```
int sum(int a1, int a2) { return a1 + a2; }
auto b = std::bind(sum, 5, std::placeholders::_1);
```

这里 b 的类型为 std::_Binder<std::_Unforced,int(__cdecl &)(int,int),int, const std::_Ph<1> &>，绝大多数读者看到这种类型时会默契地选择使用 auto 来声明变量。

3.4　返回类型推导

C++14 标准支持对返回类型声明为 auto 的推导，例如：

```
auto sum(int a1, int a2) { return a1 + a2; }
```

在上面的代码中，编译器会帮助我们推导 sum 的返回值，由于 a1 和 a2 都是 int 类型，所以其返回类型也是 int，于是返回类型被推导为 int 类型。请注意，如果有多重返回值，那么需要保证返回值类型是相同的。例如：

```
auto sum(long a1, long a2)
{
  if (a1 < 0) {
      return 0;              // 返回 int 类型
  }
  else {
      return a1 + a2;        // 返回 long 类型
  }
}
```

以上代码中有两处返回，return 0 返回的是 int 类型，而 return a1+a2 返回的是 long 类型，这种不同的返回类型会导致编译失败。

3.5　lambda 表达式中使用 auto 类型推导

在 C++14 标准中我们还可以把 auto 写到 lambda 表达式的形参中，这样就得到了一个泛型的 lambda 表达式，例如：

```
auto l = [](auto a1, auto a2) { return a1 + a2; };
auto retval = l(5, 5.0);
```

在上面的代码中 a1 被推导为 int 类型，a2 被推导为 double 类型，返回值 retval 被推导为 double 类型。

让我们看一看 lambda 表达式返回 auto 引用的方法：

```
auto l = [](int &i)->auto& { return i; };
auto x1 = 5;
auto &x2 = l(x1);
assert(&x1 == &x2);      // 有相同的内存地址
```

起初在后置返回类型中使用 auto 是不允许的，但是后来人们发现，这是唯一让 lambda 表达式通过推导返回引用类型的方法了。

3.6　非类型模板形参占位符

C++17 标准对 auto 关键字又一次进行了扩展，使它可以作为非类型模板形参的占位符。当然，我们必须保证推导出来的类型是可以用作模板形参的，否则无法通过编译，例如：

```
#include <iostream>

template<auto N>
void f()
{
  std::cout << N << std::endl;
}
int main()
{
  f<5>();       // N 为 int 类型
  f<'c'>();     // N 为 char 类型
  f<5.0>();     // 编译失败，模板参数不能为 double
}
```

在上面的代码中，函数 f<5>() 中 5 的类型为 int，所以 auto 被推导为 int 类型。同理，f<'c'>() 的 auto 被推导为 char 类型。由于 f<5.0>() 的 5.0 被推导为 double 类型，但是模板参数不能为 double 类型，因此导致编译失败。

3.7 总结

　　auto 占位符是现代 C++中非常重要的特性，它能让代码变得更加简洁，从而减少编码的时间，与此同时，它还可以配合一些其他特性，让代码更加接近现代编程语言的风格。另外，本章虽然介绍了很多 auto 占位符的特性，但事实上还有一些并未提及，因为它们涉及另外一个重要的关键字 decltype。我们将会在后面的章节做详细讨论。

第 4 章

decltype 说明符（C++11～C++17）

4.1 回顾 typeof 和 typeid

在 C++11 标准发布以前，GCC 的扩展提供了一个名为 typeof 的运算符。通过该运算符可以获取操作数的具体类型。这让使用 GCC 的程序员在很早之前就具有了对对象类型进行推导的能力，例如：

```
int a = 0;
typeof(a) b = 5;
```

由于 typeof 并非 C++ 标准，因此就不再深入介绍了。关于 typeof 更多具体的用法可以参考 GCC 的相关文档。

除使用 GCC 提供的 typeof 运算符获取对象类型以外，C++ 标准还提供了一个 typeid 运算符来获取与目标操作数类型有关的信息。获取的类型信息会包含在一个类型为 std::type_info 的对象里。我们可以调用成员函数 name 获取其类型名，例如：

```
int x1 = 0;
double x2 = 5.5;
std::cout << typeid(x1).name() << std::endl;
std::cout << typeid(x1 + x2).name() << std::endl;
std::cout << typeid(int).name() << std::endl;
```

值得注意的是，成员函数 name 返回的类型名在 C++ 标准中并没有明确的规范，所以输出的类型名会因编译器而异。比如，MSVC 会输出一个符合程序员阅读习惯的名称，而 GCC 则会输出一个它自定义的名称。另外，还有 3 点也需要注意。

1. typeid 的返回值是一个左值，且其生命周期一直被扩展到程序生命周期结束。

2. typeid 返回的 std::type_info 删除了复制构造函数，若想保存 std::type_info，只能获取其引用或者指针，例如：

```
auto t1 = typeid(int);      // 编译失败，没有复制构造函数无法编译
auto &t2 = typeid(int);     // 编译成功，t2 推导为 const std::type_info&
auto t3 = &typeid(int);     // 编译成功，t3 推导为 const std::type_info*
```

3. typeid 的返回值总是忽略类型的 cv 限定符，也就是 typeid(const T)== typeid(T))。

虽然 typeid 可以获取类型信息并帮助我们判断类型之间的关系，但遗憾的是，它并不能像 typeof 那样在编译期就确定对象类型。

4.2 使用 decltype 说明符

为了用统一方法解决上述问题，C++11 标准引入了 decltype 说明符，使用 decltype 说明符可以获取对象或者表达式的类型，其语法与 typeof 类似：

```
int x1 = 0;
decltype(x1) x2 = 0;
std::cout << typeid(x2).name() << std::endl;   // x2 的类型为 int

double x3 = 0;
decltype(x1 + x3) x4 = x1 + x3;
std::cout << typeid(x4).name() << std::endl;   // x1+x3 的类型为 double

decltype({1, 2}) x5;                            // 编译失败，{1, 2}不是表达式
```

以上代码展示了 decltype 的一般用法，代码中分别获取变量 x1 和表达式 x1+x3 的类型并且声明该类型的变量。但是 decltype 的使用场景还远远不止于此。还记得在第 3 章中讨论过 auto 不能在非静态成员变量中使用吗？ decltype 却是可以的：

```
struct S1 {
  int x1;
  decltype(x1) x2;
  double x3;
  decltype(x2 + x3) x4;
};
```

比如，在函数的形参列表中使用：

```cpp
int x1 = 0;
decltype(x1) sum(decltype(x1) a1, decltype(a1) a2)
{
  return a1 + a2;
}

auto x2 = sum(5, 10);
```

看到这里，读者应该会质疑 decltype 是否有实际用途，因为到目前为止我们看到的无非是一些画蛇添足的用法，直接声明变量类型或者使用 auto 占位符要简单得多。确实如此，上面的代码并没有展示 decltype 的独特之处，只是描述其基本功能。

为了更好地讨论 decltype 的优势，需要用到函数返回类型后置（见第 5 章）的例子：

```cpp
auto sum(int a1, int a2)->int
{
    return a1+a2;
}
```

以上代码以 C++11 为标准，该标准中 auto 作为占位符并不能使编译器对函数返回类型进行推导，必须使用返回类型后置的形式指定返回类型。如果接下来想泛化这个函数，让其支持各种类型运算应该怎么办？由于形参不能声明为 auto，因此我们需要用到函数模板：

```cpp
template<class T>
T sum(T a1, T a2)
{
  return a1 + a2;
}

auto x1 = sum(5, 10);
```

代码看上去很好，但是并不能适应所有情况，因为调用者如果传递不同类型的实参，则无法编译通过：

```cpp
auto x2 = sum(5, 10.5);     // 编译失败，无法确定 T 的类型
```

既然如此，我们只能编写一个更加灵活的函数模板：

```cpp
template<class R, class T1, class T2>
R sum(T1 a1, T2 a2)
{
  return a1 + a2;
```

```
}

auto x3 = sum<double>(5, 10.5);
```

不错，这样好像可以满足我们泛化 sum 函数的要求了。但美中不足的是我们必须为函数模板指定返回值类型。为了让编译期完成所有的类型推导工作，我们决定继续优化函数模板：

```
template<class T1, class T2>
auto sum(T1 a1, T2 a2)->decltype(a1 + a2)
{
  return a1 + a2;
}

auto x4 = sum(5, 10.5);
```

decltype 终于登场了，可以看到它完美地解决了之前需要指定返回类型的问题。解释一下这段代码，auto 是返回类型的占位符，参数类型分别是 T1 和 T2，我们利用 decltype 说明符能推断表达式的类型特性，在函数尾部对 auto 的类型进行说明，如此一来，在实例化 sum 函数的时候，编译器就能够知道 sum 的返回类型了。

上述用法只推荐在 C++11 标准的编译环境中使用，因为 C++14 标准已经支持对 auto 声明的返回类型进行推导了，所以以上代码可以简化为：

```
template<class T1, class T2>
auto sum(T1 a1, T2 a2)
{
  return a1 + a2;
}

auto x5 = sum(5, 10.5);
```

讲到这里，读者肯定有疑问了，在 C++14 中 decltype 的作用又被 auto 代替了。是否从 C++14 标准以后 decltype 就没有用武之地了呢？并不是这样的，auto 作为返回类型的占位符还存在一些问题，请看下面的例子：

```
template<class T>
auto return_ref(T& t)
{
  return t;
}

int x1 = 0;
```

```
static_assert(
    std::is_reference_v<decltype(return_ref(x1))>// 编译错误，返回值不为引用类型
    );
```

在上面的代码中，我们期望 `return_ref` 返回的是一个 `T` 的引用类型，但是如果编译此段代码，则必然会编译失败，因为 `auto` 被推导为值类型，这就是第 3 章所讲的 `auto` 推导规则 2。如果想正确地返回引用类型，则需要用到 `decltype` 说明符，例如：

```
template<class T>
auto return_ref(T& t)->decltype(t)
{
    return t;
}

int x1 = 0;
static_assert(
    std::is_reference_v<decltype(return_ref(x1))>      // 编译成功
    );
```

以上两段代码几乎相同，只是在 `return_ref` 函数的尾部用 `decltype(t)` 声明了返回类型，但是代码却可以顺利地通过编译。为了弄清楚编译成功的原因，我们需要讨论 `decltype` 的推导规则。

4.3 推导规则

`decltype(e)`（其中 e 的类型为 `T`）的推导规则有 5 条。

1. 如果 e 是一个未加括号的标识符表达式（结构化绑定除外）或者未加括号的类成员访问，则 `decltype(e)` 推断出的类型是 e 的类型 `T`。如果并不存在这样的类型，或者 e 是一组重载函数，则无法进行推导。

2. 如果 e 是一个函数调用或者仿函数调用，那么 `decltype(e)` 推断出的类型是其返回值的类型。

3. 如果 e 是一个类型为 `T` 的左值，则 `decltype(e)` 是 `T&`。

4. 如果 e 是一个类型为 `T` 的将亡值，则 `decltype(e)` 是 `T&&`。

5. 除去以上情况，则 `decltype(e)` 是 `T`。

根据这 5 条规则，我们来看一看 C++标准文档给的几个例子：

```
const int&& foo();
int i;
struct A {
    double x;
};
const A* a = new A();

decltype(foo());            // decltype(foo())推导类型为 const int&&
decltype(i);                // decltype(i)推导类型为 int
decltype(a->x);             // decltype(a->x)推导类型为 double
decltype((a->x));           // decltype((a->x))推导类型为 const double&
```

在上面的代码中，decltype(foo()) 满足规则 2 和规则 4，foo 函数的返回类型是 const int&&，所以推导结果也为 const int&&；decltype(i) 和 decltype(a->x) 很简单，满足规则 1，所以其类型为 int 和 double；最后一句代码，由于 decltype((a->x)) 推导的是一个带括号的表达式 (a->x)，因此规则 1 不再适用，但很明显 a->x 是一个左值，又因为 a 带有 const 限定符，所以其类型被推导为 const double&。

如果读者已经理解了 decltype 的推导规则，不妨尝试推导下列代码中 decltype 的推导结果：

```
int i;
int *j;
int n[10];
const int&& foo();
decltype(static_cast<short>(i));    // decltype(static_cast<short>(i))推导类
                                    // 型为 short
decltype(j);                // decltype(j)推导类型为 int*
decltype(n);                // decltype(n)推导类型为 int[10]
decltype(foo);              // decltype(foo)推导类型为 int const && (void)

struct A {
  int operator() () { return 0; }
};

A a;
decltype(a());              // decltype(a())推导类型为 int
```

最后让我们看几个更为复杂的例子：

```
int i;
int *j;
int n[10];
decltype(i=0);                      // decltype(i=0)推导类型为 int&
```

```
decltype(0,i);                        // decltype(0,i)推导类型为int&
decltype(i,0);                        // decltype(i,0)推导类型为int
decltype(n[5]);                       // decltype(n[5])推导类型为int&
decltype(*j);                         // decltype(*j)推导类型为int&
decltype(static_cast<int&&>(i));      // decltype(static_cast<int&&>(i))推导类
                                      // 型为int&&
decltype(i++);                        // decltype(i++)推导类型为int
decltype(++i);                        // decltype(++i)推导类型为int&
decltype("hello world");              // decltype("hello world")推导类型为
                                      // const char(&)[12]
```

让我们来看一看上面代码中的例子都是怎么推导出来的。

1. 可以确认以上例子中的表达式都不是标识符表达式，这样就排除了规则 1。
2. i=0 和 0,i 表达式都返回左值 i，所以推导类型为 int&。
3. i,0 表达式返回 0，所以推导类型为 int。
4. n[5] 返回的是数组 n 中的第 6 个元素，也是左值，所以推导类型为 int&。
5. *j 很明显也是一个左值，所以推导类型也为 int&。
6. static_cast<int&&>(i) 被转换为一个将亡值类型，所以其推导类型为 int&&。
7. i++ 和 ++i 分别返回右值和左值，所以推导类型分别为 int 和 int&。
8. hello world 是一个常量数组的左值，其推导类型为 const char(&)[12]。

4.4　cv 限定符的推导

通常情况下，decltype(e) 所推导的类型会同步 e 的 cv 限定符，比如：

```
const int i = 0;
decltype(i);      // decltype(i)推导类型为const int
```

但是还有其他情况，当 e 是未加括号的成员变量时，父对象表达式的 cv 限定符会被忽略，不能同步到推导结果：

```
struct A {
    double x;
};
const A* a = new A();
decltype(a->x);      // decltype(a->x)推导类型为double, const 属性被忽略
```

在上面的代码中，a 被声明为 const 类型，如果想在代码中改变 a 中 x 的值，

则肯定会编译失败。但是 decltype(a->x) 却得到了一个没有 const 属性的
double 类型。当然，如果我们给 a->x 加上括号，则情况会有所不同：

```
struct A {
    double x;
};
const A* a = new A();
decltype((a->x));    // decltype((a->x))推导类型为 const double&
```

总的来说，当 e 是加括号的数据成员时，父对象表达式的 cv 限定符会同步到推
断结果。

4.5　decltype(auto)

在 C++14 标准中出现了 decltype 和 auto 两个关键字的结合体：
decltype(auto)。它的作用简单来说，就是告诉编译器用 decltype 的推导表达
式规则来推导 auto。另外需要注意的是，decltype(auto) 必须单独声明，也就
是它不能结合指针、引用以及 cv 限定符。看完下面的例子，读者就会有所体会：

```
int i;
int&& f();
auto x1a = i;                   // x1a 推导类型为 int
decltype(auto) x1d = i;         // x1d 推导类型为 int
auto x2a = (i);                 // x2a 推导类型为 int
decltype(auto) x2d = (i);       // x2d 推导类型为 int&
auto x3a = f();                 // x3a 推导类型为 int
decltype(auto) x3d = f();       // x3d 推导类型为 int&&
auto x4a = { 1, 2 };            // x4a 推导类型为 std::initializer_list<int>
decltype(auto) x4d = { 1, 2 };  // 编译失败，{1, 2}不是表达式
auto *x5a = &i;                 // x5a 推导类型为 int*
decltype(auto)*x5d = &i;        // 编译失败，decltype(auto)必须单独声明
```

观察上面的代码可以发现，auto 和 decltype(auto) 的用法几乎相同，只是
在推导规则上遵循 decltype 而已。比如 (i) 在 auto 规则的作用下，x2a 的类型
被推导为 int，而 x2d 的类型被推导为 int&。另外，由于 decltype(auto) 必
须单独声明，因此 x5d 无法通过编译。

接下来让我们看一看 decltype(auto) 是如何发挥作用的。还记得 decltype
不可被 auto 代替的例子吗？ return_ref 想返回一个引用类型，但是如果直接使

用 auto，则一定会返回一个值类型。这让我们不得不采用返回类型后置的方式声明返回类型。

现在有了 decltype(auto) 组合，我们可以进一步简化代码，消除返回类型后置的语法，例如：

```
template<class T>
decltype(auto) return_ref(T& t)
{
  return t;
}


int x1 = 0;
static_assert(
    std::is_reference_v<decltype(return_ref(x1))>    // 编译成功
    );
```

4.6　decltype(auto)作为非类型模板形参占位符

与 auto 一样，在 C++17 标准中 decltype(auto) 也能作为非类型模板形参的占位符，其推导规则和上面介绍的保持一致，例如：

```
#include <iostream>
template<decltype(auto) N>
void f()
{
  std::cout << N << std::endl;
}


static const int x = 11;
static int y = 7;


int main()
{
  f<x>();          // N 为 const int 类型
  f<(x)>();        // N 为 const int& 类型
  f<y>();          // 编译错误
  f<(y)>();        // N 为 int& 类型
}
```

在上面的代码中，x 的类型为 const int，所以 f<x>() 推导出 N 为 const int

类型，这里和 auto 作为占位符的结果是一样的；f<(x)>() 则不同，推导出的 N 为 const int&类型，符合 decltype(auto)的推导规则。另外，f<y>() 会导致编译出错，因为 y 不是一个常量，所以编译器无法对函数模板进行实例化。而 f<(y)>() 则没有这种问题，因为(y)被推断为了引用类型，恰好对于静态对象而言内存地址是固定的，所以可以顺利地通过编译，最终 N 被推导为 int&类型。

4.7　总结

decltype 和 auto 的使用方式有一些相似之处，但是推导规则却有所不同，理解起来有一定难度。不过幸运的是，大部分情况下推导结果能够符合我们的预期。另外从上面的示例代码来看，在通常的编程过程中并不会存在太多使用 decltype 的情况。实际上，decltype 说明符对于库作者更加实用。因为它很大程度上加强了 C++的泛型能力，比如利用 decltype 和 SFINAE 特性让编译器自动选择正确的函数模板进行调用等，当然这些是比较高级的话题了，有兴趣的读者可以提前翻阅第 40 章的内容。

第5章

函数返回类型后置（C++11）

5.1　使用函数返回类型后置声明函数

前面已经出现了函数返回类型后置的例子，接下来我们将详细讨论 C++11 标准中的新语法特性：

```
auto foo()->int
{
  return 42;
}
```

以上代码中的函数声明等同于 int foo()，只不过采用了函数返回类型后置的方法，其中 auto 是一个占位符，函数名后->紧跟的 int 才是真正的返回类型。当然，在这个例子中传统的函数声明方式更加简洁。而在返回类型比较复杂的时候，比如返回一个函数指针类型，返回类型后置可能会是一个不错的选择，例如：

```
int bar_impl(int x)
{
  return x;
}

typedef int(*bar)(int);
bar foo1()
{
  return bar_impl;
}
```

```
auto foo2()->int(*)(int)
{
  return bar_impl;
}

int main() {
  auto func = foo2();
  func(58);
}
```

在上面的代码中，函数 foo2 的返回类型不再是简单的 int 而是函数指针类型。使用传统函数声明语法的 foo1 无法将函数指针类型作为返回类型直接使用，所以需要使用 typedef 给函数指针类型创建别名 bar，再使用别名作为函数 foo1 的返回类型。而使用函数返回类型后置语法的 foo2 则没有这个问题。同样，auto 作为返回类型占位符，在->后声明返回的函数指针类型 int(*)(int) 即可。

5.2   推导函数模板返回类型

C++11 标准中函数返回类型后置的作用之一是推导函数模板的返回类型，当然前提是需要用到 decltype 说明符，例如：

```
template<class T1, class T2>
auto sum1(T1 t1, T2 t2)->decltype(t1 + t2)
{
  return t1 + t2;
}

int main() {
  auto x1 = sum1(4, 2);
}
```

在上面的代码中，函数模板 sum1 有两个模板形参 T1 和 T2，它们分别是函数形参 t1 和 t2 的类型。为了让 sum1 函数的返回类型由实参自动推导，这里需要使用函数返回类型后置来指定 decltype 说明符推导类型作为函数的返回类型。请注意，decltype(t1 + t2)不能写在函数声明前，编译器在解析返回类型的时候还没解析到参数部分，所以它对 t1 和 t2 一无所知，自然会编译失败：

```
decltype(t1 + t2) sum1(T1 t1, T2 t2) {…}   // 编译失败，无法识别 t1 和 t2
```

实际上，在 C++11 标准中只用 decltype 关键字也能写出自动推导返回类型的函数模板，但是函数可读性却差了很多，以下是最容易理解的写法：

```
template<class T1, class T2>
decltype(T1() + T2()) sum2(T1 t1, T2 t2)
{
  return t1 + t2;
}

int main() {
  sum2(4, 2);
}
```

以上代码使用 decltype(T1()+T2()) 让编译器为我们推导函数的返回类型，其中 T1()+T2() 表达式告诉编译器应该推导 T1 类型对象与 T2 类型对象之和的对象类型。但是这种写法并不通用，它存在一个潜在问题，由于 T1() + T2() 表达式使用了 T1 和 T2 类型的默认构造函数，因此编译器要求 T1 和 T2 的默认构造函数必须存在，否则会编译失败，比如：

```
class IntWrap {
public:
  IntWrap(int n) : n_(n) {}
  IntWrap operator+ (const IntWrap& other)
  {
      return IntWrap(n_ + other.n_);
  }
private:
  int n_;
};

int main() {
  sum2(IntWrap(1), IntWrap(2));      // 编译失败，IntWrap 没有默认构造函数
}
```

虽然编译器在推导表达式类型的时候并没有真正计算表达式，但是会检查表达式是否正确，所以在推导 IntWrap() + IntWrap() 时会报错。为了解决这个问题，需要既可以在表达式中让 T1 和 T2 两个对象求和，又不用使用其构造函数方法，于是就有了以下两个函数模板：

```
template<class T1, class T2>
decltype(*static_cast<T1 *>(nullptr) + *static_cast<T2 *>(nullptr)) sum3(T1
 t1, T2 t2)
{
  return t1 + t2;
}
```

```
template<class T>
T&& declval();

template<class T1, class T2>
decltype(declval<T1>() + declval<T2>()) sum4(T1 t1, T2 t2)
{
  return t1 + t2;
}

int main() {
  sum3(IntWrap(1), IntWrap(2));
  sum4(IntWrap(1), IntWrap(2));
}
```

在上面的代码中，函数模板 sum3 使用指针类型转换和解引用求和的方法推导返回值，其中*static_cast<T1*>(nullptr)+*static_cast<T2 *>(nullptr)分别将 nullptr 转换为 T1 和 T2 的指针类型，然后解引用求和，最后利用 decltype 推导出求和后的对象类型。由于编译器不会真的计算求值，因此这里求和操作不会有问题。

函数模板 sum4 则是利用了另外一个技巧，其实本质上与 sum3 相似。在标准库中提供了一个 std::declval 函数模板声明（没有具体实现），它将类型 T 转换成引用类型，这样在使用 decltype 推导表达式类型时不必经过构造函数检查。由于标准库中 std::declval 的实现比较复杂，因此我在这里实现了一个简化版本。declval<T1>() + declval<T2>()表达式分别通过 declval 将 T1 和 T2 转换为引用类型并且求和，最后通过 decltype 推导返回类型。

可以看出，虽然这两种方法都能达到函数返回类型后置的效果，但是它们在实现上更加复杂，同时要理解它们也必须有一定的模板元编程的知识。为了让代码更容易被其他人阅读和理解，还是建议使用函数返回类型后置的方法来推导返回类型。

5.3　总结

本章介绍了 C++11 标准中的函数返回类型后置语法，通过这种方法可以让返回复杂类型的函数声明更加清晰易读。在无法使用 C++14 以及更新标准的情况下，通过返回类型后置语法来推导函数模板的返回类型无疑是最便捷的方法。

第6章

右值引用（C++11 C++17 C++20）

6.1 左值和右值

左值和右值的概念早在 C++98 的时候就已经出现了，从最简单的字面理解，无非是表达式等号左边的值为左值，而表达式右边的值为右值，比如：

```
int x = 1;
int y = 3;
int z = x + y;
```

以上面的代码为例，x 是左值，1 是右值；y 是左值，3 是右值；z 是左值，x+y 的结果是右值。用表达式等号左右的标准区分左值和右值虽然在一些场景下确实能得到正确结果，但是还是过于简单，有些情况下是无法准确区分左值和右值的，比如：

```
int a = 1;
int b = a;
```

按照表达式等号左右的区分方式，在第一行代码中 a 是左值，1 是右值；在第二行代码中 b 是左值，而 a 是右值。这里出现了矛盾，在第一行代码中我们判断 a 是一个左值，它却在第二行变成了右值，很明显这不是我们想要的结果，要准确地区分左值和右值还是应该理解其内在含义。

在 C++中所谓的左值一般是指一个指向特定内存的具有名称的值（具名对象），它有一个相对稳定的内存地址，并且有一段较长的生命周期。而右值则是不指向稳定内存地址的匿名值（不具名对象），它的生命周期很短，通常是暂时性的。基于这一特征，我们可以用取地址符&来判断左值和右值，能取到内存地址的值为左值，否则为右值。还是以上面的代码为例，因为&a 和&b 都是符合语法规则的，所以 a 和 b 都是左值，而&1 在 GCC 中会给出 "lvalue required as unary '&' operand" 错误信息以提示程序员&运算符需要的是一个左值。

上面的代码在左右值的判断上比较简单，但是并非所有的情况都是如此，下面这些情况左值和右值的判断可能是违反直觉的，例如：

```cpp
int x = 1;

int get_val()
{
  return x;
}

void set_val(int val)
{
  x = val;
}

int main()
{
  x++;
  ++x;
  int y = get_val();
  set_val(6);
}
```

在上面的代码中，x++和++x 虽然都是自增操作，但是却分为不同的左右值。其中 x++是右值，因为在后置++操作中编译器首先会生成一份 x 值的临时复制，然后才对 x 递增，最后返回临时复制内容。而++x 则不同，它是直接对 x 递增后马上返回其自身，所以++x 是一个左值。如果对它们实施取地址操作，就会发现++x 的取地址操作可以编译成功，而对 x++取地址则会报错。但是从直觉上来说，&x++看起来更像是会编译成功的一方：

```cpp
int *p = &x++;  // 编译失败
int *q = &++x;  // 编译成功
```

接着来看上一份代码中的 get_val 函数，该函数返回了一个全局变量 x，虽然很明显变量 x 是一个左值，但是它经过函数返回以后变成了一个右值。原因和 x++类似，在函数返回的时候编译器并不会返回 x 本身，而是返回 x 的临时复制，所以 int *p = &get_val();也会编译失败。对于 set_val 函数，该函数接受一个参数并且将参数的值赋值到 x 中。在 main 函数中 set_val(6);实参 6 是一个右值，但是进入函数之后形参 val 却变成了一个左值，我们可以对 val 使用取地址符，并且不会引起任何问题：

```
void set_val(int val)
{
    int *p = &val;
    x = val;
}
```

最后需要强调的是，通常字面量都是一个右值，除字符串字面量以外：

```
int x = 1;
set_val(6);
auto p = &"hello world";
```

这一点非常容易被忽略，因为经验告诉我们上面的代码中前两行的 1 和 6 都是右值，因为不存在&1 和&6 的语法，这会让我们想当然地认为"hello world"也是一个右值，毕竟&"hello world"的语法也很少看到。但是这段代码是可以编译成功的，其实原因仔细想来也很简单，编译器会将字符串字面量存储到程序的数据段中，程序加载的时候也会为其开辟内存空间，所以我们可以使用取地址符&来获取字符串字面量的内存地址。

6.2 左值引用

左值引用是编程过程中的常用特性之一，它的出现让 C++编程在一定程度上脱离了危险的指针。当我们需要将一个对象作为参数传递给子函数的时候，往往会使用左值引用，因为这样可以免去创建临时对象的操作。非常量左值的引用对象很单纯，它们必须是一个左值。对于这一点，常量左值引用的特性显得更加有趣，它除了能引用左值，还能够引用右值，比如：

```
int &x1 = 7;            // 编译错误
const int &x = 11;      // 编译成功
```

在上面的代码中，第一行代码会编译报错，因为 int&无法绑定一个 int 类型的右值，但是第二行代码却可以编译成功。请注意，虽然在结果上 const int &x = 11 和 const int x = 11 是一样的，但是从语法上来说，前者是被引用了，所以语句结束后 11 的生命周期被延长，而后者当语句结束后右值 11 应该被销毁。虽然常量左值引用可以引用右值的这个特性在赋值表达式中看不出什么实用价值，但是在函数形参列表中却有着巨大的作用。一个典型的例子就是复制构造函数和复制赋值运算符函数，通常情况下我们实现的这两个函数的形参都是一个常量左值引用，例如：

```
class X {
public:
  X() {}
  X(const X&) {}
  X& operator = (const X&) { return *this; }
};

X make_x()
{
  return X();
}

int main()
{
  X x1;
  X x2(x1);
  X x3(make_x());
  x3 = make_x();
}
```

以上代码可以通过编译，但是如果这里将类 X 的复制构造函数和复制赋值函数形参类型的常量性删除，则 X x3(make_x());和 x3 = make_x();这两句代码会编译报错，因为非常量左值引用无法绑定到 make_x()产生的右值。常量左值引用可以绑定右值是一条非常棒的特性，但是它也存在一个很大的缺点——常量性。一旦使用了常量左值引用，就表示我们无法在函数内修改该对象的内容（强制类型转换除外）。所以需要另外一个特性来帮助我们完成这项工作，它就是右值引用。

6.3　右值引用

顾名思义，右值引用是一种引用右值且只能引用右值的方法。在语法方面右值引用可以对比左值引用，在左值引用声明中，需要在类型后添加&，而右值引用则是在类型后添加&&，例如：

```
int i = 0;
int &j = i;    // 左值引用
int &&k = 11;  // 右值引用
```

在上面的代码中，k 是一个右值引用，如果试图用 k 引用变量 i，则会引起编译错误。右值引用的特点之一是可以延长右值的生命周期，这个对于字面量 11 可能看不出效果，那么请看下面的例子：

```
# include <iostream>

class X {
public:
  X() { std::cout << "X ctor" << std::endl; }
  X(const X&x) { std::cout << "X copy ctor" << std::endl; }
  ~X() { std::cout << "X dtor" << std::endl; }
  void show() { std::cout << "show X" << std::endl; }
};

X make_x()
{
  X x1;
  return x1;
}

int main()
{
  X &&x2 = make_x();
  x2.show();
}
```

在理解这段代码之前，让我们想一下如果将 X &&x2 = make_x() 这句代码替换为 X x2 = make_x() 会发生几次构造。在没有进行任何优化的情况下应该是 3 次构造，首先 make_x 函数中 x1 会默认构造一次，然后 return x1 会使用复制构造产生临时对象，接着 X x2 = make_x() 会使用复制构造将临时对象复制到 x2，最后临时对象被销毁。

以上流程在使用了右值引用以后发生了微妙的变化，让我们编译运行这段代码。请注意，用 GCC 编译以上代码需要加上命令行参数-fno-elide-constructors 用于关闭函数返回值优化（RVO）。因为 GCC 的 RVO 优化会减少复制构造函数的调用，不利于语言特性实验：

```
X ctor
X copy ctor
X dtor
show X
X dtor
```

从运行结果可以看出上面的代码只发生了两次构造。第一次是 make_x 函数中 x1

的默认构造，第二次是 return x1 引发的复制构造。不同的是，由于 x2 是一个右值引用，引用的对象是函数 make_x 返回的临时对象，因此该临时对象的生命周期得到延长，所以我们可以在 X &&x2 = make_x() 语句结束后继续调用 show 函数而不会发生任何问题。对性能敏感的读者应该注意到了，延长临时对象生命周期并不是这里右值引用的最终目标，其真实目标应该是减少对象复制，提升程序性能。

6.4　右值的性能优化空间

通过 6.3 节的介绍我们知道了很多情况下右值都存储在临时对象中，当右值被使用之后程序会马上销毁对象并释放内存。这个过程可能会引发一个性能问题，例如：

```cpp
#include <iostream>
class BigMemoryPool {
public:
    static const int PoolSize = 4096;
    BigMemoryPool() : pool_(new char[PoolSize]) {}
    ~BigMemoryPool()
    {
        if (pool_ != nullptr) {
            delete[] pool_;
        }
    }

    BigMemoryPool(const BigMemoryPool& other) : pool_(new char[PoolSize])
    {
        std::cout << "copy big memory pool." << std::endl;
        memcpy(pool_, other.pool_, PoolSize);
    }

private:

    char *pool_;
};


BigMemoryPool get_pool(const BigMemoryPool& pool)
{
    return pool;
```

```
}

BigMemoryPool make_pool()
{
  BigMemoryPool pool;
  return get_pool(pool);
}

int main()
{
  BigMemoryPool my_pool = make_pool();
}
```

以上代码同样需要加上编译参数-fno-elide-constructors，编译运行程序会在屏幕上输出字符串：

```
copy big memory pool.
copy big memory pool.
copy big memory pool.
```

可以看到 BigMemoryPool my_pool = make_pool();调用了 3 次复制构造函数。

1. get_pool 返回的 BigMemoryPool 临时对象调用复制构造函数复制了 pool 对象。

2. make_pool 返回的 BigMemoryPool 临时对象调用复制构造函数复制了 get_pool 返回的临时对象。

3. main 函数中 my_pool 调用其复制构造函数复制 make_pool 返回的临时对象。

该代码从正确性上看毫无问题，但是从运行性能的角度上看却还有巨大的优化空间。在这里每发生一次复制构造都会复制整整 4KB 的数据，如果数据量更大一些，比如 4MB 或者 400MB，那么将对程序性能造成很大影响。

6.5 移动语义

仔细分析 6.4 节代码中 3 次复制构造函数的调用，不难发现第二次和第三次的复制构造是影响性能的主要原因。在这个过程中都有临时对象参与进来，而临时对象本身只是做数据的复制。如果有办法能将临时对象的内存直接转移到 my_pool 对象中，不就能消除内存复制对性能的消耗吗？好消息是在 C++11 标准中引入了移动语义，它可以帮助我们将临时对象的内存移动到 my_pool 对象中，以避免内存数据的复制。让我们简单修改一下 BigMemoryPool 类代码：

```cpp
class BigMemoryPool {
public:
    static const int PoolSize = 4096;
    BigMemoryPool() : pool_(new char[PoolSize]) {}
    ~BigMemoryPool()
    {
        if (pool_ != nullptr) {
            delete[] pool_;
        }
    }

    BigMemoryPool(BigMemoryPool&& other)
    {
        std::cout << "move big memory pool." << std::endl;
        pool_ = other.pool_;
        other.pool_ = nullptr;
    }

    BigMemoryPool(const BigMemoryPool& other) : pool_(new char[PoolSize])
    {
        std::cout << "copy big memory pool." << std::endl;
        memcpy(pool_, other.pool_, PoolSize);
    }

private:

    char *pool_;
};
```

在上面的代码中增加了一个类 BigMemoryPool 的构造函数 BigMemoryPool (BigMemoryPool&& other)，它的形参是一个右值引用类型，称为移动构造函数。这个名称很容易让人联想到复制构造函数，那么就让我们先了解一下它们的区别。

从构造函数的名称和它们的参数可以很明显地发现其中的区别，对于复制构造函数而言形参是一个左值引用，也就是说函数的实参必须是一个具名的左值，在复制构造函数中往往进行的是深复制，即在不能破坏实参对象的前提下复制目标对象。而移动构造函数恰恰相反，它接受的是一个右值，其核心思想是通过转移实参对象的数据以达成构造目标对象的目的，也就是说实参对象是会被修改的。

进一步来说类 BigMemoryPool 的移动构造函数，在函数中没有了复制构造中的内存复制，取而代之的是简单的指针替换操作。它将实参对象的 pool_ 赋值到当前对象，然后置空实参对象以保证实参对象析构的时候不会影响这片内存的生命周期。

编译运行这段代码，其输出结果如下：

```
copy big memory pool.
move big memory pool.
move big memory pool.
```

可以看到后面两次的构造函数变成了移动构造函数，因为这两次操作中源对象都是右值（临时对象），对于右值编译器会优先选择使用移动构造函数去构造目标对象。当移动构造函数不存在的时候才会退而求其次地使用复制构造函数。在移动构造函数中使用了指针转移的方式构造目标对象，所以整个程序的运行效率得到大幅提升。

为了验证效率的提升，我们可以将上面的代码重复运行 100 万次，然后输出运行时间。请注意，在做实验前需要将构造函数中的打印输出语句删除，否则会影响实验数据：

```cpp
#include <chrono>
…
int main()
{
  auto start = std::chrono::high_resolution_clock::now();
  for (int i = 0; i < 1000000; i++) {
      BigMemoryPool my_pool = make_pool();
  }
  auto end = std::chrono::high_resolution_clock::now();
  std::chrono::duration<double> diff = end - start;
  std::cout << "Time to call make_pool :" << diff.count() << " s" << std::e
ndl;
}
```

以上代码在我的机器上运行结果是 0.206474s，如果将移动构造函数删除，运行结果是 0.47077s，可见使用移动构造函数将性能提升了 1 倍多。

除移动构造函数能实现移动语义以外，移动赋值运算符函数也能完成移动操作，继续以 BigMemoryPool 为例，在这个类中添加移动赋值运算符函数：

```cpp
class BigMemoryPool {
public:
    …
    BigMemoryPool& operator=(BigMemoryPool&& other)
    {
        std::cout << "move(operator=) big memory pool." << std::endl;
        if (pool_ != nullptr) {
            delete[] pool_;
```

```
        }
        pool_ = other.pool_;
        other.pool_ = nullptr;
        return *this;
    }

private:

    char *pool_;
};

int main()
{
    BigMemoryPool my_pool;
    my_pool = make_pool();
}
```

这段代码编译运行的结果是：

```
copy big memory pool.
move big memory pool.
move(operator=) big memory pool.
```

可以看到赋值操作 my_pool = make_pool() 调用了移动赋值运算符函数，这里的规则和构造函数一样，即编译器对于赋值源对象是右值的情况会优先调用移动赋值运算符函数，如果该函数不存在，则调用复制赋值运算符函数。

最后有两点需要说明一下。

1. 同复制构造函数一样，编译器在一些条件下会生成一份移动构造函数，这些条件包括：没有任何的复制函数，包括复制构造函数和复制赋值函数；没有任何的移动函数，包括移动构造函数和移动赋值函数；也没有析构函数。虽然这些条件严苛得让人有些不太愉快，但是我们也不必对生成的移动构造函数有太多期待，因为编译器生成的移动构造函数和复制构造函数并没有什么区别。

2. 虽然使用移动语义在性能上有很大收益，但是却也有一些风险，这些风险来自异常。试想一下，在一个移动构造函数中，如果当一个对象的资源移动到另一个对象时发生了异常，也就是说对象的一部分发生了转移而另一部分没有，这就会造成源对象和目标对象都不完整的情况发生，这种情况的后果是无法预测的。所以在编写移动语义的函数时建议确保函数不会抛出异常，与此同时，如果无法保证移动构造函数不会抛出异常，可以使用 noexcept 说明符限制该函数。这样当函数抛出异常的时候，程序不会再继续执行而是调用 std::terminate 中止执行以免造成其他不良影响。

6.6 值类别

到目前为止一切都非常容易理解，其中一个原因是我在前面的内容中隐藏了一个概念。但是在进一步探讨右值引用之前，我们必须先掌握这个概念——值类别。值类别是 C++11 标准中新引入的概念，具体来说它是表达式的一种属性，该属性将表达式分为 3 个类别，它们分别是左值（lvalue）、纯右值（prvalue）和将亡值（xvalue），如图 6-1 所示。从前面的内容中我们知道早在 C++98 的时候，已经有了一些关于左值和右值的概念了，只不过当时这些概念对于 C++ 程序编写并不重要。但是由于 C++11 中右值引用的出现，值类别被赋予了全新的含义。可惜的是，在 C++11 标准中并没能够清晰地定义它们，比如在 C++11 的标准文档中，左值的概念只有一句话："指定一个函数或一个对象"，这样的描述显然是不清晰的。这种糟糕的情况一直延续到 C++17 标准的推出才得到解决。所以现在是时候让我们重新认识这些概念了。

▲图 6-1

表达式首先被分为了泛左值（glvalue)和右值（rvalue），其中泛左值被进一步划分为左值和将亡值，右值又被划分为将亡值和纯右值。理解这些概念的关键在于泛左值、纯右值和将亡值。

1. 所谓泛左值是指一个通过评估能够确定对象、位域或函数的标识的表达式。简单来说，它确定了对象或者函数的标识（具名对象）。

2. 而纯右值是指一个通过评估能够用于初始化对象和位域，或者能够计算运算符操作数的值的表达式。

3. 将亡值属于泛左值的一种，它表示资源可以被重用的对象和位域，通常这是因为它们接近其生命周期的末尾，另外也可能是经过右值引用的转换产生的。

剩下的两种类别就很容易理解了，其中左值是指非将亡值的泛左值，而右值则包含了纯右值和将亡值。再次强调，值类别都是表达式的属性，所以我们常说的左值和右值实际上指的是表达式，不过为了描述方便我们常常会忽略它。

是不是感觉有点晕。相信我，当我第一次看到这些概念的时候也是这个反应。

不过好在我们对传统左值和右值的概念已经了然于心了，现在只需要做道连线题就能弄清楚它们的概念。实际上，这里的左值（lvalue）就是我们上文中描述的 C++98 的左值，而这里的纯右值（prvalue）则对应上文中描述的 C++98 的右值。最后我们惊喜地发现，现在只需要弄清楚将亡值（xvalue）到底是如何产生的就可以了。

从本质上说产生将亡值的途径有两种，第一种是使用类型转换将泛左值转换为该类型的右值引用。比如：

```
static_cast<BigMemoryPool&&>(my_pool)
```

第二种在 C++17 标准中引入，我们称它为临时量实质化，指的是纯右值转换到临时对象的过程。每当纯右值出现在一个需要泛左值的地方时，临时量实质化都会发生，也就是说都会创建一个临时对象并且使用纯右值对其进行初始化，这也符合纯右值的概念，而这里的临时对象就是一个将亡值。

```
struct X {
  int a;
};

int main()
{
  int b = X().a;
}
```

在上面的代码中，X() 是一个纯右值，访问其成员变量 a 却需要一个泛左值，所以这里会发生一次临时量实质化，将 X() 转换为将亡值，最后再访问其成员变量 a。还有一点需要说明，在 C++17 标准之前临时变量是纯右值，只有转换为右值引用的类型才是将亡值。

在本节之后的内容中，依然会以左值和右值这样的术语为主。但是读者应该清楚，这里的左值是 C++17 中的左值（lvalue），右值是 C++17 中的纯右值（prvalue）和将亡值（xvalue）。对于将亡值（xvalue），读者实际上只需要知道它是泛左值和右值交集即可，后面的内容也不会重点强调它，所以不会影响到读者对后续内容的理解。

6.7　将左值转换为右值

在 6.3 节提到过右值引用只能绑定一个右值，如果尝试绑定左值，会导致编译错误：

```
int i = 0;
int &&k = i;     // 编译失败
```

不过，如果想完成将右值引用绑定到左值这个"壮举"还是有办法的。在 C++11 标准中可以在不创建临时值的情况下显式地将左值通过 static_cast 转换为将亡值，通过值类别的内容我们知道将亡值属于右值，所以可以被右值引用绑定。值得注意的是，由于转换的并不是右值，因此它依然有着和转换之前相同的生命周期和内存地址，例如：

```
int i = 0;
int &&k = static_cast<int&&>(i);      // 编译成功
```

读者在这里应该会有疑问，既然这个转换既不改变生命周期也不改变内存地址，那它有什么存在的意义呢？实际上它的最大作用是让左值使用移动语义，还是以 BigMemoryPool 为例：

```
BigMemoryPool my_pool1;
BigMemoryPool my_pool2 = my_pool1;
BigMemoryPool my_pool3 = static_cast<BigMemoryPool &&>(my_pool1);
```

在这段代码中，my_pool1 是一个 BigMemoryPool 类型的对象，也是一个左值，所以用它去构造 my_pool2 的时候调用的是复制构造函数。为了让编译器调用移动构造函数构造 my_pool3，这里使用了 static_cast<BigMemoryPool &&>(my_pool1) 将 my_pool1 强制转换为右值（也是将亡值，为了叙述思路的连贯性后面不再强调）。由于调用了移动构造函数，my_pool1 失去了自己的内存数据，后面的代码也不能对 my_pool1 进行操作了。

现在问题又来了，这样单纯地将一个左值数据转换到另外一个左值似乎并没有什么意义。在这个例子中的确如此，这样的转换不仅没有意义，而且如果有程序员在移动构造之后的代码中再次使用 my_pool1 还会引发未定义的行为。正确的使用场景是在一个右值被转换为左值后需要再次转换为右值，最典型的例子是一个右值作为实参传递到函数中。我们在讨论左值和右值的时候曾经提到过，无论一个函数的实参是左值还是右值，其形参都是一个左值，即使这个形参看上去是一个右值引用，例如：

```
void move_pool(BigMemoryPool &&pool)
{
  std::cout << "call move_pool" << std::endl;
  BigMemoryPool my_pool(pool);
}

int main()
{
  move_pool(make_pool());
}
```

编译运行以上代码输出结果如下：

```
copy big memory pool.
move big memory pool.
call move_pool
copy big memory pool.
```

在上面的代码中，move_pool 函数的实参是 make_pool 函数返回的临时对象，也是一个右值，move_pool 的形参是一个右值引用，但是在使用形参 pool 构造 my_pool 的时候还是会调用复制构造函数而非移动构造函数。为了让 my_pool 调用移动构造函数进行构造，需要将形参 pool 强制转换为右值：

```
void move_pool(BigMemoryPool &&pool)
{
  std::cout << "call move_pool" << std::endl;
  BigMemoryPool my_pool(static_cast<BigMemoryPool&&>(pool));
}
```

请注意，在这个场景下强制转换为右值就没有任何问题了，因为 move_pool 函数的实参是 make_pool 返回的临时对象，当函数调用结束后临时对象就会被销毁，所以转移其内存数据不会存在任何问题。

在 C++11 的标准库中还提供了一个函数模板 std::move 帮助我们将左值转换为右值，这个函数内部也是用 static_cast 做类型转换。只不过由于它是使用模板实现的函数，因此会根据传参类型自动推导返回类型，省去了指定转换类型的代码。另一方此外，从移动语义上来说，使用 std::move 函数的描述更加准确。所以建议读者使用 std::move 将左值转换为右值而非自己使用 static_cast 转换，例如：

```
void move_pool(BigMemoryPool &&pool)
{
  std::cout << "call move_pool" << std::endl;
  BigMemoryPool my_pool(std::move(pool));
}
```

6.8 万能引用和引用折叠

6.2 节提到过常量左值引用既可以引用左值又可以引用右值，是一个几乎万能的引用，但可惜的是由于其常量性，导致它的使用范围受到一些限制。其实在 C++11 中确实存在着一个被称为"万能"的引用，它看似是一个右值引用，但其实有着很大区别，请看下面的代码：

```
void foo(int &&i) {}      // i 为右值引用

template<class T>
void bar(T &&t) {}        // t 为万能引用

int get_val() { return 5; }
int &&x = get_val();      // x 为右值引用
auto &&y = get_val();     // y 为万能引用
```

在上面的代码中，函数 foo 的形参 i 和变量 x 是右值引用，而函数模板的形参 t 和变量 y 则是万能引用。我们知道右值引用只能绑定一个右值，但是万能引用既可以绑定左值也可以绑定右值，甚至 const 和 volatile 的值都可以绑定，例如：

```
int i = 42;
const int j = 11;
bar(i);
bar(j);
bar(get_val());

auto &&x = i;
auto &&y = j;
auto &&z = get_val();
```

看到这里读者应该已经发现了其中的奥秘。所谓的万能引用是因为发生了类型推导，在 T&& 和 auto&& 的初始化过程中都会发生类型的推导，如果已经有一个确定的类型，比如 int &&，则是右值引用。在这个推导过程中，初始化的源对象如果是一个左值，则目标对象会推导出左值引用；反之如果源对象是一个右值，则会推导出右值引用，不过无论如何都会是一个引用类型。

万能引用能如此灵活地引用对象，实际上是因为在 C++11 中添加了一套引用叠加推导的规则——引用折叠。在这套规则中规定了在不同的引用类型互相作用的情况下应该如何推导出最终类型，如表 6-1 所示。

▼表 6-1

类模板型	T 实际类型	最终类型
T&	R	R&
T&	R&	R&
T&	R&&	R&
T&&	R	R&&
T&&	R&	R&
T&&	R&&	R&&

上面的表格显示了引用折叠的推导规则，可以看出在整个推导过程中，只要有

左值引用参与进来，最后推导的结果就是一个左值引用。只有实际类型是一个非引用类型或者右值引用类型时，最后推导出来的才是一个右值引用。那么这个规则是如何在万能引用中体现的呢？让我们以函数模板 bar 为例看一下具体的推导过程。

在 bar(i); 中 i 是一个左值，所以 T 的推导类型结果是 int&，根据引用折叠规则 int& && 的最终推导类型为 int&，于是 bar 函数的形参是一个左值引用。而在 bar(get_val()); 中 get_val 返回的是一个右值，所以 T 的推导类型为非引用类型 int，于是最终的推导类型是 int&&，bar 函数的形参成为一个右值引用。

值得一提的是，万能引用的形式必须是 T&& 或者 auto&&，也就是说它们必须在初始化的时候被直接推导出来，如果在推导中出现中间过程，则不是一个万能引用，例如：

```cpp
#include <vector>
template<class T>
void foo(std::vector<T> &&t) {}
int main()
{
  std::vector<int> v{ 1,2,3 };
  foo(v);                                    // 编译错误
}
```

在上面的代码中，foo(v) 无法编译通过，因为 foo 的形参 t 并不是一个万能引用，而是一个右值引用。因为 foo 的形参类型是 std::vector<T>&&而不是 T&&，所以编译器无法将其看作一个万能引用处理。

6.9 完美转发

6.8 节介绍了万能引用的语法和推导规则，但没有提到它的用途。现在是时候讨论这个问题了，万能引用最典型的用途被称为完美转发。在介绍完美转发之前，我们先看一个常规的转发函数模板：

```cpp
#include <iostream>
#include <string>

template<class T>
void show_type(T t)
{
  std::cout << typeid(t).name() << std::endl;
}
```

```
template<class T>
void normal_forwarding(T t)
{
  show_type(t);
}

int main()
{
  std::string s = "hello world";
  normal_forwarding(s);
}
```

在上面的代码中，函数 normal_forwarding 是一个常规的转发函数模板，它可以完成字符串的转发任务。但是它的效率却令人堪忧。因为 normal_forwarding 按值转发，也就是说 std::string 在转发过程中会额外发生一次临时对象的复制。其中一个解决办法是将 void normal_forwarding(T t) 替换为 void normal_forwarding(T &t)，这样就能避免临时对象的复制。不过这样会带来另外一个问题，如果传递过来的是一个右值，则该代码无法通过编译，例如：

```
std::string get_string()
{
  return "hi world";
}

normal_forwarding(get_string());    // 编译失败
```

当然，我们还可以将 void normal_forwarding(T &t) 替换为 void normal_forwarding (const T &t)来解决这个问题，因为常量左值引用是可以引用右值的。但是我们也知道，虽然常量左值引用在这个场景下可以"完美"地转发字符串，但是如果在后续的函数中需要修改该字符串，则会编译错误。所以这些方法都不能称得上是完美转发。

万能引用的出现改变了这个尴尬的局面。上文提到过，对于万能引用的形参来说，如果实参是给左值，则形参被推导为左值引用；反之如果实参是一个右值，则形参被推导为右值引用，所以下面的代码无论传递的是左值还是右值都可以被转发，而且不会发生多余的临时复制：

```
#include <iostream>
#include <string>

template<class T>
void show_type(T t)
{
```

```
    std::cout << typeid(t).name() << std::endl;
}

template<class T>
void perfect_forwarding(T &&t)
{
    show_type(static_cast<T&&>(t));
}

std::string get_string()
{
    return "hi world";
}

int main()
{
    std::string s = "hello world";
    perfect_forwarding(s);
    perfect_forwarding(get_string());
}
```

如果已经理解了引用折叠规则，那么上面的代码就很容易理解了。唯一可能需要注意的是 show_type(static_cast<T&&>(t)); 中的类型转换，之所以这里需要用到类型转换，是因为作为形参的 t 是左值。为了让转发将左右值的属性也带到目标函数中，这里需要进行类型转换。当实参是一个左值时，T 被推导为 std::string&，于是 static_cast<T&&> 被推导为 static_cast<std::string&>，传递到 show_type 函数时继续保持着左值引用的属性；当实参是一个右值时，T 被推导为 std::string，于是 static_cast <T&&>被推导为 static_cast<std::string&&>，所以传递到 show_type 函数时保持了右值引用的属性。

和移动语义的情况一样，显式使用 static_cast 类型转换进行转发不是一个便捷的方法。在 C++11 的标准库中提供了一个 std::forward 函数模板，在函数内部也是使用 static_cast 进行类型转换，只不过使用 std::forward 转发语义会表达得更加清晰，std::forward 函数模板的使用方法也很简单：

```
template<class T>
void perfect_forwarding(T &&t)
{
    show_type(std::forward<T>(t));
}
```

请注意 std::move 和 std::forward 的区别，其中 std::move 一定会将实

参转换为一个右值引用，并且使用 `std::move` 不需要指定模板实参，模板实参是由函数调用推导出来的。而 `std::forward` 会根据左值和右值的实际情况进行转发，在使用的时候需要指定模板实参。

6.10　针对局部变量和右值引用的隐式移动操作

在对旧程序代码升级新编译环境之后，我们可能会发现程序运行的效率提高了，这里的原因一定少不了新标准的编译器在某些情况下将隐式复制修改为隐式移动。虽然这些是编译器"偷偷"完成的，但是我们不能因为运行效率提高就忽略其中的缘由，所以接下来我们要弄清楚这些隐式移动是怎么发生的：

```cpp
#include <iostream>

struct X {
  X() = default;
  X(const X&) = default;
  X(X&&) {
      std::cout << "move ctor";
  }
};

X f(X x) {
  return x;
}

int main() {
  X r = f(X{});
}
```

这段代码很容易理解，函数 f 直接返回调用者传进来的实参 x，在 main 函数中使用 r 接收 f 函数的返回值。关键问题是，这个赋值操作究竟是如何进行的。从代码上看，将 r 赋值为 x 应该是一个复制，对于旧时的标准这是没错的。但是对于支持移动语义的新标准，这个地方会隐式地采用移动构造函数来完成数据的交换。编译运行以上代码最终会显示 `move ctor` 字符串。

除此之外，对于局部变量也有相似的规则，只不过大多数时候编译器会采用更加高效的返回值优化代替移动操作，这里我们稍微修改一点 f 函数：

```cpp
X f() {
  X x;
```

```
    return x;
  }

  int main() {
    X r = f();
  }
```

请注意，编译以上代码的时候需要使用-fno-elide-constructors 选项用于关闭返回值优化。然后运行编译好的程序，会发现 X r = f();同样调用的是移动构造函数。

在 C++20 标准中，隐式移动操作针对右值引用和 throw 的情况进行了扩展，例如：

```
  #include <iostream>
  #include <string>

  struct X {
    X() = default;
    X(const X&) = default;
    X(X&&) {
        std::cout << "move";
    }
  };

  X f(X &&x) {
    return x;
  }

  int main() {
    X r = f(X{});
  }
```

以上代码使用 C++20 之前的标准编译是不会调用任何移动构造函数的。原因前面也解释过，因为函数 f 的形参 x 是一个左值，对于左值要调用复制构造函数。要实现移动语义，需要将 return x;修改为 return std::move(x);。显然这里是有优化空间的，C++20 标准规定在这种情况下可以隐式采用移动语义完成赋值。具体规则如下。

可隐式移动的对象必须是一个非易失或一个右值引用的非易失自动存储对象，在以下情况下可以使用移动代替复制。

1. return 或者 co_return 语句中的返回对象是函数或者 lambda 表达式中的对象或形参。

2. throw 语句中抛出的对象是函数或 try 代码块中的对象。

实际上 throw 调用移动构造的情况和 return 差不多，我们只需要将上面的代码稍作修改即可：

```
void f() {
  X x;
  throw x;
}
int main() {
  try {
      f();
  }
  catch (…) {
  }
}
```

可以看到函数 f 不再有返回值,它通过 throw 抛出 x,main 函数用 try-catch 捕获 f 抛出的 x。这个捕获调用的就是移动构造函数。

6.11　总结

右值引用是 C++11 标准提出的一个非常重要的概念,它的出现不仅完善了 C++ 的语法,改善了 C++在数据转移时的执行效率,同时还增强了 C++模板的能力。如果要在 C++11 提出的所有特性中选择一个对 C++影响最深远的特性,我会毫不犹豫地选择右值引用。

随着 C++引入右值引用以及与之相关的移动语义和完美转发,C++的语义变得更加丰富和合理,与此同时它的性能也有了更大的优化空间。对于这些优化空间,C++ 委员会已经对标准库进行了优化,比如常用的容器 vector、list 和 map 等均已支持移动构造函数和移动赋值运算符函数。另外,如 make_pair、make_tuple 以及 make_shared 等也都使用完美转发以提高程序的性能。对于我们而言,也应该灵活运用右值引用,避免在程序里出现无谓的复制,提高程序的运行效率。

第 7 章

lambda 表达式（C++11～C++20）

7.1 lambda 表达式语法

    lambda 表达式是现代编程语言的一个基础特性，比如 LISP、Python、C#等具备该特性。但是遗憾的是，直到 C++11 标准之前，C++都没有在语言特性层面上支持 lambda 表达式。程序员曾尝试使用库来实现 lambda 表达式的功能，比如 Boost.Bind 或 Boost.Lambda，但是它们有着共同的缺点，实现代码非常复杂，使用的时候也需要十分小心，一旦有错误发生，就可能会出现一堆错误和警告信息，总之其编程体验并不好。

    另外，虽然 C++一直以来都没有支持 lambda 表达式，但是它对 lambda 表达式的需求却非常高。最明显的就是 STL，在 STL 中有大量需要传入谓词的算法函数，比如 std::find_if、std::replace_if 等。过去有两种方法实现谓词函数：编写纯函数或者仿函数。但是它们的定义都无法直接应用到函数调用的实参中，面对复杂工程的代码，我们可能需要四处切换源文件来搜索这些函数或者仿函数。

    为了解决上面这些问题，C++11 标准为我们提供了 lambda 表达式的支持，而且语法非常简单明了。这种简单可能会让我们觉得它与传统的 C++语法有点格格不入。不过在习惯新的语法之后，就会发觉 lambda 表达式的方便之处。

lambda 表达式的语法非常简单，具体定义如下：

```
[ captures ] ( params ) specifiers exception -> ret { body }
```

    先不用急于解读这个定义，我们可以结合 lambda 表达式的例子来读懂它的语法：

```
#include <iostream>

int main()
{
    int x = 5;
    auto foo = [x](int y)->int { return x * y; };
    std::cout << foo(8) << std::endl;
}
```

在这个例子中, `[x](int y)->int { return x * y; }`是一个标准的 lambda 表达式, 对应到 lambda 表达式的语法。

- `[ captures ]` —— 捕获列表, 它可以捕获当前函数作用域的零个或多个变量, 变量之间用逗号分隔。在对应的例子中, `[x]`是一个捕获列表, 不过它只捕获了当前函数作用域的一个变量 x, 在捕获了变量之后, 我们可以在 lambda 表达式函数体内使用这个变量, 比如 `return x * y`。另外, 捕获列表的捕获方式有两种: 按值捕获和引用捕获, 下文会详细介绍。

- `( params )` —— 可选参数列表, 语法和普通函数的参数列表一样, 在不需要参数的时候可以忽略参数列表。对应例子中的`(int y)`。

- `specifiers` —— 可选限定符, C++11 中可以用 `mutable`, 它允许我们在 lambda 表达式函数体内改变按值捕获的变量, 或者调用非 const 的成员函数。上面的例子中没有使用说明符。

- `exception` —— 可选异常说明符, 我们可以使用 `noexcept` 来指明 lambda 是否会抛出异常。对应的例子中没有使用异常说明符。

- `ret` —— 可选返回值类型, 不同于普通函数, lambda 表达式使用返回类型后置的语法来表示返回类型, 如果没有返回值 (void 类型), 可以忽略包括`->`在内的整个部分。另外, 我们也可以在有返回值的情况下不指定返回类型, 这时编译器会为我们推导出一个返回类型。对应到上面的例子是 `->int`。

- `{ body }` —— lambda 表达式的函数体, 这个部分和普通函数的函数体一样。对应例子中的`{ return x * y; }`。

细心的读者肯定发现了一个有趣的事实, 由于参数列表, 限定符以及返回值都是可选的, 于是我们可以写出的最简单的 lambda 表达式是`[]{}`。虽然看上去非常奇怪, 但它确实是一个合法的 lambda 表达式。需要特别强调的是, 上面的语法定义只属于 C++11 标准, C++14 和 C++17 标准对 lambda 表达式又进行了很有用的扩展, 我们会在后面介绍。

7.2　捕获列表

在 lambda 表达式的语法中，与传统 C++语法差异最大的部分应该算是捕获列表了。实际上，除了语法差异较大之外，它也是 lambda 表达式中最为复杂的一个部分。接下来我们会把捕获列表分解开来逐步讨论其特性。

7.2.1　作用域

我们必须了解捕获列表的作用域，通常我们说一个对象在某一个作用域内，不过这种说法在捕获列表中发生了变化。捕获列表中的变量存在于两个作用域——lambda 表达式定义的函数作用域以及 lambda 表达式函数体的作用域。前者是为了捕获变量，后者是为了使用变量。另外，标准还规定能捕获的变量必须是一个自动存储类型。简单来说就是非静态的局部变量。让我们看一看下面的例子：

```
int x = 0;

int main()
{
    int y = 0;
    static int z = 0;
    auto foo = [x, y, z] {};
}
```

以上代码可能是无法通过编译的，其原因有两点：第一，变量 x 和 z 不是自动存储类型的变量；第二，x 不存在于 lambda 表达式定义的作用域。这里可能无法编译，因为不同编译器对于这段代码的处理会有所不同，比如 GCC 就不会报错，而是给出警告。那么如果想在 lambda 表达式中使用全局变量或者静态局部变量该怎么办呢？马上能想到的办法是用参数列表传递全局变量或者静态局部变量，其实不必这么麻烦，直接用就行了，来看一看下面的代码：

```
#include <iostream>

int x = 1;
int main()
{
    int y = 2;
    static int z = 3;
```

```
auto foo = [y] { return x + y + z; };
std::cout << foo() << std::endl;
}
```

在上面的代码中，虽然我们没有捕获变量 x 和 z，但是依然可以使用它们。进一步来说，如果我们将一个 lambda 表达式定义在全局作用域，那么 lambda 表达式的捕获列表必须为空。因为根据上面提到的规则，捕获列表的变量必须是一个自动存储类型，但是全局作用域并没有这样的类型，比如：

```
int x = 1;
auto foo = [] { return x; };
int main()
{
    foo();
}
```

7.2.2 捕获值和捕获引用

捕获列表的捕获方式分为捕获值和捕获引用，其中捕获值的语法我们已经在前面的例子中看到了，在[]中直接写入变量名，如果有多个变量，则用逗号分隔，例如：

```
int main()
{
    int x = 5, y = 8;
    auto foo = [x, y] { return x * y; };
}
```

捕获值是将函数作用域的 x 和 y 的值复制到 lambda 表达式对象的内部，就如同 lambda 表达式的成员变量一样。

捕获引用的语法与捕获值只有一个&的区别，要表达捕获引用我们只需要在捕获变量之前加上&，类似于取变量指针。只不过这里捕获的是引用而不是指针，在 lambda 表达式内可以直接使用变量名访问变量而不需解引用，比如：

```
int main()
{
    int x = 5, y = 8;
    auto foo = [&x, &y] { return x * y; };
}
```

上面的两个例子只是读取变量的值，从结果上看两种捕获没有区别，但是如果加入变量的赋值操作，情况就不同了，请看下面的例子：

```
void bar1()
{
```

```
        int x = 5, y = 8;
        auto foo = [x, y] {
            x += 1;              // 编译失败，无法改变捕获变量的值
            y += 2;              // 编译失败，无法改变捕获变量的值
            return x * y;
        };
        std::cout << foo() << std::endl;
    }


    void bar2()
    {
        int x = 5, y = 8;
        auto foo = [&x, &y] {
            x += 1;
            y += 2;
            return x * y;
        };
        std::cout << foo() << std::endl;
    }
```

在上面的代码中函数 bar1 无法通过编译，原因是我们无法改变捕获变量的值。这就引出了 lambda 表达式的一个特性：捕获的变量默认为常量，或者说 lambda 是一个常量函数（类似于常量成员函数）。bar2 函数里的 lambda 表达式能够顺利地通过编译，虽然其函数体内也有改变变量 x 和 y 的行为。这是因为捕获的变量默认为常量指的是变量本身，当变量按值捕获的时候，变量本身就是值，所以改变值就会发生错误。在捕获引用的情况下，捕获变量实际上是一个引用，我们在函数体内改变的并不是引用本身，而是引用的值，所以并没有被编译器拒绝。

另外，还记得上文提到的可选说明符 mutable 吗？使用 mutable 说明符可以移除 lambda 表达式的常量性，也就是说我们可以在 lambda 表达式的函数体中修改捕获值的变量了，例如：

```
    void bar3()
    {
        int x = 5, y = 8;
        auto foo = [x, y] () mutable {
            x += 1;
            y += 2;
            return x * y;
        };
        std::cout << foo() << std::endl;
    }
```

以上代码可以通过编译，也就是说 lambda 表达式成功地修改了其作用域内的 x

和 y 的值。值得注意的是，函数 bar3 相对于函数 bar1 除了增加说明符 mutable，还多了一对 ()，这是因为语法规定 lambda 表达式如果存在说明符，那么形参列表不能省略。

编译运行 bar2 和 bar3 两个函数会输出相同的结果，但这并不代表两个函数是等价的，捕获值和捕获引用还是存在着本质区别。当 lambda 表达式捕获值时，表达式内实际获得的是捕获变量的复制，我们可以任意地修改内部捕获变量，但不会影响外部变量。而捕获引用则不同，在 lambda 表达式内修改捕获引用的变量，对应的外部变量也会被修改：

```cpp
#include <iostream>

int main()
{
    int x = 5, y = 8;
    auto foo = [x, &y]() mutable {
        x += 1;
        y += 2;
        std::cout << "lambda x = " << x << ", y = " << y << std::endl;
        return x * y;
    };
    foo();
    std::cout << "call1  x = " << x << ", y = " << y << std::endl;
    foo();
    std::cout << "call2  x = " << x << ", y = " << y << std::endl;
}
```

运行结果如下：

```
lambda x = 6, y = 10
call1  x = 5, y = 10
lambda x = 7, y = 12
call2  x = 5, y = 12
```

观察上面这段代码的运行结果会发现，由于 x 是捕获值的变量，因此无论在 lambda 表达式内如何改变 x 的值，其外部作用域的变量都不会发生变化（一直保持为 5）。而捕获引用的变量 y 会随着 lambda 表达式内的改变而改变。进一步审视 x 值的变化会发现另一个有趣的事实，虽然在 lambda 表达式内修改 x 不会影响外部 x 的值，但是它却能影响下次调用 lambda 表达式时 x 的值。更具体来说，当第一次调用 foo 的时候，x 的值从 5 增加到 6，这个状态持续到第二次调用 foo，然后将 x 的值从 6 增加到 7。

对于捕获值的 lambda 表达式还有一点需要注意，捕获值的变量在 lambda 表达式定义的时候已经固定下来了，无论函数在 lambda 表达式定义后如何修改外部变量的值，lambda 表达式捕获的值都不会变化，例如：

```
#include <iostream>

int main()
{
    int x = 5, y = 8;
    auto foo = [x, &y]() mutable {
        x += 1;
        y += 2;
        std::cout << "lambda x = " << x << ", y = " << y << std::endl;
        return x * y;
    };
    x = 9;
    y = 20;
    foo();
}
```

运行结果如下：

```
lambda x = 6, y = 22
```

在上面的代码中，虽然在调用 foo 之前分别修改了 x 和 y 的值，但是捕获值的变量 x 依然延续着 lambda 定义时的值，而在捕获引用的变量 y 被重新赋值以后，lambda 表达式捕获的变量 y 的值也跟着发生了变化。

7.2.3 特殊的捕获方法

lambda 表达式的捕获列表除了指定捕获变量之外还有 3 种特殊的捕获方法。

1. [this] ——捕获 this 指针，捕获 this 指针可以让我们使用 this 类型的成员变量和函数。

2. [=] ——捕获 lambda 表达式定义作用域的全部变量的值，包括 this。

3. [&] ——捕获 lambda 表达式定义作用域的全部变量的引用，包括 this。

首先来看看捕获 this 的情况：

```
#include <iostream>

class A
{
public:
    void print()
    {
        std::cout << "class A" << std::endl;
```

```
    }

    void test()
    {
        auto foo = [this] {
            print();
            x = 5;
        };
        foo();
    }
private:
    int x;
};

int main()
{
    A a;
    a.test();
}
```

在上面的代码中，因为 lambda 表达式捕获了 this 指针，所以可以在 lambda 表达式内调用该类型的成员函数 print 或者使用其成员变量 x。

捕获全部变量的值或引用则更容易理解：

```
#include <iostream>

int main()
{
    int x = 5, y = 8;
    auto foo = [=] { return x * y; };
    std::cout << foo() << std::endl;
}
```

以上代码并没有指定需要捕获的变量，而是使用 [=] 捕获所有变量的值，这样在 lambda 表达式内也能访问 x 和 y 的值。同理，使用 [&] 也会有同样的效果，读者不妨自己尝试一下。

7.3 lambda 表达式的实现原理

如果读者是一个 C++ 的老手，可能已经发现 lambda 表达式与函数对象（仿函数）非常相似，所以让我们从函数对象开始深入探讨 lambda 表达式的实现原理。

请看下面的例子：

```cpp
#include <iostream>

class Bar
{
public:
    Bar(int x, int y) : x_(x), y_(y) {}
    int operator () ()
    {
        return x_ * y_;
    }
private:
int x_;
int y_;
};

int main()
{
    int x = 5, y = 8;
    auto foo = [x, y] { return x * y; };
    Bar bar(x, y);
    std::cout << "foo() = " << foo() << std::endl;
    std::cout << "bar() = " << bar() << std::endl;
}
```

在上面的代码中，foo 是一个 lambda 表达式，而 bar 是一个函数对象。它们都能在初始化的时候获取 main 函数中变量 x 和 y 的值，并在调用之后返回相同的结果。这两者比较明显的区别如下。

1. 使用 lambda 表达式不需要我们去显式定义一个类，这一点在快速实现功能上有较大的优势。

2. 使用函数对象可以在初始化的时候有更加丰富的操作，例如 Bar bar(x+y, x * y)，而这个操作在 C++11 标准的 lambda 表达式中是不允许的。另外，在 Bar 初始化对象的时候使用全局或者静态局部变量也是没有问题的。

这样看来在 C++11 标准中，lambda 表达式的优势在于书写简单方便且易于维护，而函数对象的优势在于使用更加灵活不受限制，但总的来说它们非常相似。而实际上这也正是 lambda 表达式的实现原理。

lambda 表达式在编译期会由编译器自动生成一个闭包类，在运行时由这个闭包类产生一个对象，我们称它为闭包。在 C++中，所谓的闭包可以简单地理解为一个匿名且可以包含定义时作用域上下文的函数对象。现在让我们抛开这些概念，观察 lambda 表达式究竟是什么样子的。

首先，定义一个简单的 `lambda` 表达式：

```
#include <iostream>

int main()
{
    int x = 5, y = 8;
    auto foo = [=] { return x * y; };
    int z = foo();
}
```

接着，我们用 GCC 输出其 GIMPLE 的中间代码：

```
main ()
{
  int D.39253;
  {
    int x;
    int y;
    struct __lambda0 foo;
    typedef struct __lambda0 __lambda0;
    int z;

    try
      {
        x = 5;
        y = 8;
        foo.__x = x;
        foo.__y = y;
        z = main()::<lambda()>::operator() (&foo);
      }
    finally
      {
        foo = {CLOBBER};
      }
  }
  D.39253 = 0;
  return D.39253;
}


main()::<lambda()>::operator() (const struct __lambda0 * const __closure)
{
  int D.39255;
  const int x [value-expr: __closure->__x];
  const int y [value-expr: __closure->__y];
```

```
_1 = __closure->__x;
_2 = __closure->__y;
D.39255 = _1 * _2;
return D.39255;
}
```

从上面的中间代码可以看出 lambda 表达式的类型名为 __lambda0，通过这个类型实例化了对象 foo，然后在函数内对 foo 对象的成员 __x 和 __y 进行赋值，最后通过自定义的() 运算符对表达式执行计算并将结果赋值给变量 z。在这个过程中，__lambda0 是一个拥有 operator() 自定义运算符的结构体，这也正是函数对象类型的特性。所以，在某种程度上来说，lambda 表达式是 C++11 给我们提供的一块语法糖而已，lambda 表达式的功能完全能够手动实现，而且如果实现合理，代码在运行效率上也不会有差距，只不过使用 lambda 表达式让代码编写更加轻松了。

7.4　无状态 lambda 表达式

C++标准对于无状态的 lambda 表达式有着特殊的照顾，即它可以隐式转换为函数指针，例如：

```
void f(void(*)()) {}
void g() { f([] {}); } // 编译成功
```

在上面的代码中，lambda 表达式[] {}隐式转换为 void(*)()类型的函数指针。同样，看下面的代码：

```
void f(void(&)()) {}
void g() { f(*[] {}); }
```

这段代码也可以顺利地通过编译。我们经常会在 STL 的代码中遇到 lambda 表达式的这种应用。

7.5　在 STL 中使用 lambda 表达式

要探讨 lambda 表达式的常用场合，就必须讨论 C++的标准库 STL。在 STL 中我们常常会见到这样一些算法函数，它们的形参需要传入一个函数指针或函数对象从而完成整个算法，例如 std::sort、std::find_if 等。

　　在 C++11 标准以前，我们通常需要在函数外部定义一个辅助函数或辅助函数对象类型。对于简单的需求，我们也可能使用 STL 提供的辅助函数，例如 std::less、std::plus 等。另外，针对稍微复杂一点的需求还可能会用到 std::bind1st、std::bind2nd 等函数。总之，无论使用以上的哪种方法，表达起来都相当晦涩。大多数情况下，我们可能必须自己动手编写辅助函数或辅助函数对象类型。

　　幸运的是，在有了 lambda 表达式以后，这些问题就迎刃而解了。我们可以直接在 STL 算法函数的参数列表内实现辅助函数，例如：

```cpp
#include <iostream>
#include <vector>
#include <algorithm>

int main()
{
    std::vector<int> x = {1, 2, 3, 4, 5};
    std::cout << *std::find_if(x.cbegin(),
                        x.cend(),
                        [](int i) { return (i % 3) == 0; }) << std::endl;
}
```

　　函数 std::find_if 需要一个辅助函数帮助确定需要找出的值，而这里我们使用 lambda 表达式直接在传参时定义了辅助函数。无论是编写还是阅读代码，直接定义 lambda 表达式都比定义辅助函数更加简洁且容易理解。

7.6　广义捕获

　　C++14 标准中定义了广义捕获，所谓广义捕获实际上是两种捕获方式，第一种称为简单捕获，这种捕获就是我们在前文中提到的捕获方法，即[identifier]、[&identifier]以及[this]等。第二种叫作初始化捕获，这种捕获方式是在 C++14 标准中引入的，它解决了简单捕获的一个重要问题，即只能捕获 lambda 表达式定义上下文的变量，而无法捕获表达式结果以及自定义捕获变量名，比如：

```cpp
int main()
{
    int x = 5;
    auto foo = [x = x + 1]{ return x; };
}
```

以上在 C++14 标准之前是无法编译通过的，因为 C++11 标准只支持简单捕获。而 C++14 标准对这样的捕获进行了支持，在这段代码里捕获列表是一个赋值表达式，不过这个赋值表达式有点特殊，因为它通过等号跨越了两个作用域。等号左边的变量 x 存在于 lambda 表达式的作用域，而等号右边的 x 存在于 main 函数的作用域。如果读者觉得两个 x 的写法有些绕，我们还可以采用更清晰的写法：

```cpp
int main()
{
    int x = 5;
    auto foo = [r = x + 1]{ return r; };
}
```

很明显这里的变量 r 只存在于 lambda 表达式，如果此时在 lambda 表达式函数体里使用变量 x，则会出现编译错误。初始化捕获在某些场景下是非常实用的，这里举两个例子，第一个场景是使用移动操作减少代码运行的开销，例如：

```cpp
#include <string>

int main()
{
    std::string x = "hello c++ ";
    auto foo = [x = std::move(x)]{ return x + "world"; };
}
```

上面这段代码使用 std::move 对捕获列表变量 x 进行初始化，这样避免了简单捕获的复制对象操作，代码运行效率得到了提升。

第二个场景是在异步调用时复制 this 对象，防止 lambda 表达式被调用时原始 this 对象被析构造成未定义的行为，比如：

```cpp
#include <iostream>
#include <future>

class Work
{
  private:
    int value;

  public:
    Work() : value(42) {}
    std::future<int> spawn()
    {
        return std::async([=]() -> int { return value; });
    }
};
```

```
std::future<int> foo()
{
    Work tmp;
    return tmp.spawn();
}

int main()
{
    std::future<int> f = foo();
    f.wait();
  std::cout << "f.get() = " << f.get() << std::endl;
}
```

输出结果如下：

```
f.get() = 32766
```

这里我们期待 f.get() 返回的结果是 42，而实际上返回了 32766，这就是一个未定义的行为，它造成了程序的计算错误，甚至有可能让程序崩溃。为了解决这个问题，我们引入初始化捕获的特性，将对象复制到 lambda 表达式内，让我们简单修改一下 spawn 函数：

```
class Work
{
  private:
    int value;

  public:
    Work() : value(42) {}
    std::future<int> spawn()
    {
        return std::async([=, tmp = *this]() -> int { return tmp.value; });
    }
};
```

以上代码使用初始化捕获，将*this 复制到 tmp 对象中，然后在函数体内返回 tmp 对象的 value。由于整个对象通过复制的方式传递到 lambda 表达式内，因此即使 this 所指的对象析构了也不会影响 lambda 表达式的计算。编译运行修改后的代码，程序正确地输出 f.get() = 42。

7.7　泛型 lambda 表达式

C++14 标准让 lambda 表达式具备了模版函数的能力，我们称它为泛型 lambda 表达式。虽然具备模版函数的能力，但是它的定义方式却用不到 template 关键字。实际上泛型 lambda 表达式语法要简单很多，我们只需要使用 auto 占位符即可，例如：

```
int main()
{
    auto foo = [](auto a) { return a; };
    int three = foo(3);
    char const* hello = foo("hello");
}
```

由于泛型 lambda 表达式更多地利用了 auto 占位符的特性，而 lambda 表达式本身并没有什么变化，因此想更多地理解泛型 lambda 表达式，可以阅读第 3 章，这里就不再赘述了。

7.8　常量 lambda 表达式和捕获*this

C++17 标准对 lambda 表达式同样有两处增强，一处是常量 lambda 表达式，另一处是对捕获*this 的增强。其中常量 lambda 表达式的主要特性体现在 constexpr 关键字上，请阅读 constexpr 的有关章节来掌握常量 lambda 表达式的特性，这里主要说明一下对于捕获*this 的增强。

还记得前面初始化捕获*this 对象的代码吗？我们在捕获列表内复制了一份 this 指向的对象到 tmp，然后使用 tmp 的 value。没错，这样做确实解决了异步问题，但是这个解决方案并不优美。试想一下，如果在 lambda 表达式中用到了大量 this 指向的对象，那我们就不得不将它们全部修改，一旦遗漏就会引发问题。为了更方便地复制和使用*this 对象，C++17 增加了捕获列表的语法来简化这个操作，具体来说就是在捕获列表中直接添加[*this]，然后在 lambda 表达式函数体内直接使用 this 指向对象的成员，还是以前面的 Work 类为例：

```
class Work
{
  private:
    int value;

  public:
    Work() : value(42) {}
    std::future<int> spawn()
    {
        return std::async([=, *this]() -> int { return value; });
    }
};
```

在上面的代码中没有再使用 `tmp=*this` 来初始化捕获列表，而是直接使用 `*this`。在 lambda 表达式内也没有再使用 `tmp.value` 而是直接返回了 `value`。编译运行这段代码可以得到预期的结果 42。从结果可以看出，`[*this]`的语法让程序生成了一个`*this`对象的副本并存储在 lambda 表达式内，可以在 lambda 表达式内直接访问这个复制对象的成员，消除了之前 lambda 表达式需要通过 `tmp` 访问对象成员的尴尬。

7.9 捕获[=, this]

在 C++20 标准中，又对 lambda 表达式进行了小幅修改。这一次修改没有加强 lambda 表达式的能力，而是让 this 指针的相关语义更加明确。我们知道`[=]`可以捕获 this 指针，相似地，`[=,*this]`会捕获 this 对象的副本。但是在代码中大量出现`[=]`和`[=,*this]`的时候我们可能很容易忘记前者与后者的区别。为了解决这个问题，在 C++20 标准中引入了`[=, this]`捕获 this 指针的语法，它实际上表达的意思和`[=]`相同，目的是让程序员们区分它与`[=,*this]`的不同：

```
[=, this]{}; // C++17 编译报错或者报警告，C++20 成功编译
```

虽然在 C++17 标准中认为`[=, this]{};`是有语法问题的，但是实践中 GCC 和 Clang 都只是给出了警告而并未报错。另外，在 C++20 标准中还特别强调了要用`[=, this]`代替`[=]`，如果用 GCC 编译下面这段代码：

```
template <class T>
void g(T) {}

struct Foo {
```

```
int n = 0;
void f(int a) {
    g([=](int k) { return n + a * k; });
}
};
```

编译器会输出警告信息，表示标准已经不再支持使用[=]隐式捕获 this 指针了，提示用户显式添加 this 或者*this。最后值得注意的是，同时用两种语法捕获 this 指针是不允许的，比如：

```
[this, *this]{};
```

这种写法在 Clang 中一定会给出编译错误，而 GCC 则稍显温柔地给出警告，在我看来这种写法没有意义，是应该避免的。

7.10　模板语法的泛型 lambda 表达式

在 7.7 节中我们讨论了 C++14 标准中 lambda 表达式通过支持 auto 来实现泛型。大部分情况下，这是一种不错的特性，但不幸的是，这种语法也会使我们难以与类型进行互动，对类型的操作变得异常复杂。用提案文档的举例来说：

```
template <typename T> struct is_std_vector : std::false_type { };
template <typename T> struct is_std_vector<std::vector<T>> : std::true_type
{ };
auto f = [](auto vector) {
static_assert(is_std_vector<decltype(vector)>::value, "");
};
```

普通的函数模板可以轻松地通过形参模式匹配一个实参为 vector 的容器对象，但是对于 lambda 表达式，auto 不具备这种表达能力，所以不得不实现 is_std_vector，并且通过 static_assert 来辅助判断实参的真实类型是否为 vector。在 C++委员会的专家看来，把一个本可以通过模板推导完成的任务交给 static_assert 来完成是不合适的。除此之外，这样的语法让获取 vector 存储对象的类型也变得十分复杂，比如：

```
auto f = [](auto vector) {
using T = typename decltype(vector)::value_type;
// …
};
```

当然，能这样实现已经是很侥幸了。我们知道 vector 容器类型会使用内嵌类型 value_type 表示存储对象的类型。但我们并不能保证面对的所有容器都会实现这一规则，所以依赖内嵌类型是不可靠的。

进一步来说，decltype(obj) 有时候并不能直接获取我们想要的类型。不记得 decltype 推导规则的读者可以复习一下前面的章节，这里就直接说明示例代码：

```
auto f = [](const auto& x) {
using T = decltype(x);
T copy = x; // 可以编译，但是语义错误
using Iterator = typename T::iterator; // 编译错误
};

std::vector<int> v;
f(v);
```

请注意，在上面的代码中，decltype(x) 推导出来的类型并不是 std::vector<int>，而是 const std::vector<int> &，所以 T copy = x;不是一个复制而是引用。对于一个引用类型来说，T::iterator 也是不符合语法的，所以编译出错。在提案文档中，作者很友好地给出了一个解决方案，他使用了 STL 的 decay，这样就可以将类型的 cv 以及引用属性删除，于是就有了以下代码：

```
auto f = [](const auto& x) {
using T = std::decay_t<decltype(x)>;
T copy = x;
using Iterator = typename T::iterator;
};
```

问题虽然解决了，但是要时刻注意 auto，以免给代码带来意想不到的问题，况且这都是建立在容器本身设计得比较完善的情况下才能继续下去的。

鉴于以上种种问题，C++委员会决定在 C++20 中添加模板对 lambda 的支持，语法非常简单：

```
[]<typename T>(T t) {}
```

于是，上面那些让我们为难的例子就可以改写为：

```
auto f = []<typename T>(std::vector<T> vector) {
// …
};
```

以及

```
auto f = []<typename T>(T const& x) {
T copy = x;
using Iterator = typename T::iterator;
};
```

上面的代码是否能让读者眼前一亮？这些代码不仅简洁了很多，而且也更符合 C++泛型编程的习惯。

最后再说一个有趣的故事，事实上早在 2012 年，让 lambda 支持模板的提案文档 N3418 已经提交给了 C++委员会，不过当时这份提案并没有被接受，到 2013 年 N3559 中提出的基于 auto 的泛型在 C++14 标准中实现，而 2017 年 lambda 支持模板的提案又一次被提出来，这一次可以说是踩在 N3559 的肩膀上成功地加入了 C++20 标准。回过头来看整个过程，虽说算不上曲折，但也颇为耐人寻味，C++作为一个发展近 30 年的语言，依然在不断地探索和纠错中砥志前行。

7.11　可构造和可赋值的无状态 lambda 表达式

在 7.4 节中我们提到了无状态 lambda 表达式可以转换为函数指针，但遗憾的是，在 C++20 标准之前无状态的 lambda 表达式类型既不能构造也无法赋值，这阻碍了许多应用的实现。举例来说，我们已经了解了像 std::sort 和 std::find_if 这样的函数需要一个函数对象或函数指针来辅助排序和查找，这种情况我们可以使用 lambda 表达式完成任务。但是如果遇到 std::map 这种容器类型就不好办了，因为 std::map 的比较函数对象是通过模板参数确定的，这个时候我们需要的是一个类型：

```
auto greater = [](auto x, auto y) { return x > y; };
std::map<std::string, int, decltype(greater)> mymap;
```

这段代码的意图很明显，它首先定义了一个无状态的 lambda 表达式 greater，然后使用 decltype(greater)获取其类型作为模板实参传入模板。这个想法非常好，但是在 C++17 标准中是不可行的，因为 lambda 表达式类型无法构造。编译器会明确告知，lambda 表达式的默认构造函数已经被删除了（"note:a lambda closure type has a deleted default constructor"）。

除了无法构造，无状态的 lambda 表达式也没办法赋值，比如：

```
auto greater = [](auto x, auto y) { return x > y; };
std::map<std::string, int, decltype(greater)> mymap1, mymap2;
mymap1 = mymap2;
```

这里 mymap1 = mymap2;也会被编译器报错，原因是复制赋值函数也被删除了（"note: a lambda closure type has a deleted copy assignment operator"）。

为了解决以上问题，C++20 标准允许了无状态 `lambda` 表达式类型的构造和赋值，所以使用 C++20 标准的编译环境来编译上面的代码是可行的。

7.12　总结

在本章我们介绍了 `lambda` 表达式的语法、使用方法以及原理。总的来说 `lambda` 表达式不但容易使用，而且原理也容易理解。它很好地解决了过去 C++中无法直接编写内嵌函数的尴尬。虽然在 GCC 中提供了一个叫作 `nest function` 的 C 语言扩展，这个扩展允许我们在函数内部编写内嵌函数，但这个特性一直没有被纳入标准当中。当然我们也并不用为此遗憾，因为现在提供的 `lambda` 表达式无论在语法简易程度上，还是用途广泛程度上都要优于 `nest function`。合理地使用 `lambda` 表达式，可以让代码更加短小精悍的同时也具有良好的可读性。

第8章

非静态数据成员默认初始化（C++11
C++20）

8.1　使用默认初始化

在 C++11 以前，对非静态数据成员初始化需要用到初始化列表，当类的数据成员和构造函数较多时，编写构造函数会是一个令人头痛的问题：

```
class X {
public:
  X() : a_(0), b_(0.), c_("hello world") {}
  X(int a) : a_(a), b_(0.), c_("hello world") {}
  X(double b) : a_(0), b_(b), c_("hello world") {}
  X(const std::string &c) : a_(0), b_(0.), c_(c) {}

private:
  int a_;
  double b_;
  std::string c_;
};
```

在上面的代码中，类 X 有 4 个构造函数，为了在构造的时候初始化非静态数据成员，它们的初始化列表有一些冗余代码，而造成的后果是维护困难且容易出错。为了解决这种问题，C++11 标准提出了新的初始化方法，即在声明非静态数据成员的同时直接对其使用=或者{}（见第 9 章）初始化。在此之前只有类型为整型或者枚举类型的常量静态数据成员才有这种声明默认初始化的待遇：

```
class X {
public:
  X() {}
  X(int a) : a_(a) {}
  X(double b) : b_(b) {}
  X(const std::string &c) : c_(c) {}

private:
  int a_ = 0;
  double b_{ 0. };
  std::string c_{ "hello world" };
};
```

以上代码使用了非静态数据成员默认初始化的方法，可以看到这种初始化的方式更加清晰合理，每个构造函数只需要专注于特殊成员的初始化，而其他的数据成员则默认使用声明时初始化的值。比如 X(const std::string c) 这个构造函数，它只需要关心数据成员 c_ 的初始化而不必初始化 a_ 和 b_。在初始化的优先级上有这样的规则，初始化列表对数据成员的初始化总是优先于声明时默认初始化。

最后来看一看非静态数据成员在声明时默认初始化需要注意的两个问题。

1. 不要使用括号()对非静态数据成员进行初始化，因为这样会造成解析问题，所以会编译错误。

2. 不要用 auto 来声明和初始化非静态数据成员，虽然这一点看起来合理，但是 C++ 并不允许这么做。

```
struct X {
  int a(5);      // 编译错误，不能使用()进行默认初始化
  auto b = 8;    // 编译错误，不能使用 auto 声明和初始化非静态数据成员
};
```

8.2 位域的默认初始化

在 C++11 标准提出非静态数据成员默认初始化方法之后，C++20 标准又对该特性做了进一步扩充。在 C++20 中我们可以对数据成员的位域进行默认初始化了，例如：

```
struct  S {
  int y : 8 = 11;
```

```
    int z : 4 {7};
};
```

在上面的代码中，int 数据的低 8 位被初始化为 11，紧跟它的高 4 位被初始化为 7。

位域的默认初始化语法很简单，但是也有一个需要注意的地方。当表示位域的常量表达式是一个条件表达式时我们就需要警惕了，例如：

```
int a;
struct S2 {
    int y : true ? 8 : a = 42;
    int z : 1 || new int { 0 };
};
```

请注意，这段代码中并不存在默认初始化，因为最大化识别标识符的解析规则让=42 和{0}不可能存在于解析的顶层。于是以上代码会被认为是：

```
int a;
struct S2 {
    int y : (true ? 8 : a = 42);
    int z : (1 || new int { 0 });
};
```

所以我们可以通过使用括号明确代码被解析的优先级来解决这个问题：

```
int a;
struct S2 {
  int y : (true ? 8 : a) = 42;
  int z : (1 || new int){ 0 };
};
```

通过以上方法就可以对 S2::y 和 S2::z 进行默认初始化了。

8.3 总结

非静态数据成员默认初始化在一定程度上解决了初始化列表代码冗余的问题，尤其在类中数据成员的数量较多或类重载的构造函数数量较多时，使用非静态数据成员默认初始化的优势尤其明显。另外，从代码的可读性来说，这种初始化方法更加简单直接。

第9章

列表初始化（C++11 C++20）

9.1 回顾变量初始化

在介绍列表初始化之前，让我们先回顾一下初始化变量的传统方法。其中常见的是使用括号和等号在变量声明时对其初始化，例如：

```
struct C {
  C(int a) {}
};

int main()
{
  int x = 5;
  int x1(8);
  C x2 = 4;
  C x3(4);
}
```

一般来说，我们称使用括号初始化的方式叫作直接初始化，而使用等号初始化的方式叫作拷贝初始化（复制初始化）。请注意，这里使用等号对变量初始化并不是调用等号运算符的赋值操作。实际情况是，等号是拷贝初始化，调用的依然是直接初始化对应的构造函数，只不过这里是隐式调用而已。如果我们将 C(int a) 声明为 explicit，那么 C x2 = 4 就会编译失败。

使用括号和等号只是直接初始化和拷贝初始化的代表，还有一些经常用到的初始化方式也属于它们。比如 new 运算符和类构造函数的初始化列表就属于直接初始化，而函数传参和 return 返回则是拷贝初始化。前者比较好理解，后者可以通过具体的例子来理解：

```
#include <map>
struct C {
  C(int a) {}
};

void foo(C c) {}
C bar()
{
  return 5;
}

int main()
{
  foo(8);         // 拷贝初始化
  C c = bar();    // 拷贝初始化
}
```

这段代码中 foo 函数的传参和 bar 函数的返回都调用了隐式构造函数，是一个拷贝初始化。

9.2　使用列表初始化

C++11 标准引入了列表初始化，它使用大括号{}对变量进行初始化，和传统变量初始化的规则一样，它也区分为直接初始化和拷贝初始化，例如：

```
#include <string>

struct C {
  C(std::string a, int b) {}
  C(int a) {}
};

void foo(C) {}
C bar()
{
  return {"world", 5};
}

int main()
{
```

```
    int x = {5};            // 拷贝初始化
    int x1{8};              // 直接初始化
    C x2 = {4};             // 拷贝初始化
    C x3{2};                // 直接初始化
    foo({8});               // 拷贝初始化
    foo({"hello", 8});      // 拷贝初始化
    C x4 = bar();           // 拷贝初始化
    C *x5 = new C{ "hi", 42 };  // 直接初始化
}
```

仔细观察以上代码会发现，列表初始化和传统的变量初始化几乎相同，除了 `foo({"hello", 8})` 和 `return {"world", 5}` 这两处不同。读者应该发现了列表初始化在这里的奥妙所在，它支持隐式调用多参数的构造函数，于是 `{"hello", 8}` 和 `{"world", 5}` 通过隐式调用构造函数 `C::C(std::string a, int b)` 成功构造了类 C 的对象。当然了，有时候我们并不希望编译器进行隐式构造，这时候只需要在特定构造函数上声明 explicit 即可。

讨论使用大括号初始化变量就不得不提用大括号初始化数组，例如 `int x[] = { 1,2,3,4,5 }`。不过遗憾的是，这个特性无法使用到 STL 的 vector、list 等容器中。想要初始化容器，我们不得不编写一个循环来完成初始化工作。现在，列表初始化将程序员从这个问题中解放了出来，我们可以使用列表初始化对标准容器进行初始化了，例如：

```
#include <vector>
#include <list>
#include <set>
#include <map>
#include <string>

int main()
{
  int x[] = { 1,2,3,4,5 };
  int x1[]{ 1,2,3,4,5 };
  std::vector<int> x2{ 1,2,3,4,5 };
  std::vector<int> x3 = { 1,2,3,4,5 };
  std::list<int> x4{ 1,2,3,4,5 };
  std::list<int> x5 = { 1,2,3,4,5 };
  std::set<int> x6{ 1,2,3,4,5 };
  std::set<int> x7 = { 1,2,3,4,5 };
  std::map<std::string, int> x8{ {"bear",4}, {"cassowary",2}, {"tiger",7} };
  std::map<std::string, int> x9 = { {"bear",4}, {"cassowary",2}, {"tiger",7} };
}
```

以上代码在 C++11 环境下可以成功编译，可以看到使用列表初始化标准容器和初始化数组一样简单，唯一值得注意的地方是对 x8 和 x9 的初始化，因为它使用了

列表初始化的一个特殊的特性。关于这个特性先卖一个关子，后面再做解释。让我们先将注意力放在如何能让容器支持列表初始化的问题上。

9.3   std::initializer_list 详解

标准容器之所以能够支持列表初始化，离不开编译器支持的同时，它们自己也必须满足一个条件：支持 std::initializer_list 为形参的构造函数。std::initializer_list 简单地说就是一个支持 begin、end 以及 size 成员函数的类模板，有兴趣的读者可以翻阅 STL 的源代码，然后会发现无论是它的结构还是函数都直截了当。编译器负责将列表里的元素（大括号包含的内容）构造为一个 std::initializer_list 的对象，然后寻找标准容器中支持 std::initializer_list 为形参的构造函数并调用它。而标准容器的构造函数的处理就更加简单了，它们只需要调用 std::initializer_list 对象的 begin 和 end 函数，在循环中对本对象进行初始化。

通过了解原理能够发现，支持列表初始化并不是标准容器的专利，我们也能写出一个支持列表初始化的类，需要做的只是添加一个以 std::initializer_list 为形参的构造函数罢了，比如下面的例子：

```cpp
#include <iostream>
#include <string>

struct C {
  C(std::initializer_list<std::string> a)
  {
      for (const std::string* item = a.begin(); item != a.end(); ++item) {
          std::cout << *item << " ";
      }
      std::cout << std::endl;
  }
};

int main()
{
  C c{ "hello", "c++", "world" };
}
```

上面这段代码实现了一个支持列表初始化的类 C，类 C 的构造函数为 C(std::initializer_list<std::string> a)，这是支持列表初始化所必需的，值得注意的是，std:: initializer_list 的 begin 和 end 函数并不是返回的迭代器对象，而是一个常量对象指针 const T*。本着刨根问底的精神，让我们进一步探究编译器对列表的初始化处理：

```
#include <iostream>
#include <string>
struct C {
  C(std::initializer_list<std::string> a)
  {
      for (const std::string* item = a.begin(); item != a.end(); ++item) {
          std::cout << item << " ";
      }
      std::cout << std::endl;
  }

};

int main()
{
  C c{ "hello", "c++", "world" };
  std::cout << "sizeof(std::string) = " <<
      std::hex << sizeof(std::string) << std::endl;
}
```

运行输出结果如下：

```
0x77fdd0 0x77fdf0 0x77fe10
sizeof(std::string) = 20
```

以上代码输出了 std::string 对象的内存地址以及单个对象的大小（不同编译环境的 std::string 实现方式会有所区别，其对象大小也会不同，这里的例子是使用 GCC 编译的，std::string 对象的大小为 0x20）。仔细观察 3 个内存地址会发现，它们的差别正好是 std::string 所占的内存大小。于是我们能推断出，编译器所进行的工作大概是这样的：

```
const std::string __a[3] =
  {std::string{"hello"}, std::string{"c++"}, std::string{"world"}};
C c(std::initializer_list<std::string>(__a, __a+3));
```

另外，有兴趣的读者不妨用 GCC 对上面这段代码生成中间代码 GIMPLE，不出意外会发现类似这样的中间代码：

```
main ()
{
  struct initializer_list D.40094;
```

```
    const struct basic_string D.36430[3];
    …
    std::__cxx11::basic_string<char>::basic_string (&D.36430[0], "hello", &D.
36424);
    …
    std::__cxx11::basic_string<char>::basic_string (&D.36430[1], "c++", &D.36
426);
    …
    std::__cxx11::basic_string<char>::basic_string (&D.36430[2], "world", &D.
36428);
    …
    D.40094._M_array = &D.36430;
    D.40094._M_len = 3;
    C::C (&c, D.40094);
    …
}
```

9.4　使用列表初始化的注意事项

　　使用列表初始化是如此的方便，让人不禁想马上运用到自己的代码中去。但是请别着急，这里还有两个地方需要读者注意。

9.4.1　隐式缩窄转换问题

　　隐式缩窄转换是在编写代码中稍不留意就会出现的，而且它的出现并不一定会引发错误，甚至有可能连警告都没有，所以有时候容易被人们忽略，比如：

```
int x = 12345;
char y = x;
```

　　这段代码中变量 y 的初始化明显是一个隐式缩窄转换，这在传统变量初始化中是没有问题的，代码能顺利通过编译。但是如果采用列表初始化，比如 char z{ x }，根据标准编译器通常会给出一个错误，MSVC 和 Clang 就是这么做的，而 GCC 有些不同，它只是给出了警告。

　　现在问题来了，在 C++ 中哪些属于隐式缩窄转换呢？在 C++ 标准里列出了这么 4 条规则。

　　1. 从浮点类型转换整数类型。

　　2. 从 long double 转换到 double 或 float，或从 double 转换到 float，除非转换源是常量表达式以及转换后的实际值在目标可以表示的值范围内。

3. 从整数类型或非强枚举类型转换到浮点类型，除非转换源是常量表达式，转换后的实际值适合目标类型并且能够将生成目标类型的目标值转换回原始类型的原始值。

4. 从整数类型或非强枚举类型转换到不能代表所有原始类型值的整数类型，除非源是一个常量表达式，其值在转换之后能够适合目标类型。

4 条规则虽然描述得比较复杂，但是要表达的意思还是很简单的，结合标准的例子就很容易理解了：

```cpp
int x = 999;
const int y = 999;
const int z = 99;
const double cdb = 99.9;
double db = 99.9;
char c1 = x;    // 编译成功，传统变量初始化支持隐式缩窄转换
char c2{ x };   // 编译失败，可能是隐式缩窄转换，对应规则 4
char c3{ y };   // 编译失败，确定是隐式缩窄转换，999 超出 char 能够适应的范围，对应规则 4
char c4{ z };   // 编译成功，99 在 char 能够适应的范围内，对应规则 4
unsigned char uc1 = { 5 };   // 编译成功，5 在 unsigned char 能够适应的范围内，
                             // 对应规则 4
unsigned char uc2 = { -1 };  // 编译失败，unsigned char 不能够适应负数，对应规则 4
unsigned int ui1 = { -1 };   //编译失败，unsigned int 不能够适应负数，对应规则 4
signed int si1 = { (unsigned int)-1 }; //编译失败，signed int 不能够适应-1 所对应的
                                       //unsigned int，通常是 4294967295，对应规则 4
int ii = { 2.0 };   // 编译失败，int 不能适应浮点范围，对应规则 1
float f1{ x };      // 编译失败，float 可能无法适应整数或者互相转换，对应规则 3
float f2{ 7 };      // 编译成功，7 能够适应 float，且 float 也能转换回整数 7，对应规则 3
float f3{ cdb };    // 编译成功，99.9 能适应 float，对应规则 2
float f4{ db };     // 编译失败，可能是隐式缩窄转无法表达 double，对应规则 2
```

9.4.2 列表初始化的优先级问题

通过 9.2 节和 9.3 节的介绍我们知道，列表初始化既可以支持普通的构造函数，也能够支持以 std::initializer_list 为形参的构造函数。如果这两种构造函数同时出现在同一个类里，那么编译器会如何选择构造函数呢？比如：

```cpp
std::vector<int> x1(5, 5);
std::vector<int> x2{ 5, 5 };
```

以上两种方法都可以对 std::vector<int> 进行初始化，但是初始化的结果却是不同的。变量 x1 的初始化结果包含 5 个元素，且 5 个元素的值都为 5，调用了 vector(size_type count, const T& value, const Allocator& alloc = Allocator()) 这个构造函数。而变量 x2 的初始化结果是包含两个元素，且两

个元素的值为 5，也就是调用了构造函数 vector(std::initializer_list<T> init, const Allocator& alloc = Allocator())。所以，上述问题的结论是，如果有一个类同时拥有满足列表初始化的构造函数，且其中一个是以 std::initializer_list 为参数，那么编译器将优先以 std::initializer_list 为参数构造函数。由于这个特性的存在，我们在编写或阅读代码的时候就一定需要注意初始化代码的意图是什么，应该选择哪种方法对变量初始化。

最后让我们回头看一看 9.2 节中没有解答的一个问题，std::map<std::string, int> x8{ {"bear",4}, {"cassowary",2}, {"tiger",7} }中两个层级的列表初始化分别使用了什么构造函数。其实答案已经非常明显了，内层 {"bear",4}、{"cassowary",2}和{"tiger",7}都隐式调用了 std::pair 的构造函数 pair(const T1& x, const T2& y)，而外层的{…}隐式调用的则是 std::map 的构造函数 map(std::initializer_list<value_ type>init, const Allocator&)。

9.5　指定初始化

为了提高数据成员初始化的可读性和灵活性，C++20 标准中引入了指定初始化的特性。该特性允许指定初始化数据成员的名称，从而使代码意图更加明确。让我们看一看示例：

```
struct Point {
  int x;
  int y;
};

Point p{ .x = 4, .y = 2 };
```

虽然在这段代码中 Point 的初始化并不如 Point p{ 4, 2 };方便，但是这个例子却很好地展现了指定初始化语法。实际上，当初始化的结构体的数据成员比较多且真正需要赋值的只有少数成员的时候，这样的指定初始化就非常好用了：

```
struct Point3D {
  int x;
  int y;
  int z;
};

Point3D p{ .z = 3 };    // x = 0, y = 0
```

　　在上面的代码中 Point3D 需要 3 个坐标，不过我们只需要设置 z 的值，指定 .z = 3 即可。其中 x 和 y 坐标会调用默认初始化将其值设置为 0。可能这个例子还是不能完全体现出它相对于 Point3D p{ 0, 0, 3 }; 的优势所在，不过读者应该能感觉到，一旦结构体更加复杂，指定初始化就一定能带来不少方便之处。

　　最后需要注意的是，并不是什么对象都能够指定初始化的。

　　1. 它要求对象必须是一个聚合类型，例如下面的结构体就无法使用指定初始化：

```
struct Point3D {
  Point3D() {}
  int x;
  int y;
  int z;
};

Point3D p{ .z = 3 };      // 编译失败，Point3D 不是一个聚合类型
```

　　这里读者可能会有疑问，如果不能提供构造函数，那么我们希望数据成员 x 和 y 的默认值不为 0 的时候应该怎么做？不要忘了，从 C++11 开始我们有了非静态成员变量直接初始化的方法，比如当希望 Point3D 的默认坐标值都是 100 时，代码可以修改为：

```
struct Point3D {
  int x = 100;
  int y = 100;
    int z = 100;
};

Point3D p{ .z = 3 };     // x = 100, y = 100, z = 3
```

　　2. 指定的数据成员必须是非静态数据成员。这一点很好理解，静态数据成员不属于某个对象。

　　3. 每个非静态数据成员最多只能初始化一次：

```
Point p{ .y = 4, .y = 2 };  // 编译失败，y 不能初始化多次
```

　　4. 非静态数据成员的初始化必须按照声明的顺序进行。请注意，这一点和 C 语言中指定初始化的要求不同，在 C 语言中，乱序的指定初始化是合法的，但 C++ 不行。其实这一点也很好理解，因为 C++ 中的数据成员会按照声明的顺序构造，按照顺序指定初始化会让代码更容易阅读：

```
Point p{ .y = 4, .x = 2 };  // C++ 编译失败，C 编译没问题
```

　　5. 针对联合体中的数据成员只能初始化一次，不能同时指定：

```
union u {
  int a;
  const char* b;
};

u f = { .a = 1 };          // 编译成功
u g = { .b = "asdf" };     // 编译成功
u h = { .a = 1, .b = "asdf" };      // 编译失败，同时指定初始化联合体中的多个数据成员
```

6. 不能嵌套指定初始化数据成员。虽然这一点在 C 语言中也是允许的，但是 C++标准认为这个特性很少有用，所以直接禁止了：

```
struct Line {
  Point a;
  Point b;
};
```

```
Line l{ .a.y = 5 }; // 编译失败，.a.y = 5 访问了嵌套成员，不符合 C++标准
```

当然，如果确实想嵌套指定初始化，我们可以换一种形式来达到目的：

```
Line l{ .a {.y = 5} };
```

7. 在 C++20 中，一旦使用指定初始化，就不能混用其他方法对数据成员初始化了，而这一点在 C 语言中是允许的：

```
Point p{ .x = 2, 3 };      // 编译失败，混用数据成员的初始化
```

8. 了解一下指定初始化在 C 语言中处理数组的能力，当然在 C++中这同样是被禁止的：

```
int arr[3] = { [1] = 5 };    // 编译失败
```

C++标准中给出的禁止理由非常简单，它的语法和 lambda 表达式冲突了。

9.6 总结

列表初始化是我非常喜欢的一个特性，因为它解决了以往标准容器初始化十分不方便的问题，使用列表初始化可以让容器如同数组一般被初始化。除此以外，实现以 std::initializer_list 为形参的构造函数也非常容易，这使自定义容器支持列表初始化也变得十分简单。C++20 引入的指定初始化在一定程度上简化了复杂聚合类型初始化工作，让初始化复杂聚合类型的代码变得简洁清晰。

第 10 章

默认和删除函数（C++11）

10.1 类的特殊成员函数

在定义一个类的时候，我们可能会省略类的构造函数，因为 C++标准规定，在没有自定义构造函数的情况下，编译器会为类添加默认的构造函数。像这样有特殊待遇的成员函数一共有 6 个（C++11 以前是 4 个），具体如下。

1. 默认构造函数。
2. 析构函数。
3. 复制构造函数。
4. 复制赋值运算符函数。
5. 移动构造函数（C++11 新增）。
6. 移动赋值运算符函数（C++11 新增）。

添加默认特殊成员函数的这条特性非常实用，它让程序员可以有更多精力关注类本身的功能而不必为了某些语法特性而分心，同时也避免了让程序员编写重复的代码，比如：

```cpp
#include <string>
#include <vector>
class City {
  std::string name;
  std::vector<std::string> street_name;
};

int main()
```

```
{
  City a, b;
  a = b;
}
```

在上面的代码中，我们虽然没有为 City 类添加复制赋值运算符函数 City::
operator= (const City &)，但是编译器仍然可以成功编译代码，并且在运行
过程中正确地调用 std::string 和 std::vector<std::string> 的复制赋值运
算符函数。假如编译器没有提供这条特性，我们就不得不在编写类的时候添加以下
代码：

```
City& City::operator=(const City & other)
{
  name = other.name;
  street_name = other.street_name;
  return *this;
}
```

很明显，编写这段代码除了满足语法的需求以外没有其他意义，很庆幸可以把
这件事情交给编译器去处理。不过还不能高兴得太早，因为该特性的存在也给我们
带来了一些麻烦。

1. 声明任何构造函数都会抑制默认构造函数的添加。
2. 一旦用自定义构造函数代替默认构造函数，类就将转变为非平凡类型。
3. 没有明确的办法彻底禁止特殊成员函数的生成（C++11 之前）。

下面来详细地解析这些问题，还是以 City 类为例，我们给它添加一个构造函数：

```
#include <string>
#include <vector>
class City {
  std::string name;
  std::vector<std::string> street_name;
public:
  City(const char *n) : name(n) {}
};

int main()
{
  City a("wuhan");
  City b;    // 编译失败，自定义构造函数抑制了默认构造函数
  b = a;
}
```

以上代码由于添加了构造函数 City(const char *n)，编译器不再为类提
供默认构造函数，因此在声明对象 b 的时候出现编译错误，为了解决这个问题我

们不得不添加一个无参数的构造函数：

```
class City {
  std::string name;
  std::vector<std::string> street_name;
public:
  City(const char *n) : name(n) {}
  City() {}    // 新添加的构造函数
};
```

可以看到这段代码新添加的构造函数什么也没做，但却必须定义。乍看虽然做了一些多此一举的工作，但是毕竟也能让程序重新编译和运行，问题得到了解决。真的是这样吗？事实上，我们又不知不觉地陷入另一个麻烦中，请看下面的代码：

```
class Trivial
{
  int i;
public:
  Trivial(int n) : i(n), j(n) {}
  Trivial() {}
  int j;
};

int main()
{
  Trivial a(5);
  Trivial b;
  b = a;
  std::cout << "std::is_trivial_v<Trivial>   : "
    << std::is_trivial_v<Trivial> << std::endl;
}
```

上面的代码中有两个动作会将 Trivial 类的类型从一个平凡类型转变为非平凡类型。第一是定义了一个构造函数 Trivial(int n)，它导致编译器抑制添加默认构造函数，于是 Trivial 类转变为非平凡类型。第二是定义了一个无参数的构造函数，同样可以让 Trivial 类转变为非平凡类型。

最后一个问题大家肯定也都遇到过，举例来说，有时候我们需要编写一个禁止复制操作的类，但是过去 C++标准并没有提供这样的能力。聪明的程序员通过将复制构造函数和复制赋值运算符函数声明为 private 并且不提供函数实现的方式，间接地达成目的。为了使用方便，boost 库也提供了 noncopyable 类辅助我们完成禁止复制的需求。

不过就如前面的问题一样，虽然能间接地完成禁止复制的需求，但是这样的实现方法并不完美。比如，友元就能够在编译阶段破坏类对复制的禁止。这里可能会有读者反驳，虽然友元能够访问私有的复制构造函数，但是别忘了，我们并没有实现这个函数，也就是说程序最后仍然无法运行。没错，程序最后会在链接阶段报错，原因是找不到复制构造函数的实现。但是这个报错显然来得有些晚，试想一下，如果面临的是一个巨大的项目，有不计其数的源文件需要编译，那么编译过程将非常耗时。如果某个错误需要等到编译结束以后的链接阶段才能确定，那么修改错误的时间代价将会非常高，所以我们还是更希望能在编译阶段就找到错误。

还有一个典型的例子，禁止重载函数的某些版本，考虑下面的例子：

```cpp
class Base {
  void foo(long &);
public:
  void foo(int) {}
};


int main()
{
  Base b;
  long l = 5;
  b.foo(8);
  b.foo(l);          // 编译错误
}
```

由于将成员函数 foo(long &) 声明为私有访问并且没有提供代码实现，因此在调用 b.foo(l) 的时候会编译出错。这样看来它跟我们之前讨论的例子没有什么实际区别，再进一步讨论，假设现在我们需要继承 Base 类，并且实现子类的 foo 函数；另外，还想沿用基类 Base 的 foo 函数，于是这里使用 using 说明符将 Base 的 foo 成员函数引入子类，代码如下：

```cpp
class Base {
  void foo(long &);
public:
  void foo(int) {}
};

class Derived : public Base {
public:
  using Base::foo;
  void foo(const char *) {}
};

int main()
{
  Derived d;
```

```
    d.foo("hello");
    d.foo(5);
}
```

上面这段代码看上去合情合理，而实际上却无法通过编译。因为 using 说明符无法将基类的私有成员函数引入子类当中，即使这里我们将代码 d.foo(5) 删除，即不再调用基类的函数，编译器也是不会让这段代码编译成功的。

10.2 显式默认和显式删除

为了解决以上种种问题，C++11 标准提供了一种方法能够简单有效又精确地控制默认特殊成员函数的添加和删除，我们将这种方法叫作显式默认和显式删除。显式默认和显式删除的语法非常简单，只需要在声明函数的尾部添加=default 和 =delete，它们分别指示编译器添加特殊函数的默认版本以及删除指定的函数：

```
struct type
{
  type() = default;
  virtual ~type() = delete;
  type(const type &);
};
type::type(const type &) = default;
```

以上代码显式地添加了默认构造和复制构造函数，同时也删除了析构函数。请注意，=default 可以添加到类内部函数声明，也可以添加到类外部。这里默认构造函数的=default 就添加在类内部，而复制构造函数的=default 则添加在类外部。提供这种能力的意义在于，它可以让我们在不修改头文件里函数声明的情况下，改变函数内部的行为，例如：

```
// type.h
struct type {
  type();
  int x;
};

// type1.cpp
type::type() = default;

// type2.cpp
type::type() { x = 3; }
```

=delete 与=default 不同，它必须添加在类内部的函数声明中，如果将其添加到类外部，那么会引发编译错误。

通过使用=default，我们可以很容易地解决之前提到的前两个问题，请观察以下代码：

```cpp
class NonTrivial
{
  int i;
public:
  NonTrivial(int n) : i(n), j(n) {}
  NonTrivial() {}
  int j;
};

class Trivial
{
  int i;
public:
  Trivial(int n) : i(n), j(n) {}
  Trivial() = default;
  int j;
};

int main()
{
  Trivial a(5);
  Trivial b;
  b = a;
  std::cout << "std::is_trivial_v<Trivial>   : " << std::is_trivial_v<Trivial> << std::endl;
  std::cout << "std::is_trivial_v<NonTrivial> : " << std::is_trivial_v<NonTrivial> << std::endl;
}
```

注意，我们只是将构造函数 NonTrivial() {}替换为显式默认构造函数 Trivial() = default，类就从非平凡类型恢复到平凡类型了。这样一来，既让编译器为类提供了默认构造函数，又保持了类本身的性质，可以说完美解决了之前的问题。

另外，针对禁止调用某些函数的问题，我们可以使用= delete 来删除特定函数，相对于使用 private 限制函数访问，使用= delete 更加彻底，它从编译层面上抑制了函数的生成，所以无论调用者是什么身份（包括类的成员函数），都无法调用被删除的函数。进一步来说，由于必须在函数声明中使用= delete 来删除函数，因此编译器可以在第一时间发现有代码错误地调用被删除的函数并且显示错误报告，这种快速报告错误的能力也是我们需要的，来看下面的代码：

```cpp
class NonCopyable
{
public:
  NonCopyable() = default;                           // 显式添加默认构造函数
  NonCopyable(const NonCopyable&) = delete;          // 显式删除复制构造函数
  NonCopyable& operator=(const NonCopyable&) = delete;  // 显式删除复制赋值
                                                     // 运算符函数
};

int main()
{
  NonCopyable a, b;
  a = b;                 //编译失败，复制赋值运算符已被删除
}
```

以上代码删除了类 NonCopyable 的复制构造函数和复制赋值运算符函数，这样就禁止了该类对象相互之间的复制操作。注意，由于显式地删除了复制构造函数，默认情况下编译器也不再自动添加默认构造函数，因此我们必须显式地让编译器添加默认构造函数，否则会导致编译失败。

最后，让我们用= delete 来解决禁止重载函数的继承问题，这里只需要对基类 Base 稍作修改即可：

```cpp
class Base {
//     void foo(long &);
public:
  void foo(long &) = delete;     // 删除 foo(long &)函数
  void foo(int) {}
};

class Derived : public Base {
public:
  using Base::foo;
  void foo(const char *) {}
};

int main()
{
  Derived d;
  d.foo("hello");
  d.foo(5);
}
```

请注意，上面对代码做了两处修改。第一是将 foo(long &)函数从 private

移动到 public，第二是显式删除该函数。如果只是显式删除了函数，却没有将函数移动到 public，那么编译还是会出错的。

10.3　显式删除的其他用法

显式删除不仅适用于类的成员函数，对于普通函数同样有效。只不过相对于应用于成员函数，应用于普通函数的意义就不大了：

```
void foo() = delete;
static void bar() = delete;
int main()
{
  bar();          // 编译失败，函数已经被显式删除
  foo();          // 编译失败，函数已经被显式删除
}
```

另外，显式删除还可以用于类的 new 运算符和类析构函数。显式删除特定类的 new 运算符可以阻止该类在堆上动态创建对象，换句话说它可以限制类的使用者只能通过自动变量、静态变量或者全局变量的方式创建对象，例如：

```
struct type
{
  void * operator new(std::size_t) = delete;
};

type global_var;
int main()
{
  static type static_var;
  type auto_var;
  type *var_ptr = new type;      // 编译失败，该类的 new 已被删除
}
```

显式删除类的析构函数在某种程度上和删除 new 运算符的目的正好相反，它阻止类通过自动变量、静态变量或者全局变量的方式创建对象，但是却可以通过 new 运算符创建对象。原因是删除析构函数后，类无法进行析构。所以像自动变量、静态变量或者全局变量这种会隐式调用析构函数的对象就无法创建了，当然了，通过 new 运算符创建的对象也无法通过 delete 销毁，例如：

```
struct type
{
  ~type() = delete;
};
type global_var;              // 编译失败，析构函数被删除无法隐式调用

int main()
{
  static type static_var;     // 编译失败，析构函数被删除无法隐式调用
  type auto_var;              // 编译失败，析构函数被删除无法隐式调用
  type *var_ptr = new type;
  delete var_ptr;             // 编译失败，析构函数被删除无法显式调用
}
```

通过上面的代码可以看出，只有 new 创建对象会成功，其他创建和销毁操作都
会失败，所以这样的用法并不多见，大部分情况可能在单例模式中出现。

10.4　explicit 和=delete

在类的构造函数上同时使用 explicit 和=delete 是一个不明智的做法，它常
常会造成代码行为混乱难以理解，应尽量避免这样做。下面这个例子就是反面教材：

```
struct type
{
  type(long long) {}
  explicit type(long) = delete;
};
void foo(type) {}

int main()
{
  foo(type(58L));
  foo(58L);
}
```

读者可以在这里思考一下，上面哪句代码无法通过编译。答案是 foo(type(58L))
会造成编译失败，原因是 type(58L) 显式调用了构造函数，但是 explicit
type(long)却被删除了。foo(58L)可以通过编译，因为编译器会选择 type(long
long)来构造对象。虽然原因解释得很清楚，但是建议还是不要这么使用，因为这
样除了让人难以理解外，没有实际作用。

10.5　总结

　　C++在类特殊成员函数的生成上有一套比较复杂的规则，但是过去却没有一套方法帮助程序员去控制这套规则，作为一个相对底层的高级语言是令人失望的。好在 C++11 标准中引入了显式默认和显式删除的方法，这使我们可以精确地控制类特殊成员函数的生成以及删除，让过去必须通过一些技巧间接实现的功能得到更加完美的实现。

第 11 章

非受限联合类型（C++11）

11.1 联合类型在 C++ 中的局限性

在编程的问题中，用尽量少的内存做尽可能多的事情一直都是一个重要的课题。C++ 中的联合类型（union）可以说是节约内存的一个典型代表。因为在联合类型中多个对象可以共享一片内存，相应的这片内存也只能由一个对象使用，例如：

```cpp
#include <iostream>

union U
{
  int x1;
  float x2;
};

int main()
{
  U u;
  u.x1 = 5;
  std::cout << u.x1 << std::endl;
  std::cout << u.x2 << std::endl;

  u.x2 = 5.0;
  std::cout << u.x1 << std::endl;
  std::cout << u.x2 << std::endl;
}
```

在上面的代码中联合类型 U 里的成员变量 x1 和 x2 共享同一片内存，所以修改 x1 的值，x2 的值也会发生相应的变化，反之亦然。不过需要注意的是，虽然 x1 和 x2 共享同一片内存，但是由于 CPU 对不同类型内存的理解存在区别，因此即使内存相同也不能随意使用联合类型的成员变量，而是应该使用之前初始化过的变量。像这样多个对象共用一片内存的情况在内存紧缺时是非常实用的。不过令人遗憾的是，过去的联合类型在 C++中的使用并不广泛，因为 C++中的大多数对象不能成为联合类型的成员。过去的 C++标准规定，联合类型的成员变量的类型不能是一个非平凡类型，也就是说它的成员类型不能有自定义构造函数，比如：

```
union U
{
  int x1;
  float x2;
  std::string x3;
};
```

上面的代码是无法通过编译的，因为 x3 存在自定义的构造函数，所以它是一个非平凡类型。但事实上，面向对象的编程中一个好的类应该隐藏内部的细节，这就要求构造函数足够强大并正确地初始化对象的内部数据结构，而编译器提供的构造函数往往不具备这样的能力，于是大多数情况下，我们会为自己的类添加一个好用的构造函数，但是这种良好的设计却造成了这个类型无法在联合类型中使用。基于这些问题，C++委员会在新的提案当中多次强调"我们没有任何理由限制联合类型使用的类型"。在这份提案中有一段话非常好地阐述了 C++的设计理念，同时也批判了联合类型的限制对这种理念的背叛，这段话是这样说的：

当面对一个可能被滥用的功能时，语言的设计者往往有两条路可走，一是为了语言的安全性禁止此功能，另外则是为了语言的能力和灵活性允许这个功能，C++的设计者一般会采用后者。但是联合类型的设计却与这一理念背道而驰。这种限制完全没有必要，去除它可以让联合类型更加实用。

回味这段话，C++的设计确实一直遵从这样的理念，我们熟悉的指针就是一个典型的代表！

11.2 使用非受限联合类型

为了让联合类型更加实用，在 C++11 标准中解除了大部分限制，联合类型的成员可以是除了引用类型外的所有类型。不过这样的修改引入了另外一个问题，如何精确初始化联合类型成员对象。这一点在过去的联合类型中不是一个问题，因为对于平凡类型，编译器只需要对成员对象都执行编译器提供的默认构造即可，虽然从同一内存多次初始化的角度来说这是不正确的，但是从结果上看没有任何问题。现在情况发生了变化，由于允许非平凡类型的存在，对所有成员一一进行默认构造明显是不可取的，因此我们需要有选择地初始化成员对象。实际上，让编译器去选择初始化本身也是不合适的，这个事情应该交给程序员来做。基于这些考虑，在 C++11 中如果有联合类型中存在非平凡类型，那么这个联合类型的特殊成员函数将被隐式删除，也就是说我们必须自己至少提供联合类型的构造和析构函数，比如：

```cpp
#include <iostream>
#include <string>
#include <vector>

union U
{
  U() {}          // 存在非平凡类型成员，必须提供构造函数
  ~U() {}         // 存在非平凡类型成员，必须提供析构函数
  int x1;
  float x2;
  std::string x3;
  std::vector<int> x4;
};

int main()
{
  U u;
  u.x3 = "hello world";
  std::cout << u.x3;
}
```

在上面的代码中，由于 x3 和 x4 的类型 std::string 和 std::vector 是非平凡类型，因此 U 必须提供构造和析构函数。虽然这里提供的构造和析构函数什么也没有做，但是代码依然可以成功编译。不过请注意，能够编译通过并不代表没有问题，实际上这段代码会运行出错，因为非平凡类型 x3 并没有被构造，所以在赋值操作的时候必然会出错。现在修改一下代码：

```cpp
#include <iostream>
#include <string>
#include <vector>

union U
{
  U() : x3() {}
```

```
    ~U() { x3.~basic_string(); }
    int x1;
    float x2;
    std::string x3;
    std::vector<int> x4;
};

int main()
{
  U u;
  u.x3 = "hello world";
  std::cout << u.x3;
}
```

在上面的代码中，我们对联合类型 U 的构造和析构函数进行了修改。其中在构造函数中添加了初始化列表来构造 x3，在析构函数中手动调用了 x3 的析构函数。前者很容易理解，而后者需要注意，联合类型在析构的时候编译器并不知道当前激活的是哪个成员，所以无法自动调用成员的析构函数，必须由程序员编写代码完成这部分工作。现在联合类型 U 的成员对象 x3 可以正常工作了，但是这种解决方案依然存在问题，因为在编写联合类型构造函数的时候无法确保哪个成员真正被使用。具体来说，如果在 main 函数内使用 U 的成员 x4，由于 x4 并没有经过初始化，因此程序出错：

```
#include <iostream>
#include <string>
#include <vector>

union U
{
  U() : x3() {}
  ~U() { x3.~basic_string(); }
  int x1;
  float x2;
  std::string x3;
  std::vector<int> x4;
};

int main()
{
  U u;
  u.x4.push_back(58);
}
```

基于这些考虑，我还是比较推荐让联合类型的构造和析构函数为空，也就是什么也不做，并且将其成员的构造和析构函数放在需要使用联合类型的地方。让我们继续修改上面的代码：

```cpp
#include <iostream>
#include <string>
#include <vector>

union U
{
  U() {}
  ~U() {}
  int x1;
  float x2;
  std::string x3;
  std::vector<int> x4;
};

int main()
{
  U u;
  new(&u.x3) std::string("hello world");
  std::cout << u.x3 << std::endl;
  u.x3.~basic_string();

  new(&u.x4) std::vector<int>;
  u.x4.push_back(58);
  std::cout << u.x4[0] << std::endl;
  u.x4.~vector();
}
```

请注意，上面的代码用了 placement new 的技巧来初始化构造 x3 和 x4 对象，在使用完对象后手动调用对象的析构函数。通过这样的方法保证了联合类型使用的灵活性和正确性。

最后简单介绍一下非受限联合类型对静态成员变量的支持。联合类型的静态成员不属于联合类型的任何对象，所以并不是对象构造时被定义的，不能在联合类型内部初始化。实际上这一点和类的静态成员变量是一样的，当然了，它的初始化方法也和类的静态成员变量相同：

```cpp
#include <iostream>
union U
{
  static int x1;
};
int U::x1 = 42;
```

```
int main()
{
  std::cout << U::x1 << std::endl;
}
```

11.3　总结

　　在 C++中联合类型因为其实用性过低一直以来都是一个很少被提及的类型，尤其是现在对于动则 16GB 内存的 PC 来说，内存似乎已经不是人们关注的最重要的问题了。但是，我认为这次关于联合类型的修改的意义是非凡的，因为这个修改表达了 C++对其设计理念的坚持，这种态度难能可贵。除此之外，现代 PC 的大内存并不能代表所有的机器环境，在一些生产环境中依旧需要能节省内存的程序。诚然，非受限联合类型在使用上有一些烦琐复杂，但作为 C++程序员，合理利用内存也应该是一种理所当然的自我要求。如果开发环境支持 C++17 标准，则大部分情况下我们可以使用 std:: variant 来代替联合体。

第 12 章

委托构造函数（C++11）

12.1　冗余的构造函数

一个类有多个不同的构造函数在 C++ 中是很常见的，例如：

```
class X
{
public:
  X() : a_(0), b_(0.) { CommonInit(); }
  X(int a) : a_(a), b_(0.) { CommonInit(); }
  X(double b) : a_(0), b_(b) { CommonInit(); }
  X(int a, double b) : a_(a), b_(b) { CommonInit(); }
private:
  void CommonInit() {}
  int a_;
  double b_;
};
```

虽然这段代码在语法上没有任何问题，但是构造函数包含了太多重复代码，这使代码的维护变得困难。首先，类 X 需要在每个构造函数的初始化列表中初始化构造所有的成员变量，这段代码只有两个数据成员，而在现实代码编写中常常会有更多的数据成员或者更多的构造函数，那么在初始化列表中会有更多的重复内容，非常不利于代码的维护。其次，在构造函数主体中也有相同的情况，一旦类的构造过程需要依赖某个函数，那么所有构造函数的主体就需要调用这个函数，在例子中这个函数就是 CommonInit。

也许有读者会提出将数据成员的初始化放到 CommonInit 函数里，从而减轻初始化列表代码冗余的问题，例如：

```
class X1
{
public:
  X1() { CommonInit(0, 0.); }
  X1(int a) { CommonInit(a, 0.); }
  X1(double b) { CommonInit(0, b); }
  X1(int a, double b) { CommonInit(a, b); }
private:
  void CommonInit(int a, double b)
  {
      a_ = a;
      b_ = b;
  }
  int a_;
  double b_;
};
```

以上代码在编译和运行上都没有问题，因为类 X1 的成员变量都是基本类型，所以在构造函数主体进行赋值也不会有什么问题。但是，如果成员函数中包含复杂的对象，那么就可能引发不确定问题，最好的情况是只影响类的构造效率，例如：

```
class X2
{
public:
  X2() { CommonInit(0, 0.); }
  X2(int a) { CommonInit(a, 0.); }
  X2(double b) { CommonInit(0, b); }
  X2(int a, double b) { CommonInit(a, b); }
private:
  void CommonInit(int a, double b)
  {
      a_ = a;
      b_ = b;
      c_ = "hello world";
  }
  int a_;
  double b_;
  std::string c_;
};
```

在上面的代码中，std::string 类型的对象 c_看似在 CommonInit 函数中初始化为 hello world，但是实际上它并不是一个初始化过程，而是一个赋值过程。因为对象的初始化过程早在构造函数主体执行之前，也就是初始化列表阶段就已经执行了。所以这里的 c_ 对象进行了两次操作，一次为初始化，另一次才是赋值为 hello world，很明显这样对程序造成了不必要的性能损失。另外，有些情况是不能使用函数主体对成员对象进行赋值的，比如禁用了赋值运算符的数据成员。

当然读者还可能会提出通过为构造函数提供默认参数的方法来解决代码冗余的问题，例如：

```
class X3
{
public:
  X3(double b) : a_(0), b_(b) { CommonInit(); }
  X3(int a = 0, double b = 0.) : a_(a), b_(b) { CommonInit(); }
private:
  void CommonInit() {}
  int a_;
  double b_;
};
```

这种做法的作用非常有限，可以看到上面这段代码，虽然通过默认参数的方式优化了两个构造函数，但是对于 X3(double b) 这个构造函数依然需要在初始化列表中重复初始化成员变量。另外，使用默认参数稍不注意就会引发二义性的问题，例如：

```
class X4
{
public:
  X4(int c) : a_(0), b_(0.), c_(c) { CommonInit(); }
  X4(double b) : a_(0), b_(b), c_(0) { CommonInit(); }
  X4(int a = 0, double b = 0., int c = 0) : a_(a), b_(b), c_(c) { CommonIni
t(); }
private:
  void CommonInit() {}
  int a_;
  double b_;
  int c_;
};

int main()
{
  X4 x4(1);
}
```

以上代码无法通过编译，因为当 main 函数对 x4 进行构造时，编译器不知道应该调用 X4(int c) 还是 X4(int a = 0, double b = 0., int c = 0)。所以让构造函数使用默认参数也不是一个好的解决方案。

现在读者可以看出其中的问题了，过去 C++没有提供一种复用同类型构造函数的方法，也就是说无法让一个构造函数将初始化的一部分工作委托给同类型的另外一个构造函数。这种功能的缺失就造成了程序员不得不编写重复烦琐代码的困境，更进一步来说它也造成了代码维护性下降。比如，如果想在类 X 中增加一个数据成员 d_，那么就必须在 4 个构造函数的初始化列表中初始化成员变量 d_，修改和删除也一样。

12.2   委托构造函数

为了合理复用构造函数来减少代码冗余，C++11 标准支持了委托构造函数：某个类型的一个构造函数可以委托同类型的另一个构造函数对对象进行初始化。为了描述方便我们称前者为委托构造函数，后者为代理构造函数（英文直译为目标构造函数）。委托构造函数会将控制权交给代理构造函数，在代理构造函数执行完之后，再执行委托构造函数的主体。委托构造函数的语法非常简单，只需要在委托构造函数的初始化列表中调用代理构造函数即可，例如：

```
class X
{
public:
  X() : X(0, 0.) {}
  X(int a) : X(a, 0.) {}
  X(double b) : X(0, b) {}
  X(int a, double b) : a_(a), b_(b) { CommonInit(); }
private:
  void CommonInit() {}
  int a_;
  double b_;
};
```

可以看到 X()、X(int a)、X(double b)分别作为委托构造函数将控制权交给了代理构造函数 X(int a, double b)。它们的执行顺序是先执行代理构造函数的初始化列表，接着执行代理构造函数的主体（也就是 CommonInit 函数），最后执行委托构造函数的主体，在这个例子中委托构造函数的主体都为空。

委托构造函数的语法很简单，不过想合理使用它还需注意以下 5 点。

1. 每个构造函数都可以委托另一个构造函数为代理。也就是说，可能存在一个构造函数，它既是委托构造函数也是代理构造函数，例如：

```
class X
{
public:
  X() : X(0) {}
  X(int a) : X(a, 0.) {}
  X(double b) : X(0, b) {}
  X(int a, double b) : a_(a), b_(b) { CommonInit(); }
private:
  void CommonInit() {}
  int a_;
  double b_;
};
```

上面代码中的构造函数 X(int a) 既是一个委托构造函数，也是 X() 的代理构造函数。另外，除了自定义构造函数以外，我们还能让特殊构造函数也成为委托构造函数，例如：

```
class X
{
public:
  X() : X(0) {}
  X(int a) : X(a, 0.) {}
  X(double b) : X(0, b) {}
  X(int a, double b) : a_(a), b_(b) { CommonInit(); }
  X(const X &other) : X(other.a_, other.b_) {}              // 委托复制构造函数
private:
  void CommonInit() {}
  int a_;
  double b_;
};
```

以上代码增加了一个复制构造函数 X(const X &other)，并且把复制构造函数的控制权委托给了 X(int a, double b)，而其自身主体不需要执行。

2. 不要递归循环委托！这一点非常重要，因为循环委托不会被编译器报错，随之而来的是程序运行时发生未定义行为，最常见的结果是程序因栈内存用尽而崩溃：

```
class X
{
public:
  X() : X(0) {}
  X(int a) : X(a, 0.) {}
  X(double b) : X(0, b) {}
  X(int a, double b) : X() { CommonInit(); }

private:
```

```
  void CommonInit() {}
  int a_;
  double b_;
};
```

上面代码中的 3 个构造函数形成了一个循环递归委托，X() 委托到 X(int a)，X(int a) 委托到 X(int a, double b)，最后 X(int a, double b) 又委托到 X()。请读者务必注意不要编写出这样的循环递归委托代码，因为我目前实验的编译器，默认情况下除了 Clang 会给出错误提示，MSVC 和 GCC 都不会发出任何警告。这里也建议读者在使用委托构造函数时，通常只指定一个代理构造函数即可，其他的构造函数都委托到这个代理构造函数，尽量不要形成链式委托，避免出现循环递归委托。

3. 如果一个构造函数为委托构造函数，那么其初始化列表里就不能对数据成员和基类进行初始化：

```
class X
{
public:
  X() : a_(0), b_(0) { CommonInit(); }
  X(int a) : X(), a_(a) {}    // 编译错误，委托构造函数不能在初始化列表初始化成员变量
  X(double b) : X(), b_(b) {}// 编译错误，委托构造函数不能在初始化列表初始化成员变量

private:
  void CommonInit() {}
  int a_;
  double b_;
};
```

在上面的代码中 X(int a) 和 X(double b) 都委托了 X() 作为代理构造函数，但是它们又打算初始化自己所需的成员变量，这样就导致了编译错误。其实这个错误很容易理解，因为根据 C++标准规定，一旦类型有一个构造函数完成执行，那么就会认为其构造的对象已经构造完成。将这个规则放在这里来看，委托构造函数将控制权交给代理构造函数，代理构造函数执行完成以后，编译器认为对象已经构造成功，再次执行初始化列表必然会导致不可预知的问题，所以 C++标准禁止了这样的语法。

4. 委托构造函数的执行顺序是先执行代理构造函数的初始化列表，然后执行代理构造函数的主体，最后执行委托构造函数的主体，例如：

```
#include <iostream>

class X
{
```

```
public:
  X() : X(0) { InitStep3(); }
  X(int a) : X(a, 0.) { InitStep2(); }
  X(double b) : X(0, b) {}
  X(int a, double b) : a_(a), b_(b) { InitStep1(); }
private:
  void InitStep1() { std::cout << "InitStep1()" << std::endl; }
  void InitStep2() { std::cout << "InitStep2()" << std::endl; }
  void InitStep3() { std::cout << "InitStep3()" << std::endl; }
  int a_;
  double b_;
};

int main()
{
  X x;
}
```

编译执行以上代码，输出结果如下：

```
InitStep1()
InitStep2()
InitStep3()
```

5. 如果在代理构造函数执行完成后，委托构造函数主体抛出了异常，则自动调用该类型的析构函数。这一条规则看起来有些奇怪，因为通常在没有完成构造函数的情况下，也就是说构造函数发生异常，对象类型的析构函数是不会被调用的。而这里的情况正好是一种中间状态，是否应该调用析构函数看似存在争议，其实不然，因为 C++ 标准规定（规则 3 也提到过），一旦类型有一个构造函数完成执行，那么就会认为其构造的对象已经构造完成，所以发生异常后需要调用析构函数，来看一看具体的例子：

```
#include <iostream>

class X
{
public:
  X() : X(0, 0.) { throw 1; }
  X(int a) : X(a, 0.) {}
  X(double b) : X(0, b) {}
  X(int a, double b) : a_(a), b_(b) { CommonInit(); }
  ~X() { std::cout << "~X()" << std::endl; }
private:
  void CommonInit() {}
  int a_;
```

```
    double b_;
};

int main()
{
  try {
      X x;
  }
  catch (…) {
  }
}
```

上面的代码中，构造函数 X() 委托构造函数 X(int a, double b) 对对象进行初始化，在代理构造函数初始化完成后，在 X() 主体内抛出了一个异常。这个异常会被 main 函数的 try cache 捕获，并且调用 X 的析构函数析构对象。读者不妨自己编译运行代码，并观察运行结果。

12.3　委托模板构造函数

委托模板构造函数是指一个构造函数将控制权委托到同类型的一个模板构造函数，简单地说，就是代理构造函数是一个函数模板。这样做的意义在于泛化了构造函数，减少冗余的代码的产生。将代理构造函数编写成函数模板往往会获得很好的效果，让我们看一看例子：

```
#include <vector>
#include <list>
#include <deque>

class X {
  template<class T> X(T first, T last) : l_(first, last) { }
  std::list<int> l_;
public:
  X(std::vector<short>&);
  X(std::deque<int>&);
};
X::X(std::vector<short>& v) : X(v.begin(), v.end()) { }
X::X(std::deque<int>& v) : X(v.begin(), v.end()) { }

int main()
{
```

```
        std::vector<short> a{ 1,2,3,4,5 };
        std::deque<int> b{ 1,2,3,4,5 };
        X x1(a);
        X x2(b);
    }
```

在上面的代码中 template<class T> X(T first, T last)是一个代理模板构造函数,X(std::vector<short>&)和X(std::deque<int>&)将控制权委托给了它。这样一来,我们就无须编写 std::vector<short>和 std::deque<int>版本的代理构造函数。后续增加委托构造函数也不需要修改代理构造函数,只需要保证参数类型支持迭代器就行了。

12.4　捕获委托构造函数的异常

当使用 Function-try-block 去捕获委托构造函数异常时,其过程和捕获初始化列表异常如出一辙。如果一个异常在代理构造函数的初始化列表或者主体中被抛出,那么委托构造函数的主体将不再被执行,与之相对的,控制权会交到异常捕获的 catch 代码块中:

```
#include <iostream>

class X
{
public:
  X() try : X(0) {}
  catch (int e)
  {
      std::cout << "catch: " << e << std::endl;
      throw 3;
  }
  X(int a) try : X(a, 0.) {}
  catch (int e)
  {
      std::cout << "catch: " << e << std::endl;
      throw 2;
  }
  X(double b) : X(0, b) {}
  X(int a, double b) : a_(a), b_(b) { throw 1; }
private:
  int a_;
```

```
    double b_;
};

int main()
{
  try {
      X x;
  }
  catch (int e) {
      std::cout << "catch: " << e << std::endl;
  }
}
```

编译运行以上代码，输出结果如下：

```
catch: 1
catch: 2
catch: 3
```

由于这段代码是一个链式委托构造，X()委托到X(int a)，X(int a)委托到 X(int a, double b)，因此在 X(int a, double b)发生异常的时候，会以相反的顺序抛出异常。

12.5　委托参数较少的构造函数

看了以上各种示例代码，读者是否发现一个特点：将参数较少的构造函数委托给参数较多的构造函数。通常情况下我们建议这么做，因为这样做的自由度更高。但是，并不是完全否定从参数较多的构造函数委托参数较少的构造函数的意义。这种情况通常发生在构造函数的参数必须在函数体中使用的场景。以 std::fstream 作为例子：

```
basic_fstream();
explicit basic_fstream(const char* s, ios_base::openmode mode);
```

由于 basic_fstream(const char* s, ios_base::openmode mode)需要在构造函数体内执行具体打开文件的操作,所以它完全可以委托 basic_fstream() 来完成一些最基础的初始化工作,最后执行到自己的主体时再打开文件：

```
basic_fstream::basic_fstream(const char* s, ios_base::openmode mode)
  : basic_fstream()
{
  if (open(s, mode) == 0)
      setstate(failbit);
}
```

12.6 总结

为了解决构造函数冗余的问题，C++委员会想了很多办法，本章介绍的委托构造函数就是其中之一，也是最重要的方法。通过委托构造函数，我们可以有效地减少构造函数重复初始化数据成员的问题，将初始化工作统一地交给某个构造函数来完成。这样在需要增减和修改数据成员的时候就只需要修改代理构造函数即可。不止如此，委托构造函数甚至支持通过模板来进一步简化编写多余构造函数的工作，可以说该特性对于复杂类结构是非常高效且实用的。

第 13 章

继承构造函数（C++11）

13.1 继承关系中构造函数的困局

相信读者在编程经历中一定遇到过下面的问题，假设现在有一个类 Base 提供了很多不同的构造函数。某一天，你发现 Base 无法满足未来业务需求，需要把 Base 作为基类派生出一个新类 Derived 并且对某些函数进行改造以满足未来新的业务需求，比如下面的代码：

```
class Base {
public:
  Base() : x_(0), y_(0.) {};
  Base(int x, double y) : x_(x), y_(y) {}
  Base(int x) : x_(x), y_(0.) {}
  Base(double y) : x_(0), y_(y) {}
  void SomeFunc() {}
private:
  int x_;
  double y_;
};


class Derived : public Base {
public:
  Derived() {};
  Derived(int x, double y) : Base(x, y) {}
  Derived(int x) : Base(x) {}
  Derived(double y) : Base(y) {}
```

```
  void SomeFunc() {}
};
```

基类 Base 的 SomeFunc 无法满足当前的业务需求，于是在其派生类 Derived 中重写了这个函数，但令人头痛的是，面对 Base 中大量的构造函数，我们不得不在 Derived 中定义同样多的构造函数，目的仅仅是转发构造参数，因为派生类本身并没有需要初始化的数据成员。单纯地转发构造函数不仅会导致代码的冗余，而且大量重复的代码也会让程序更容易出错。实际上，这个工作完全可以让编译器自动完成，因为它实在太简单了，让编译器代劳不仅消除了代码冗余而且意图上也更加明确。

13.2　使用继承构造函数

我们都知道 C++ 中可以使用 using 关键字将基类的函数引入派生类，比如：

```
class Base {
public:
  void foo(int) {}
};

class Derived : public Base {
public:
  using Base::foo;
  void foo(char*) {}
};

int main()
{
  Derived d;
  d.foo(5);
}
```

C++11 的继承构造函数正是利用了这一点，将 using 关键字的能力进行了扩展，使其能够引入基类的构造函数：

```
class Base {
public:
  Base() : x_(0), y_(0.) {};
  Base(int x, double y) : x_(x), y_(y) {}
  Base(int x) : x_(x), y_(0.) {}
```

```
    Base(double y) : x_(0), y_(y) {}
private:
  int x_;
  double y_;
};


class Derived : public Base {
public:
  using Base::Base;
};
```

在上面的代码中，派生类 Derived 使用 using Base::Base 让编译器为自己生成转发到基类的构造函数，从结果上看这种实现方式和前面人工编写代码转发构造函数没有什么区别，但是在过程上代码变得更加简洁易于维护了。

使用继承构造函数虽然很方便，但是还有 6 条规则需要注意。

1. 派生类是隐式继承基类的构造函数，所以只有在程序中使用了这些构造函数，编译器才会为派生类生成继承构造函数的代码。

2. 派生类不会继承基类的默认构造函数和复制构造函数。这一点乍看有些奇怪，但仔细想想也是顺理成章的。因为在 C++ 语法规则中，执行派生类默认构造函数之前一定会先执行基类的构造函数。同样地，在执行复制构造函数之前也一定会先执行基类的复制构造函数。所以继承基类的默认构造函数和默认复制构造函数的做法是多余的，这里不会这么做。

3. 继承构造函数不会影响派生类默认构造函数的隐式声明，也就是说对于继承基类构造函数的派生类，编译器依然会为其自动生成默认构造函数的代码。

4. 在派生类中声明签名相同的构造函数会禁止继承相应的构造函数。这一条规则不太好理解，让我们结合代码来看一看：

```
class Base {
public:
  Base() : x_(0), y_(0.) {};
  Base(int x, double y) : x_(x), y_(y) {}
  Base(int x) : x_(x), y_(0.) { std::cout << "Base(int x)" << std::endl; }
  Base(double y) : x_(0), y_(y) { std::cout << "Base(double y)" << std::endl; }
private:
  int x_;
  double y_;
};

class Derived : public Base {
public:
  using Base::Base;
```

```
  Derived(int x) { std::cout << "Derived(int x)" << std::endl; }
};

int main()
{
  Derived d(5);
  Derived d1(5.5);
}
```

在上面的代码中，派生类 Derived 使用 using Base::Base 继承了基类的构造函数，但是由于 Derived 定义了构造函数 Derived(int x)，该函数的签名与基类的构造函数 Base(int x) 相同，因此这个构造函数的继承被禁止了，Derived d(5) 会调用派生类的构造函数并且输出 "Derived(int x)"。另外，这个禁止动作并不会影响到其他签名的构造函数，Derived d1(5.5) 依然可以成功地使用基类的构造函数进行构造初始化。

5. 派生类继承多个签名相同的构造函数会导致编译失败：

```
class Base1 {
public:
  Base1(int) { std::cout << "Base1(int x)" << std::endl; };
};

class Base2 {
public:
  Base2(int) { std::cout << "Base2(int x)" << std::endl; };
};

class Derived : public Base1, Base2 {
public:
  using Base1::Base1;
  using Base2::Base2;
};

int main()
{
  Derived d(5);
}
```

在上面的代码中，Derived 继承了两个类 Base1 和 Base2，并且继承了它们的构造函数。但是，由于这两个类的构造函数 Base1(int) 和 Base2(int) 拥有相同的签名，编译器在构造对象的时候不知道应该使用哪一个基类的构造函数，因此在编译时给出一个二义性错误。

6. 继承构造函数的基类构造函数不能为私有：

```
class Base {
  Base(int) {}
public:
  Base(double) {}
};

class Derived : public Base {
public:
  using Base::Base;
};

int main()
{
  Derived d(5.5);
  Derived d1(5);
}
```

在上面的代码中，Derived d1(5)无法通过编译，因为它对应的基类构造函数 Base(int)是一个私有函数，Derived d(5.5)则没有这个问题。

最后再介绍一个有趣的问题，在早期的 C++11 编译器中，继承构造函数会把基类构造函数注入派生类，于是导致了这样一个问题：

```
#include <iostream>

struct Base {
  Base() = default;
  template<typename T> Base(T, typename T::type = 0)
  {
      std::cout << "Base(T, typename T::type)" << std::endl;
  }
  Base(int) { std::cout << "Base(int)" << std::endl; }
};

struct Derived : Base {
  using Base::Base;
  Derived(int) { std::cout << "Derived(int)" << std::endl; }
};

int main()
{
  Derived d(42L);
}
```

上面这段代码用早期的编译器（比如 GCC 6.4）编译运行的输出结果是 Base(int)，而用新的 GCC 编译运行的输出结果是 Derived(int)。在老的版本中，`template<typename T> Base(T, typename T::type = 0)`被注入派生类中，形成了这样两个构造函数：

```
template<typename T> Derived(T);
template<typename T> Derived(T, typename T::type);
```

这是因为继承基类构造函数时，不会继承默认参数，而是在派生类中注入带有各种参数数量的构造函数的重载集合。于是，编译器理所当然地选择推导`Derived(T)`为`Derived(long)`作为构造函数。在构造基类时，由于`Base(long, typename long::type = 0)`显然是一个非法的声明，因此编译器选择使用`Base(int)`作为基类的构造函数。最终结果就是我们看到的输出了 `Base(int)`。而在新版本中继承构造函数不会注入派生类，所以不存在这个问题，编译器会直接使用派生类的 `Derived(int)`构造函数构造对象。

13.3　总结

本章介绍了继承构造函数特性，与委托构造函数特性委托本类中的构造函数不同，该特性用于有继承关系的派生类中，让派生类能够直截了当地使用基类构造函数，而不需要为每个派生类的构造函数反复编写继承的基类构造函数。至此，所有简化构造函数、消除构造函数的代码冗余的特性均已介绍完毕，它们分别是非静态数据成员默认初始化、委托构造函数以及本章介绍的继承构造函数。

第14章

强枚举类型（C++11 C++17 C++20）

14.1 枚举类型的弊端

C++之父本贾尼·斯特劳斯特卢普曾经在他的 *The Design And Evolution Of C++* 一书中写道 "C enumerations constitute a curiously half-baked concept."。翻译过来就是 "C 语言的枚举类型构成了一个奇怪且半生不熟的概念"，可见这位 C++之父对于 enum 类型的现状是不满意的，主要原因是 enum 类型破坏了 C++的类型安全。大多数情况下，我们说 C++是一门类型安全的强类型语言，但是枚举类型在一定程度上却是一个例外，具体来说有以下几个方面的原因。

首先，虽然枚举类型存在一定的安全检查功能，一个枚举类型不允许分配到另外一种枚举类型，而且整型也无法隐式转换成枚举类型。但是枚举类型却可以隐式转换为整型，因为 C++标准文档提到 "枚举类型可以采用整型提升的方法转换成整型"。请看下面的代码示例：

```
enum School {
  principal,
  teacher,
  student
};

enum Company {
  chairman,
  manager,
  employee
};
```

```
int main()
{
  School x = student;
  Company y = manager;
  bool b = student >= manager;     // 不同类型之间的比较操作
  b = x < employee;
  int y = student;                 // 隐式转换为 int
}
```

在上面的代码中两个不同类型的枚举标识符 student 和 manager 可以进行比较，这在 C++语言的其他类型中是很少看到的。这种比较合法的原因是枚举类型先被隐式转换为整型，然后才进行比较。同样的问题也出现在 student 直接赋值到 int 类型变量上的情况中。另外，下面的代码会触发 C++对枚举的检查，它们是无法编译通过的：

```
School x = chairman;      // 类型不匹配，无法通过编译
Company y = student;      // 类型不匹配，无法通过编译
x = 1;                    // 整型无法隐式转换到枚举类型
```

然后是枚举类型的作用域问题，枚举类型会把其内部的枚举标识符导出到枚举被定义的作用域。也是就说，我们使用枚举标识符的时候，可以跳过对于枚举类型的描述：

```
School x = student;
Company y = manager;
```

无论是初始化 x，还是初始化 y，我们都没有对 student 和 manager 的枚举类型进行描述。因为它们已经跳出了 School 和 Company。在我们看到的第一个例子中，这没有什么问题，两种类型相安无事。但是如果遇到下面的这种情况就会让人头痛了：

```
enum HighSchool {
  student,
  teacher,
  principal
};

enum University {
  student,
  professor,
  principal
};
```

HighSchool 和 University 都有 student 和 principal，而枚举类型又

会将其枚举标识符导出到定义它们的作用域，这样就会发生重复定义，无法通过编译。解决此类问题的一个办法是使用命名空间，例如：

```
enum HighSchool {
  student,
  teacher,
  principal
};

namespace AcademicInstitution
{
enum University {
  student,
  professor,
  principal
};
}
```

这样一来，University 的枚举标识符就会被导出到 AcademicInstitution 的作用域，和 HighSchool 的全局作用域区分开来。

对于上面两个问题，有一个比较好但并不完美的解决方案，代码如下：

```
#include <iostream>

class AuthorityType {
 enum InternalType
 {
     ITBan,
     ITGuest,
     ITMember,
     ITAdmin,
     ITSystem,
 };

 InternalType self_;

public:
 AuthorityType(InternalType self) : self_(self) {}

 bool operator < (const AuthorityType &other) const
 {
     return self_ < other.self_;
 }

 bool operator > (const AuthorityType &other) const
```

```
{
    return self_ > other.self_;
}

bool operator <= (const AuthorityType &other) const
{
    return self_ <= other.self_;
}

bool operator >= (const AuthorityType &other) const
{
    return self_ >= other.self_;
}

bool operator == (const AuthorityType &other) const
{
    return self_ == other.self_;
}

bool operator != (const AuthorityType &other) const
{
    return self_ != other.self_;
}

const static AuthorityType System, Admin, Member, Guest, Ban;
};

#define DEFINE_AuthorityType(x) const AuthorityType \
 AuthorityType::x(AuthorityType::IT ## x)
DEFINE_AuthorityType(System);
DEFINE_AuthorityType(Admin);
DEFINE_AuthorityType(Member);
DEFINE_AuthorityType(Guest);
DEFINE_AuthorityType(Ban);

int main()
{
 bool b = AuthorityType::System > AuthorityType::Admin;
 std::cout << std::boolalpha << b << std::endl;
}
```

让我们先看一看以上代码的优点。

- 将枚举类型变量封装成类私有数据成员，保证无法被外界访问。访问枚举类型的数据成员必须通过对应的常量静态对象。另外，根据 C++标准的约束，访问静态对象必须指明对象所属类型。也就是说，如果我们想访问 ITSystem

这个枚举标识符，就必须访问常量静态对象 System，而访问 System 对象，就必须说明其所属类型，这使我们需要将代码写成 AuthorityType::System 才能编译通过。

- 由于我们实现了比较运算符，因此可以对枚举类型进行比较。但是比较运算符函数只接受同类型的参数，所以只允许相同类型进行比较。

当然很明显，这样做也有缺点。

- 最大的缺点是实现起来要多敲很多代码。
- 枚举类型本身是一个 POD 类型，而我们实现的类破坏了这种特性。

还有一个严重的问题是，无法指定枚举类型的底层类型。因此，不同的编译器对于相同枚举类型可能会有不同的底层类型，甚至有无符号也会不同。来看下面这段代码：

```
enum E {
 e1 = 1,
 e2 = 2,
 e3 = 0xfffffff0
};

int main()
{
 bool b = e1 < e3;
 std::cout << std::boolalpha << b << std::endl;
}
```

读者可以思考一下，上面这段代码的输出结果是什么。答案是不同的编译器会得到不同的结果。在 GCC 中，结果返回 true，我们可以认为 E 的底层类型为 unsigned int。如果输出 e3，会发现其值为 4294967280。但是在 MSVC 中结果输出为 false，很明显在编译器内部将 E 定义为了 int 类型，输出 e3 的结果为−16。这种编译器上的区别会使在编写跨平台程序时出现重大问题。

虽然说了这么多枚举类型存在的问题，但是我这里想强调一个观点，如果代码中有需要表达枚举语义的地方，还是应该使用枚举类型。原因就是在第一个问题中讨论的，枚举类型还是有一定的类型检查能力。我们应该避免使用宏和 const int 的方法去实现枚举，因为其缺点更加严重。

值得一提的是，枚举类型缺乏类型检查的问题倒是成就了一种特殊用法。如果读者了解模板元编程，那么肯定见过一种被称为 enum hack 的枚举类型的用法。简单来说就是利用枚举值在编译期就能确定下来的特性，让编译器帮助我们完成一些计算：

```
#include <iostream>
template<int a, int b>
struct add {
    enum {
        result = a + b
    };
};

int main()
{
    std::cout << add<5, 8>::result << std::endl;
}
```

用 GCC 查看其 GIMPLE 的中间代码：

```
main ()
{
  int D.39267;
  _1 = std::basic_ostream<char>::operator<< (&cout, 13);
  std::basic_ostream<char>::operator<< (_1, endl);
  D.39267 = 0;
  return D.39267;
}
```

可以看到 add<5, 8>::result 在编译器编译代码的时候就已经计算出来了，运行时直接使用<<运算符输出结果 13。

14.2　使用强枚举类型

由于枚举类型确实存在一些类型安全的问题，因此 C++标准委员会在 C++11 标准中对其做出了重大升级，增加了强枚举类型。另外，为了保证老代码的兼容性，也保留了枚举类型之前的特性。强枚举类型具备以下 3 个新特性。

1. 枚举标识符属于强枚举类型的作用域。
2. 枚举标识符不会隐式转换为整型。
3. 能指定强枚举类型的底层类型，底层类型默认为 int 类型。

定义强枚举类型的方法非常简单，只需要在枚举定义的 enum 关键字之后加上 class 关键字就可以了。下面将 HighSchool 和 University 改写为强枚举类型：

```
#include <iostream>

enum class HighSchool {
```

```
        student,
        teacher,
        principal
    };

    enum class University {
        student,
        professor,
        principal
    };

    int main()
    {
        HighSchool x = HighSchool::student;
        University y = University::student;
        bool b = x < HighSchool::headmaster;
        std::cout << std::boolalpha << b << std::endl;
    }
```

观察上面的代码可以发现，首先，在不使用命名空间的情况下，两个有着相同枚举标识符的强枚举类型可以在一个作用域内共存。这符合强枚举类型的第一个特性，其枚举标识符属于强枚举类型的作用域，无法从外部直接访问它们，所以在访问时必须加上枚举类型名，否则会编译失败，如 HighSchool::student。其次，相同枚举类型的枚举标识符可以进行比较，但是不同枚举类型就无法比较其枚举标识符了，因为它们失去了隐式转换为整型的能力，这一点符合强枚举类型的第二个特性：

```
HighSchool x = student;                               // 编译失败，找不到 student 的定义
bool b = University::student < HighSchool::headmaster;// 编译失败，比较的类型不同
int y = University::student;                           // 编译失败，无法隐式转换为 int 类型
```

有了这两个特性的支持，强枚举类型就可以完美替代 14.1 节中实现的 AuthorityType 类，强枚举类型不仅实现起来非常简洁，而且还是 POD 类型。

对于强枚举类型的第三个特性，我们可以在定义类型的时候使用:符号来指明其底层类型。利用它可以消除不同编译器带来的歧义：

```
enum class E : unsigned int {
    e1 = 1,
    e2 = 2,
    e3 = 0xfffffff0
};

int main()
{
```

```
    bool b = e1 < e3;
    std::cout << std::boolalpha << b << std::endl;
}
```

上面这段代码明确指明了枚举类型 E 的底层类型是无符号整型，这样一来无论使用 GCC 还是 MSVC，最后返回的结果都是 true。如果这里不指定具体的底层类型，编译器会使用 int 类型。但 GCC 和 MSVC 的行为又出现了一些区别：MSVC 会编译成功，e3 被编译为一个负值；而 GCC 则会报错，因为 0xfffffff0 超过了 int 能表达的最大正整数范围。

在 C++11 标准中，我们除了能指定强枚举类型的底层类型，还可以指定枚举类型的底层类型，例如：

```
enum E : unsigned int {
    e1 = 1,
    e2 = 2,
    e3 = 0xfffffff0
};

int main()
{
    bool b = e1 < e3;
    std::cout << std::boolalpha << b << std::endl;
}
```

另外，虽然我们多次强调了强枚举类型的枚举标识符是无法隐式转换为整型的，但还是可以通过 static_cast 对其进行强制类型转换，但我建议不要这样做。最后说一点，强枚举类型不允许匿名，我们必须给定一个类型名，否则无法通过编译。

14.3　列表初始化有底层类型枚举对象

从 C++17 标准开始，对有底层类型的枚举类型对象可以直接使用列表初始化。这条规则适用于所有的强枚举类型，因为它们都有默认的底层类型 int，而枚举类型就必须显式地指定底层类型才能使用该特性：

```
enum class Color {
  Red,
  Green,
  Blue
};
```

```
int main()
{
  Color c{ 5 };             // 编译成功
  Color c1 = 5;             // 编译失败
  Color c2 = { 5 };         // 编译失败
  Color c3(5);              // 编译失败
}
```

在上面的代码中，c 可以在 C++17 环境下成功编译运行，因为 Color 有默认底层类型 int，所以能够通过列表初始化对象，但是 c1、c2 和 c3 就没有那么幸运了，它们的初始化方法都是非法的。同样的道理，下面的代码能编译通过：

```
enum class Color1 : char {};
enum Color2 : short {};

int main()
{
  Color1 c{ 7 };
  Color2 c1{ 11 };
  Color2 c2 = Color2{ 5 };
}
```

请注意，虽然 Color2 c2 = Color2{ 5 }和 Color c2 = { 5 }在代码上有些类似，但是其含义是完全不同的。对于 Color2 c2 = Color2{ 5 }来说，代码先通过列表初始化了一个临时对象，然后再赋值到 c2，而 Color c2 = { 5 }则没有这个过程。另外，没有指定底层类型的枚举类型是无法使用列表初始化的，比如：

```
enum Color3 {};

int main()
{
  Color3 c{ 7 };
}
```

以上代码一定会编译报错，因为无论是 C++17 还是在此之前的标准，Color3 都没有底层类型。同所有的列表初始化一样，它禁止缩窄转换，所以下面的代码也是不允许的：

```
enum class Color1 : char {};

int main()
{
  Color1 c{ 7.11 };
}
```

到此为止，读者应该都会有这样一个疑问，C++11 标准中对强枚举类型初始化做了严格限制，目的就是防止枚举类型的滥用。可是 C++17 又打破了这种严格的限制，我们似乎看不出这样做的好处。实际上，让有底层类型的枚举类型支持列表初始化的确有一个十分合理的动机。

现在假设一个场景，我们需要一个新整数类型，该类型必须严格区别于其他整型，也就是说不能够和其他整型做隐式转换，显然使用 typedef 的方法是不行的。另外，虽然通过定义一个类的方法可以到达这个目的，但是这个方法需要编写大量的代码来重载运算符，也不是一个理想的方案。所以，C++的专家把目光投向了有底层类型的枚举类型，其特性几乎完美地符合以上要求，除了初始化整型值的时候需要用到强制类型转换。于是，C++17 为有底层类型的枚举类型放宽了初始化的限制，让其支持列表初始化：

```cpp
#include <iostream>
enum class Index : int {};

int main()
{
  Index a{ 5 };
  Index b{ 10 };
  // a = 12;
  // int c = b;
  std::cout << "a < b is "
      << std::boolalpha
      << (a < b) << std::endl;
}
```

在上面的代码中，定义了 Index 的底层类型为 int，所以可以使用列表初始化 a 和 b，由于 a 和 b 的枚举类型相同，因此所有 a < b 的用法也是合法的。但是 a = 12 和 int c = b 无法成功编译，因为强枚举类型是无法与整型隐式相互转换的。

最后提示一点，在 C++17 的标准库中新引入的 std::byte 类型就是用这种方法定义的。

14.4　使用 using 打开强枚举类型

C++20 标准扩展了 using 功能，它可以打开强枚举类型的命名空间。在一些情况下，这样做会让代码更加简洁易读，例如：

```
enum class Color {
  Red,
  Green,
  Blue
};

const char* ColorToString(Color c)
{
  switch (c)
  {
  case Color::Red: return "Red";
  case Color::Green: return "Green";
  case Color::Blue: return "Blue";
  default:
      return "none";
  }
}
```

在上面的代码中，函数 ColorToString 中需要不断使用 Color:: 来指定枚举标识符，这显然会让代码变得冗余。通过 using 我们可以简化这部分代码：

```
const char* ColorToString(Color c)
{
  switch (c)
  {
  using enum Color;
  case Red: return "Red";
  case Green: return "Green";
  case Blue: return "Blue";
  default:
      return "none";
  }
}
```

以上代码使用 using enum Color; 将 Color 中的枚举标识符引入 swtich-case 作用域。请注意，swtich-case 作用域之外依然需要使用 Color:: 来指定枚举标识符。除了引入整个枚举标识符之外，using 还可以指定引入的标识符，例如：

```
const char* ColorToString(Color c)
{
  switch (c)
  {
  using Color::Red;
  case Red: return "Red";
```

```
case Color::Green: return "Green";
case Color::Blue: return "Blue";
default:
    return "none";
}
}
```

以上代码使用 using Color::Red;将 Red 引入 swtich-case 作用域，其他枚举标识符依然需要使用 Color::来指定。

14.5 总结

本章介绍的强枚举类型不仅修正了枚举类型的缺点并且全面地扩展了枚举类型的特性。在编程过程中应该总是优先考虑强枚举类型，这样让我们更容易在编译期发现枚举类型上的疏漏，从而更早修复这些问题。

第 15 章

扩展的聚合类型（C++17 C++20）

15.1 聚合类型的新定义

C++17 标准对聚合类型的定义做出了大幅修改，即从基类公开且非虚继承的类也可能是一个聚合。同时聚合类型还需要满足常规条件。

1. 没有用户提供的构造函数。
2. 没有私有和受保护的非静态数据成员。
3. 没有虚函数。

在新的扩展中，如果类存在继承关系，则额外满足以下条件。

4. 必须是公开的基类，不能是私有或者受保护的基类。
5. 必须是非虚继承。

请注意，这里并没有讨论基类是否需要是聚合类型，也就是说基类是否是聚合类型与派生类是否为聚合类型没有关系，只要满足上述 5 个条件，派生类就是聚合类型。在标准库<type_traits>中提供了一个聚合类型的甄别办法 is_aggregate，它可以帮助我们判断目标类型是否为聚合类型：

```cpp
#include <iostream>
#include <string>

class MyString : public std::string {};

int main()
{
  std::cout << "std::is_aggregate_v<std::string> = "
```

```
        << std::is_aggregate_v<std::string> << std::endl;
    std::cout << "std::is_aggregate_v<MyString> = "
        << std::is_aggregate_v<MyString> << std::endl;
}
```

在上面的代码中，先通过 `std::is_aggregate_v` 判断 `std::string` 是否为聚合类型，根据我们对 `std::string` 的了解，它存在用户提供的构造函数，所以一定是非聚合类型。然后判断类 `MyString` 是否为聚合类型，虽然该类继承了 `std::string`，但因为它是公开继承且是非虚继承，另外，在类中不存在用户提供的构造函数、虚函数以及私有或者受保护的数据成员，所以 `MyString` 应该是聚合类型。编译运行以上代码，输出的结果也和我们判断的一致：

```
std::is_aggregate_v<std::string> = 0
std::is_aggregate_v<MyString> = 1
```

15.2 聚合类型的初始化

由于聚合类型定义的扩展，聚合对象的初始化方法也发生了变化。过去要想初始化派生类的基类，需要在派生类中提供构造函数，例如：

```
#include <iostream>
#include <string>

class MyStringWithIndex : public std::string {
public:
  MyStringWithIndex(const std::string& str, int idx) : std::string(str), index_(idx) {}
  int index_ = 0;
};

std::ostream& operator << (std::ostream &o, const MyStringWithIndex& s)
{
  o << s.index_ << ":" << s.c_str();
  return o;
}

int main()
{
  MyStringWithIndex s("hello world", 11);
  std::cout << s << std::endl;
}
```

在上面的代码中，为了初始化基类我们不得不为 MyStringWithIndex 提供一个构造函数，用构造函数的初始化列表来初始化 std::string。现在，由于聚合类型的扩展，这个过程得到了简化。需要做的修改只有两点，第一是删除派生类中用户提供的构造函数，第二是直接初始化：

```
#include <iostream>
#include <string>

class MyStringWithIndex : public std::string {
public:
  int index_ = 0;
};

std::ostream& operator << (std::ostream &o, const MyStringWithIndex& s)
{
  o << s.index_ << ":" << s.c_str();
  return o;
}

int main()
{
  MyStringWithIndex s{ {"hello world"}, 11 };
  std::cout << s << std::endl;
}
```

删除派生类中用户提供的构造函数是为了让 MyStringWithIndex 成为一个 C++17 标准的聚合类型，而作为聚合类型直接使用大括号初始化即可。MyStringWithIndex s{ {"hello world"}, 11}是典型的初始化基类聚合类型的方法。其中{"hello world"}用于基类的初始化，11 用于 index_ 的初始化。这里的规则总是假设基类是一种在所有数据成员之前声明的特殊成员。所以实际上，{"hello world"} 的大括号也可以省略，直接使用 MyStringWithIndex s{ "hello world", 11}也是可行的。另外，如果派生类存在多个基类，那么其初始化的顺序与继承的顺序相同：

```
#include <iostream>
#include <string>

class Count {
public:
  int Get() { return count_++; }
  int count_ = 0;
};
```

```
class MyStringWithIndex :
  public std::string,
  public Count {
public:
  int index_ = 0;
};

std::ostream& operator << (std::ostream &o, MyStringWithIndex& s)
{
  o << s.index_ << ":" << s.Get() << ":" << s.c_str();
  return o;
}

int main()
{
  MyStringWithIndex s{ "hello world", 7, 11 };
  std::cout << s << std::endl;
  std::cout << s << std::endl;
}
```

在上面的代码中，类 MyStringWithIndex 先后继承了 std::string 和 Count，所以在初始化时需要按照这个顺序初始化对象。{ "hello world", 7, 11} 中字符串"hello world"对应基类 std::string，7 对应基类 Count，11 对应数据成员 index_。

15.3　扩展聚合类型的兼容问题

虽然扩展的聚合类型给我们提供了一些方便，但同时也带来了一个兼容老代码的问题，请考虑以下代码：

```
#include <iostream>
#include <string>

class BaseData {
  int data_;
public:
  int Get() { return data_; }
protected:
  BaseData() : data_(11) {}
};
```

```
class DerivedData : public BaseData {
public:
};

int main()
{
  DerivedData d{};
  std::cout << d.Get() << std::endl;
}
```

以上代码使用 C++11 或者 C++14 标准可以编译成功，而使用 C++17 标准编译则会出现错误，主要原因就是聚合类型的定义发生了变化。在 C++17 之前，类 DerivedData 不是一个聚合类型，所以 DerivedData d{}会调用编译器提供的默认构造函数。调用 DerivedData 默认构造函数的同时还会调用 BaseData 的构造函数。虽然这里 BaseData 声明的是受保护的构造函数，但是这并不妨碍派生类调用它。从 C++17 开始情况发生了变化，类 DerivedData 变成了一个聚合类型，以至于 DerivedData d{}也跟着变成聚合类型的初始化，因为基类 BaseData 中的构造函数是受保护的关系，它不允许在聚合类型初始化中被调用，所以编译器无奈之下给出了一个编译错误。如果读者在更新开发环境到 C++17 标准的时候遇到了这样的问题，只需要为派生类提供一个默认构造函数即可。

15.4　禁止聚合类型使用用户声明的构造函数

在前面我们提到没有用户提供的构造函数是聚合类型的条件之一，但是请注意，用户提供的构造函数和用户声明的构造函数是有区别的，比如：

```
#include <iostream>
struct X {
  X() = default;
};

struct Y {
  Y() = delete;
};

int main() {
  std::cout << std::boolalpha
      << "std::is_aggregate_v<X> : " << std::is_aggregate_v<X> << std::endl
      << "std::is_aggregate_v<Y> : " << std::is_aggregate_v<Y> << std::endl;
}
```

用 C++17 标准编译运行以上代码会输出：

```
std::is_aggregate_v<X> : true
std::is_aggregate_v<Y> : true
```

由此可见，虽然类 X 和 Y 都有用户声明的构造函数，但是它们依旧是聚合类型。不过这就引出了一个问题，让我们将目光放在结构体 Y 上，因为它的默认构造函数被显式地删除了，所以该类型应该无法实例化对象，例如：

```
Y y1;       // 编译失败，使用了删除函数
```

但是作为聚合类型，我们却可以通过聚合初始化的方式将其实例化：

```
Y y2{};    // 编译成功
```

编译成功的这个结果显然不是类型 Y 的设计者想看到的，而且这个问题很容易在真实的开发过程中被忽略，从而导致意想不到的结果。除了删除默认构造函数，将其列入私有访问中也会有同样的问题，比如：

```
struct Y {
private:
  Y() = default;
};
```

```
Y y1;          // 编译失败，构造函数为私有访问
y y2{};        // 编译成功
```

请注意，这里 Y() = default;中的= default 不能省略，否则 Y 会被识别为一个非聚合类型。

为了避免以上问题的出现，在 C++17 标准中可以使用 explicit 说明符或者将= default 声明到结构体外，例如：

```
struct X {
  explicit X() = default;
};
```

```
struct Y {
  Y();
};
Y::Y() = default;
```

这样一来，结构体 X 和 Y 被转变为非聚合类型，也就无法使用聚合初始化了。不过即使这样，还是没有解决相同类型不同实例化方式表现不一致的尴尬问题，所以在 C++20 标准中禁止聚合类型使用用户声明的构造函数，这种处理方式让所有的情况保持一致，是最为简单明确的方法。同样是本节中的第一段代码示例，用 C++20

环境编译的输出结果如下：

```
std::is_aggregate_v<X> : false
std::is_aggregate_v<Y> : false
```

值得注意的是，这个规则的修改会改变一些旧代码的意义，比如我们经常用到的禁止复制构造的方法：

```
struct X {
  std::string s;
  std::vector<int> v;
  X() = default;
  X(const X&) = delete;
  X(X&&) = default;
};
```

上面这段代码中结构体 X 在 C++17 标准中是聚合类型，所以可以使用聚合类型初始化对象。但是升级编译环境到 C++20 标准会使 X 转变为非聚合对象，从而造成无法通过编译的问题。一个可行的解决方案是，不要直接使用= delete;来删除复制构造函数，而是通过加入或者继承一个不可复制构造的类型来实现类型的不可复制，例如：

```
struct X {
  std::string s;
  std::vector<int> v;
  [[no_unique_address]] NonCopyable nc;
};

// 或者

struct X : NonCopyable {
  std::string s;
  std::vector<int> v;
};
```

这种做法能让代码看起来更加简洁，所以我们往往会被推荐这样做。

15.5   使用带小括号的列表初始化聚合类型对象

通过 15.2 节，我们知道对于一个聚合类型可以使用带大括号的列表对其进行初始化，例如：

```
struct X {
  int i;
  float f;
};
```

```
X x{ 11, 7.0f };
```

如果将上面初始化代码中的大括号修改为小括号，C++17 标准的编译器会给出无法匹配到对应构造函数 X::X(int, float) 的错误，这说明小括号会尝试调用其构造函数。这一点在 C++20 标准中做出了修改，它规定对于聚合类型对象的初始化可以用小括号列表来完成，其最终结果与大括号列表相同。所以以上代码可以修改为：

```
X x( 11, 7.0f );
```

另外，前面的章节曾提到过带大括号的列表初始化是不支持缩窄转换的，但是带小括号的列表初始化却是支持缩窄转换的，比如：

```
struct X {
  int i;
  short f;
};
```

```
X x1{ 11, 7.0 }; // 编译失败, 7.0 从 double 转换到 short 是缩窄转换
X x2( 11, 7.0 ); // 编译成功
```

需要注意的是，到目前为止该特性只在 GCC 中得到支持，而 Clang 和 MSVC 都还没有支持该特性。

15.6 总结

虽然本章的内容不多且较为容易理解，但它却是一个比较重要的章节。因为扩展的聚合类型改版了原本聚合类型的定义，这就导致了一些兼容性问题，这种情况在 C++ 新特性中并不多见。如果不能牢固地掌握新定义的知识点，很容易导致代码无法通过编译，更严重的可能是导致代码运行出现逻辑错误，类似这种 Bug 又往往难以定位，所以对于扩展的聚合类型我们尤其需要重视起来。

第 16 章

override 和 final 说明符（C++11）

16.1 重写、重载和隐藏

重写（override）、重载（overload）和隐藏（overwrite）在 C++中是 3 个完全不同的概念，但是在平时的工作交流中，我发现有很多 C++程序员对它们的概念模糊不清，经常误用或者混用这 3 个概念，所以在说明 override 说明符之前，我们先梳理一下三者的区别。

1. 重写（override）的意思更接近覆盖，在 C++中是指派生类覆盖了基类的虚函数，这里的覆盖必须满足有相同的函数签名和返回类型，也就是说有相同的函数名、形参列表以及返回类型。

2. 重载（overload），它通常是指在同一个类中有两个或者两个以上函数，它们的函数名相同，但是函数签名不同，也就是说有不同的形参。这种情况在类的构造函数中最容易看到，为了让类更方便使用，我们经常会重载多个构造函数。

3. 隐藏（overwrite）的概念也十分容易与上面的概念混淆。隐藏是指基类成员函数，无论它是否为虚函数，当派生类出现同名函数时，如果派生类函数签名不同于基类函数，则基类函数会被隐藏。如果派生类函数签名与基类函数相同，则需要确定基类函数是否为虚函数，如果是虚函数，则这里的概念就是重写；否则基类函数也会被隐藏。另外，如果还想使用基类函数，可以使用 using 关键字将其引入派生类。

16.2　重写引发的问题

在编码过程中，重写虚函数很容易出现错误，原因是 C++语法对重写的要求很高，稍不注意就会无法重写基类虚函数。更糟糕的是，即使我们写错了代码，编译器也可能不会提示任何错误信息，直到程序编译成功后，运行测试才会发现其中的逻辑问题，例如：

```
class Base {
public:
  virtual void some_func() {}
  virtual void foo(int x) {}
  virtual void bar() const {}
  void baz() {}
};

class Derived : public Base {
public:
  virtual void sone_func() {}
  virtual void foo(int &x) {}
  virtual void bar() {}
  virtual void baz() {}
};
```

以上代码可以编译成功，但是派生类 Derived 的 4 个函数都没有触发重写操作。第一个派生类虚函数 sone_func 的函数名与基类虚函数 some_func 不同，所以它不是重写。第二个派生类虚函数 foo(int &x) 的形参列表与基类虚函数 foo(int x) 不同，所以同样不是重写。第三个派生类虚函数 bar() 相对于基类虚函数少了常量属性，所以不是重写。最后的基类成员函数 baz 根本不是虚函数，所以派生类的 baz 函数也不是重写。

16.3　使用 override 说明符

可以看到重写如此容易出错，光靠人力排查避免出错是很困难的，尤其当类的继承关系非常复杂的时候。所以 C++11 标准提供了一个非常实用的 override 说明符，这个说明符必须放到虚函数的尾部，它明确告诉编译器这个虚函数需要覆盖基类的虚函数，一旦编译器发现该虚函数不符合重写规则，就会给出错误提示。

```
class Base {
public:
  virtual void some_func() {}
  virtual void foo(int x) {}
  virtual void bar() const {}
  void baz() {}
};

class Derived : public Base {
public:
  virtual void sone_func() override {}
  virtual void foo(int &x) override {}
  virtual void bar() override {}
  virtual void baz() override {}
};
```

上面这段代码示例针对 16.2 节中的示例在派生类虚函数尾部都加上了 override 说明符，编译后编译器给出了 4 条错误信息，明确指出这 4 个函数都无法重写。如此一来，我们可以轻松地找到代码中的错误，而不必等到运行时再慢慢调试排查。override 说明符不仅为派生类的编写者提供了方便，对于基类编写者同样也有帮助。假设某个基类需要修改虚函数的形参以确保满足新需求，那么在 override 的帮助下，基类编写者可以轻松地发现修改基类虚函数的代价。如果没有 override 说明符，则修改基类虚函数将面临很大的风险，因为编译器不会给出错误提示，我们只能靠测试来检查问题所在。

16.4　使用 final 说明符

在 C++中，我们可以为基类声明纯虚函数来迫使派生类继承并且重写这个纯虚函数。但是一直以来，C++标准并没有提供一种方法来阻止派生类去继承基类的虚函数。C++11 标准引入 final 说明符解决了上述问题，它告诉编译器该虚函数不能被派生类重写。final 说明符用法和 override 说明符相同，需要声明在虚函数的尾部。

```
class Base {
public:
  virtual void foo(int x) {}
```

```
};

class Derived : public Base {
public:
  void foo(int x) final {};
};

class Derived2 : public Derived {
public:
  void foo(int x) {};
};
```

在上面的代码中，因为基类 Derived 的虚函数 foo 声明为 final，所以派生类 Derived2 重写 foo 函数的时候编译器会给出错误提示。请注意 final 和 override 说明符的一点区别，final 说明符可以修饰最底层基类的虚函数而 override 则不行，所以在这个例子中 final 可以声明基类 Base 的虚函数 foo，只不过我们通常不会这样做。

有时候，override 和 final 会同时出现。这种情况通常是由中间派生类继承基类后，希望后续其他派生类不能修改本类虚函数的行为而产生的，举个例子：

```
class Base {
public:
  virtual void log(const char *) const {…}
  virtual void foo(int x) {}

};

class BaseWithFileLog : public Base {
public:
  virtual void log(const char *) const override final {…}
};

class Derived : public BaseWithFileLog {
public:
  void foo(int x) {};
};
```

在上面这段代码中基类 Base 有一个虚函数 log，它将日志打印到标准输出。但是为了能更好地保存日志，我们写了一个派生类 BaseWithFileLog，重写了 log 函数将日志写入文件中。为了保证重写不会出现错误，并且后来的继承者不要改变日志的行为，为 log 函数添加了 override 和 final 说明符。这样一来，后续的派生类 Derived 只能重写虚函数 foo 而无法修改日志函数，保证了日志的一致。

最后要说明的是，final 说明符不仅能声明虚函数，还可以声明类。如果在类定义的时候声明了 final，那么这个类将不能作为基类被其他类继承，例如：

```
class Base final {
public:
  virtual void foo(int x) {}

};

class Derived : public Base {
public:
  void foo(int x) {};
};
```

在上面的代码中，由于 Base 被声明为 final，因此 Derived 继承 Base 会在编译时出错。

16.5   override 和 final 说明符的特别之处

为了和过去的 C++代码保持兼容，增加保留的关键字需要十分谨慎。因为一旦增加了某个关键字，过去的代码就可能面临大量的修改。所以在 C++11 标准中，override 和 final 并没有被作为保留的关键字，其中 override 只有在虚函数尾部才有意义，而 final 只有在虚函数尾部以及类声明的时候才有意义，因此以下代码仍然可以编译通过：

```
class X {
public:
  void override() {}
  void final() {}
};
```

不过，为了避免不必要的麻烦，建议读者不要将它们作为标识符来使用。

16.6   总结

本章介绍了 override 和 final 说明符，虽然它们的语法十分简单，但是却非常实用。尤其是 override 说明符，它指明类的成员函数必须是一个重写函数，要求编译器检查派生类中的虚函数确实重写了基类中的函数，否则就会引发一个编译错误。通常来说，我们应该用 override 说明有重写意图的虚函数，以免由于粗心大意造成不必要的错误。

第 17 章

基于范围的 for 循环（C++11 C++17 C++20）

17.1 烦琐的容器遍历

通常遍历一个容器里的所有元素会用到 for 循环和迭代器，在大多数情况下我们并不关心迭代器本身，而且在循环中使用迭代器的模式往往十分固定——获取开始的迭代器、不断更新当前迭代器、将当前迭代器与结束的迭代器作比较以及解引用当前迭代器获取我们真正关心的元素：

```
std::map<int, std::string> index_map{ {1, "hello"}, {2, "world"}, {3, "!"} };

std::map<int, std::string>::iterator it = index_map.begin();
for (; it != index_map.end(); ++it) {
  std::cout << "key=" << (*it).first << ", value=" << (*it).second << std::
endl;
}
```

从上面的代码可以看到，为了输出 index_map 中的内容不得不编写很多关于迭代器的代码，但迭代器本身并不是业务逻辑所关心的部分。对于这个问题的一个可行的解决方案是使用标准库提供的 std::for_each 函数，使用该函数只需要提供容器开始和结束的迭代器以及执行函数或者仿函数即可，例如：

```
std::map<int, std::string> index_map{ {1, "hello"}, {2, "world"}, {3, "!"} };

void print(std::map<int, std::string>::const_reference e)
```

```
{
    std::cout << "key=" << e.first << ", value=" << e.second << std::endl;
}

std::for_each(index_map.begin(), index_map.end(), print);
```

相对于上一段代码，这段代码使用 std::for_each 遍历容器比直接使用迭代器的方法要简洁许多。实际上单纯的迭代器遍历操作完全可以交给编译器来完成，这样能让程序员专注于业务代码而非迭代器的循环。

17.2　基于范围的 for 循环语法

C++11 标准引入了基于范围的 for 循环特性，该特性隐藏了迭代器的初始化和更新过程，让程序员只需要关心遍历对象本身，其语法也比传统 for 循环简洁很多：

```
for ( range_declaration : range_expression ) loop_statement
```

基于范围的 for 循环不需要初始化语句、条件表达式以及更新表达式，取而代之的是一个范围声明和一个范围表达式。其中范围声明是一个变量的声明，其类型是范围表达式中元素的类型或者元素类型的引用。而范围表达式可以是数组或对象，对象必须满足以下 2 个条件中的任意一个。

1. 对象类型定义了 begin 和 end 成员函数。
2. 定义了以对象类型为参数的 begin 和 end 普通函数。

```
#include <iostream>
#include <string>
#include <map>

std::map<int, std::string> index_map{ {1, "hello"}, {2, "world"}, {3, "!"} };
int int_array[] = { 0, 1, 2, 3, 4, 5 };

int main()
{
    for (const auto &e : index_map) {
        std::cout << "key=" << e.first << ", value=" << e.second << std::endl;
    }

    for (auto e : int_array) {
        std::cout << e << std::endl;
    }
}
```

以上代码通过基于范围的 `for` 循环遍历数组和标准库的 `map` 对象。其中 `const auto &e` 和 `auto e` 是范围声明，而 `index_map` 和 `int_array` 是范围表达式。为了让范围声明更加简洁，推荐使用 `auto` 占位符。当然，这里使用 `std::map<int, std::string>::value_type` 和 `int` 来替换 `auto` 也是可以的。值得注意的是，代码使用了两种形式的范围声明，前者是容器或者数组中元素的引用，而后者是容器或者数组中元素的值。一般来说，我们希望对于复杂的对象使用引用，而对于基础类型使用值，因为这样能够减少内存的复制。如果不会在循环过程中修改引用对象，那么推荐在范围声明中加上 `const` 限定符以帮助编译器生成更加高效的代码：

```cpp
#include <vector>
struct X
{
  X() { std::cout << "default ctor" << std::endl; }
  X(const X& other) {
      std::cout << "copy ctor" << std::endl;
  }
};

int main()
{
  std::vector<X> x(10);
  std::cout << "for (auto n : x)" << std::endl;
  for (auto n : x) {
  }
  std::cout << "for (const auto &n : x)" << std::endl;
  for (const auto &n : x) {
  }
}
```

编译运行上面这段代码会发现 `for(auto n : x)` 的循环调用 10 次复制构造函数，如果类 X 的数据量比较大且容器里的元素很多，那么这种复制的代价是无法接受的。而 `for(const auto &n : x)` 则解决了这个问题，整个循环过程没有任何的数据复制。

17.3　begin 和 end 函数不必返回相同类型

在 C++11 标准中基于范围的 `for` 循环相当于以下伪代码：

```
{
    auto && __range = range_expression;
    for (auto __begin = begin_expr, __end = end_expr; __begin != __end; ++__b
egin) {
        range_declaration = *__begin;
        loop_statement
    }
}
```

其中 begin_expr 和 end_expr 可能是 __range.begin() 和 __range.end()，
或者是 begin(__range) 和 end(__range)。当然，如果 __range 是一个数组指
针，那么还可能是 __range 和 __range+__count（其中 __count 是数组元素个
数）。这段伪代码有一个特点，它要求 begin_expr 和 end_expr 返回的必须是同
类型的对象。但实际上这种约束完全没有必要，只要 __begin != __end 能返回一
个有效的布尔值即可，所以 C++17 标准对基于范围的 for 循环的实现进行了改进，
伪代码如下：

```
{
    auto && __range = range_expression;
    auto __begin = begin_expr;
    auto __end = end_expr;
    for (; __begin != __end; ++__begin) {
        range_declaration = *__begin;
        loop_statement
    }
}
```

可以看到，以上伪代码将 __begin 和 __end 分离到两条不同的语句，不再要求
它们是相同类型。

17.4　临时范围表达式的陷阱

读者是否注意到了，无论是 C++11 还是 C++17 标准，基于范围的 for 循环伪代
码都是由以下这句代码开始的：

```
auto && __range = range_expression;
```

理解了右值引用的读者应该敏锐地发现了这里存在的陷阱 auto &&。对于这个
赋值表达式来说，如果 range_expression 是一个纯右值，那么右值引用会扩展
其生命周期，保证其整个 for 循环过程中访问的安全性。但如果 range_

expression 是一个泛左值，那结果可就不确定了，参考以下代码：

```
class T {
  std::vector<int> data_;
public:
  std::vector<int>& items() { return data_; }
  // …
};

T foo()
{
    T t;
    return t;
}
for (auto& x : foo().items()) {} // 未定义行为
```

请注意，这里的 for 循环会引发一个未定义的行为，因为 foo().items() 返回的是一个泛左值类型 std::vector<int>&，于是右值引用无法扩展其生命周期，导致 for 循环访问无效对象并造成未定义行为。对于这种情况请读者务必小心谨慎，将数据复制出来是一种解决方法：

```
T thing = foo();
for (auto & x :thing.items()) {}
```

在 C++20 标准中，基于范围的 for 循环增加了对初始化语句的支持，所以在 C++20 的环境下我们可以将上面的代码简化为：

```
for (T thing = foo(); auto & x :thing.items()) {}
```

17.5　实现一个支持基于范围的 for 循环的类

前面用大量篇幅介绍了使用基于范围的 for 循环遍历数组和标准容器的方法，实际上我们还可以让自定义类型支持基于范围的 for 循环。要完成这样的类型必须先实现一个类似标准库中的迭代器。

1. 该类型必须有一组和其类型相关的 begin 和 end 函数，它们可以是类型的成员函数，也可以是独立函数。

2. begin 和 end 函数需要返回一组类似迭代器的对象，并且这组对象必须支持 operator *、operator !=和 operator ++运算符函数。

请注意，这里的 operator ++应该是一个前缀版本，它需要通过声明一个不带形参的 operator ++运算符函数来完成。下面是一个完整的例子：

```cpp
#include <iostream>

class IntIter {
public:
  IntIter(int *p) : p_(p) {}
  bool operator!=(const IntIter& other)
  {
      return (p_ != other.p_);
  }

  const IntIter& operator++()
  {
      p_++;
      return *this;
  }

  int operator*() const
  {
      return *p_;
  }
private:
  int *p_;
};

template<unsigned int fix_size>
class FixIntVector {
public:
  FixIntVector(std::initializer_list<int> init_list)
  {
      int *cur = data_;
      for (auto e : init_list) {
          *cur = e;
          cur++;
      }
  }

  IntIter begin()
  {
      return IntIter(data_);
  }

  IntIter end()
  {
```

```
        return IntIter(data_ + fix_size);
    }
private:
    int data_[fix_size]{0};
};

int main()
{
    FixIntVector<10> fix_int_vector {1, 3, 5, 7, 9};
    for (auto e : fix_int_vector)
    {
        std::cout << e << std::endl;
    }
}
```

在上面的代码中，FixIntVector 是存储 int 类型数组的类模板，类 IntIter 是 FixIntVector 的迭代器。在 FixIntVector 中实现了成员函数 begin 和 end，它们返回了一组迭代器，分别表示数组的开始和结束位置。类 IntIter 本身实现了 operator *、operator !=和 operator ++运算符函数，其中 operator *用于编译器生成解引用代码，operator !=用于生成循环条件代码，而前缀版本的 operator ++用于更新迭代器。

请注意，这里使用成员函数的方式实现了 begin 和 end，但有时候需要遍历的容器可能是第三方提供的代码。这种情况下我们可以实现一组独立版本的 begin 和 end 函数，这样做的优点是能在不修改第三方代码的情况下支持基于范围的 for 循环。

17.6　总结

基于范围的 for 循环很好地解决了遍历容器过于烦琐的问题，它自动生成迭代器的遍历代码并将其隐藏于后台。强烈建议读者使用基于范围的 for 循环来处理单纯遍历容器的操作。当然，使用时需注意临时范围表达式结果的生命周期问题。另外，对于在遍历容器过程中需要修改容器的需求，还是需要使用迭代器来处理。

第 18 章

支持初始化语句的 if 和 switch（C++17）

18.1　支持初始化语句的 if

在 C++17 标准中，if 控制结构可以在执行条件语句之前先执行一个初始化语句。语法如下：

```
if (init; condition) {}
```

其中 init 是初始化语句，condition 是条件语句，它们之间使用分号分隔。允许初始化语句的 if 结构让以下代码成为可能：

```cpp
#include <iostream>
bool foo()
{
  return true;
}
int main()
{
  if (bool b = foo(); b) {
      std::cout << std::boolalpha << "good! foo()=" << b << std::endl;
  }
}
```

在上面的代码中，bool b = foo()是一个初始化语句，在初始化语句中声明的变量 b 能够在 if 的作用域继续使用。事实上，该变量的生命周期会一直伴随整个 if 结构，包括 else if 和 else 部分。

if 初始化语句中声明的变量拥有和整个 if 结构一样长的声明周期，所以前面的代码可以等价于：

```
#include <iostream>
bool foo()
{
  return true;
}
int main()
{
  {
      bool b = foo();
      if (b) {
          std::cout << std::boolalpha << "good! foo()=" << b << std::endl;
      }
  }
}
```

当然，我们还可以在 if 结构中添加 else 部分：

```
if (bool b = foo(); b) {
    std::cout << std::boolalpha << "good! foo()=" << b << std::endl;
}
else {
    std::cout << std::boolalpha << "bad! foo()=" << b << std::endl;
}
```

在 if 结构中引入 else if 后，情况会稍微变得复杂一点，因为在 else if 条件语句之前也可以使用初始化语句：

```
#include <iostream>
bool foo()
{
  return false;
}
bool bar()
{
  return true;
}
int main()
{
  if (bool b = foo(); b) {
      std::cout << std::boolalpha << "foo()=" << b << std::endl;
  }
  else if (bool b1 = bar(); b1) {
      std::cout << std::boolalpha
            << "foo()=" << b
```

```
        << ", bar()=" << b1 << std::endl;
    }
}
```

在上面的代码中，if 和 else if 都有初始化语句，它们分别初始化变量 b 和 b1 并且在各自条件成立的作用域内执行了日志输出。值得注意的是，b 和 b1 的生命周期并不相同。其中变量 b 的生命周期会贯穿整个 if 结构（包括 else if），可以看到在 else if 中也能引用变量 b。但是 b1 则不同，它的生命周期只存在于 else if 以及后续存在的 else if 和 else 语句，而无法在之前的 if 中使用，等价于：

```
{
    bool b = foo();
    if (b) {
        std::cout << std::boolalpha << "foo()=" << b << std::endl;
    }
    else {
        bool b1 = bar();
        if (b1) {
            std::cout << std::boolalpha
                << "foo()=" << b
                << ", bar()=" << b1 << std::endl;

        }
    }
}
```

因为 if 初始化语句声明的变量会贯穿整个 if 结构，所以我们可以利用该特性对整个 if 结构加锁，例如：

```
#include <mutex>

std::mutex mx;
bool shared_flag = true;
int main()
{
    if (std::lock_guard<std::mutex> lock(mx); shared_flag) {
        shared_flag = false;
    }
}
```

继续扩展思路，从本质上来说初始化语句就是在执行条件判断之前先执行了一个语句，并且语句中声明的变量将拥有与 if 结构相同的生命周期。所以我们在代码中没有必要一定在初始化语句中初始化判断条件的变量，如 if(std::lock_guard <std::mutex> lock(mx); shared_flag)，初始化语句并没有初始化条件判断的变量 shared_flag。类似的例子还有：

```
#include <cstdio>
#include <string>

int main()
{
  std::string str;
  if (char buf[10]{0}; std::fgets(buf, 10, stdin)) {
      str += buf;
  }
}
```

在上面的代码中，if 的初始化语句只声明了一个数组 buf 并将 buf 作为实参传入 std::fgets 函数，而真正做条件判断的是 std::fgets 函数返回值。

18.2 支持初始化语句的 switch

和 if 控制结构一样，switch 在通过条件判断确定执行的代码分支之前也可以接受一个初始化语句。不同的是，switch 结构不存在 else 和 else if 的情况，所以语法更加简单。这里以 std::condition_variable 为例，其成员函数 wait_for 需要一个 std::unique_lock<std::mutex>&类型的实参，于是在 switch 的初始化语句中可以构造一个 std::unique_lock<std::mutex>类型的对象，具体代码如下：

```
#include <condition_variable>
#include <chrono>
using namespace std::chrono_literals;

std::condition_variable cv;
std::mutex cv_m;

int main()
{
  switch (std::unique_lock<std::mutex> lk(cv_m); cv.wait_for(lk, 100ms))
  {
  case std::cv_status::timeout:
      break;
  case std::cv_status::no_timeout:
      break;
  }
}
```

switch 初始化语句声明的变量的生命周期会贯穿整个 switch 结构，这一点和 if 也相同，所以变量 lk 能够引用到任何一个 case 的分支中。

18.3　总结

读者应该已经注意到，所谓带初始化语句的 if 和 switch 的新特性只不过是一颗语法糖而已，其带来的功能可以轻易地用等价代码代替，但是 C++委员会还是决定将该特性引入 C++17 标准。其中的一个原因是该特性并非是全新的语法，在 for 循环中已经存在类似的语法了，而且新增语法也不会增加语法的复杂度，所以无论是学习成本还是使用成本都是很低的。另外，使用该特性的等价代码并非是一种好的解决方案，因为增加大量的大括号和缩进并不利于代码的阅读和维护；而如果不增加大括号和缩进又会导致初始化代码声明的变量入侵 if 和 switch 以外的作用域，如此一来在代码整理和重构的时候可能会出现问题。因此将初始化语句和条件语句写在一行确实有助于代码阅读和整理，与此同时也能减少无谓的大括号和缩进，增加代码的可读性和可维护性。

第 19 章

static_assert 声明（C++11 C++17）

19.1 运行时断言

在静态断言出现以前，我们使用的是运行时断言，只有程序运行起来之后才有可能触发它。通常情况下运行时断言只会在 Debug 模式下使用，因为断言的行为比较粗暴，它会直接显示错误信息并终止程序。在 Release 版本中，我们通常会忽略断言（头文件 cassert 已经通过宏 NDEBUG 对 Debug 和 Release 版本做了区分处理，我们可以直接使用 assert）。还有一点需要注意，断言不能代替程序中的错误检查，它只应该出现在需要表达式返回 true 的位置，例如：算术表达式的除数不能为 0，分配内存的大小必须大于 0 等。相反，如果表达式中涉及外部输入，则不应该依赖断言，例如客户输入、服务端返回等：

```
void* resize_buffer(void* buffer, int new_size)
{
    assert(buffer != nullptr);              // OK，用 assert 检查函数参数
    assert(new_size > 0);
    assert(new_size <= MAX_BUFFER_SIZE);
    …
}


bool get_user_input(char c)
{
    assert(c == '\0x0d');                   // 不合适，assert 不应该用于检查外部输入
    …
}
```

在上面这段代码中，我们对函数 resize_buffer 的形参 buffer 和 new_size 进行了断言，显然作为一个重新分配内存的函数，这两个参数必须是合法的。建议一个断言处理一个判别式，这样一来当断言发生的时候能迅速定位到问题所在。如果写成 assert((buffer != nullptr) && (new_size > 0) && (new_size <= MAX_BUFFER_SIZE))，则当断言发生的时候，我们还是无法马上确定问题。而函数 get_user_input 就不应该使用断言检查参数了，因为用户输入的字符可能是各种各样的。

19.2　静态断言的需求

虽然运行时断言可以满足一部分需求，但是它有一个缺点就是必须让程序运行到断言代码的位置才会触发断言。如果想在模板实例化的时候对模板实参进行约束，这种断言是无法办到的。我们需要一个能在编译阶段就给出断言的方法。可惜在 C++11 标准之前，没有一个标准方法来达到这个目的，我们需要利用其他特性来模拟。下面给出几个可行的方案：

```cpp
#define STATIC_ASSERT_CONCAT_IMP(x, y) x ## y
#define STATIC_ASSERT_CONCAT(x, y) \
    STATIC_ASSERT_CONCAT_IMP(x, y)

// 方案1
#define STATIC_ASSERT(expr)                 \
    do {                                    \
        char STATIC_ASSERT_CONCAT(          \
            static_assert_var, __COUNTER__) \
            [(expr) != 0 ? 1 : -1];         \
    } while (0)


template<bool>
struct static_assert_st;
template<>
struct static_assert_st<true> {};

// 方案2
#define STATIC_ASSERT2(expr)    \
    static_assert_st<(expr) != 0>()
```

```
// 方案 3
#define STATIC_ASSERT3(expr)            \
    static_assert_st<(expr) != 0>   \
    STATIC_ASSERT_CONCAT(           \
    static_assert_var, __COUNTER__)
```

以上代码的方案 1，利用的技巧是数组的大小不能为负值，当 expr 表达式返回结果为 false 的时候，条件表达式求值为-1，这样就导致数组大小为-1，自然就会引发编译失败。方案 2 和方案 3 则是利用了 C++模板特化的特性，当模板实参为 true 的时候，编译器能找到特化版本的定义。但当模板参数为 false 的时候，编译器无法找到相应的特化定义，从而编译失败。方案 2 和方案 3 的区别在于，方案 2 会构造临时对象，这让它无法出现在类和结构体的定义当中。而方案 3 则声明了一个变量，可以出现在结构体和类的定义中，但是它最大的问题是会改变结构体和类的内存布局。总而言之，虽然我们可以在一定程度上模拟静态断言，但是这些方案并不完美。

19.3　静态断言

static_assert 声明是 C++11 标准引入的特性，用于在程序编译阶段评估常量表达式并对返回 false 的表达式断言，我们称这种断言为静态断言。它基本上满足我们对静态断言的要求。

1. 所有处理必须在编译期间执行，不允许有空间或时间上的运行时成本。
2. 它必须具有简单的语法。
3. 断言失败可以显示丰富的错误诊断信息。
4. 它可以在命名空间、类或代码块内使用。
5. 失败的断言会在编译阶段报错。

C++11 标准规定，使用 static_assert 需要传入两个实参：常量表达式和诊断消息字符串。请注意，第一个实参必须是常量表达式，因为编译器无法计算运行时才能确定结果的表达式：

```
#include <type_traits>

class A {
};


class B : public A {
};
```

```
class C {
};

template<class T>
class E {
  static_assert(std::is_base_of<A, T>::value, "T is not base of A");
};

int main(int argc, char *argv[])
{
    static_assert(argc > 0, "argc > 0");   // 使用错误，argc>0 不是常量表达式
    E<C> x;                                // 使用正确，但由于 A 不是 C 的基类，所以触发断言
    static_assert(sizeof(int) >= 4, // 使用正确，表达式返回真，不会触发失败断言
        "sizeof(int) >= 4");
    E<B> y;                                // 使用正确，A 是 B 的基类，不会触发失败断言
}
```

在上面的代码中，`argc > 0` 依赖于用户输入的参数，显然不是一个常量表达式。在这种情况下，编译器会报错，符合上面的第 5 条要求。类模板 E 对 static_assert 的使用是正确的，根据第 1 条和第 4 条要求，static_assert 可以在类定义里使用并且不会改变类的内部状态。只不过在实例化类模板 E<C> 的时候，因为 A 不是 C 的基类，所以会触发静态断言，导致编译中断。

19.4　单参数 static_assert

不知道读者是否和我有同样的想法，在大多数情况下使用 static_assert 的时候输入的诊断信息字符串就是常量表达式本身，所以让常量表达式作为诊断信息字符串参数的默认值是非常理想的。为了达到这个目的，我们可以定义一个宏：

```
#define LAZY_STATIC_ASSERT(B) static_assert(B, #B)
```

可能是该需求比较普遍的原因，2014 年 2 月 C++ 标准委员会就提出升级 static_assert 的想法，希望让其支持单参数版本，即常量表达式，而断言输出的诊断信息为常量表达式本身。这个观点提出后得到了大多数人的认同，但是由于 2014 年 2 月 C++14 标准已经发布了，因此该特性不得不顺延到 C++17 标准中。在支持 C++17 标准的环境中，我们可以忽略第二个参数：

```
#include <type_traits>
```

```
class A {
};

class B : public A {
};

class C {
};

template<class T>
class E {
  static_assert(std::is_base_of<A, T>::value);
};

int main(int argc, char *argv[])
{
  E<C> x;                              // 使用正确，但由于 A 不是 C 的基类，会触发失败断言
  static_assert(sizeof(int) < 4); // 使用正确，但表达式返回 false，会触发失败断言
}
```

不过在 GCC 上，即使指定使用 C++11 标准，GCC 依然支持单参数的 static_assert。MSVC 则不同，要使用单参数的 static_assert 需要指定 C++17 标准。

19.5 总结

静态断言并不是一个新鲜的概念，早在 C++11 标准出现之前，boost、loki 等代码库就已经采用很多变通的办法实现了静态断言的部分功能。之所以这些代码库都会实现静态断言，主要是因为该特性可以将错误排查的工作前置到编译时，这对于程序员来说是非常友好的。C++11 以及后来的 C++17 标准引入的 static_assert 完美地满足了静态断言的各种需求，当断言表达式是常量表达式的时候，我们应该优先使用 static_assert 静态断言。

第 20 章

结构化绑定（C++17 C++20）

20.1　使用结构化绑定

熟悉 Python 的读者应该知道，Python 函数可以有多个返回值，例如：

```python
def return_multiple_values():
    return 11, 7


x, y = return_multiple_values()
```

在上面的代码中函数 return_multiple_values 返回的是一个元组（tuple）(11，7)，在函数返回后元组中元素的值被自动地分配到了 x 和 y 上。回过头来看 C++，我们惊喜地发现在 C++11 标准中同样引入了元组的概念，通过元组 C++也能返回多个值，但使用方法却不如 Python 那般简洁：

```cpp
#include <iostream>
#include <tuple>

std::tuple<int, int> return_multiple_values()
{
  return std::make_tuple(11, 7);
}

int main()
{
  int x = 0, y = 0;
  std::tie(x, y) = return_multiple_values();
```

```
    std::cout << "x=" << x << " y=" << y << std::endl;
}
```

可以看到，这段代码和 Python 完成了同样的工作，但代码却要麻烦许多。其中一个原因是 C++11 必须指定 return_multiple_values 函数的返回值类型，另外，在调用 return_multiple_values 函数前还需要声明变量 x 和 y，并且使用函数模板 std::tie 将 x 和 y 通过引用绑定到 std::tuple<int&, int&>上。对于第一个问题，我们可以使用 C++14 中 auto 的新特性来简化返回类型的声明（可以回顾第 3 章）：

```
auto return_multiple_values()
{
  return std::make_tuple(11, 7);
}
```

重点来了，要想解决第二个问题就必须使用 C++17 标准中新引入的特性——结构化绑定。所谓结构化绑定是指将一个或者多个名称绑定到初始化对象中的一个或者多个子对象（或者元素）上，相当于给初始化对象的子对象（或者元素）起了别名，请注意别名不同于引用，这一点会在后面详细介绍。首先让我们看一看结构化绑定是如何化腐朽为神奇的：

```
#include <iostream>
#include <tuple>

auto return_multiple_values()
{
  return std::make_tuple(11, 7);
}

int main()
{
  auto[x, y] = return_multiple_values();
  std::cout << "x=" << x << " y=" << y << std::endl;
}
```

在上面这段代码中，auto[x, y] = return_multiple_values()是一个典型的结构化绑定声明，其中 auto 是类型占位符，[x, y]是绑定标识符列表，其中 x 和 y 是用于绑定的名称，绑定的目标是函数 return_multiple_values()返回结果副本的子对象或者元素。用支持 C++17 标准的编译器编译运行这段代码会正确地输出：

```
x=11 y=7
```

请注意，结构化绑定的目标不必是一个函数的返回结果，实际上等号的右边可以是任意一个合理的表达式，比如：

```
#include <iostream>
#include <string>

struct BindTest {
  int a = 42;
  std::string b = "hello structured binding";
};

int main()
{
  BindTest bt;
  auto[x, y] = bt;
  std::cout << "x=" << x << " y=" << y << std::endl;
}
```

编译运行这段代码的输出如下：

```
x=42 y=hello structured binding
```

可以看到结构化绑定能够直接绑定到结构体上。将其运用到基于范围的 for 循环中会有更好的效果：

```
#include <iostream>
#include <string>
#include <vector>

struct BindTest {
  int a = 42;
  std::string b = "hello structured binding";
};

int main()
{
  std::vector<BindTest> bt{ {11, "hello"},  {7, "c++"},  {42, "world"} };
  for (const auto& [x, y] : bt) {
      std::cout << "x=" << x << " y=" << y << std::endl;
  }
}
```

请注意以上代码的 for 循环部分。在这个基于范围的 for 循环中，通过结构化绑定直接将 x 和 y 绑定到向量 bt 中的结构体子对象上，省去了通过向量的元素访问成员变量 a 和 b 的步骤。

20.2 深入理解结构化绑定

在阅读了前面的内容之后，读者是否有这样的理解。

1. 结构化绑定的目标就是等号右边的对象。

2. 所谓的别名就是对等号右边对象的子对象或者元素的引用。

如果确实是这么理解的，请忘掉它们，因为上面的理解是错误的。真实的情况是，在结构化绑定中编译器会根据限定符生成一个等号右边对象的匿名副本，而绑定的对象正是这个副本而非原对象本身。另外，这里的别名真的是单纯的别名，别名的类型和绑定目标对象的子对象类型相同，而引用类型本身就是一种和非引用类型不同的类型。在初步了解了结构和绑定的"真相"之后，现在我将使用伪代码进一步说明它是如何工作起来的。对于结构化绑定代码：

```
BindTest bt;
const auto [x, y] = bt;
```

编译器为其生成的代码大概是这样的：

```
BindTest bt;
const auto _anonymous = bt;
aliasname x = _anonymous.a
aliasname y = _anonymous.b
```

在上面的伪代码中，_anonymous 是编译器生成的匿名对象，可以注意到 const auto [x, y] = bt 中 auto 的限定符会直接应用到匿名对象 _anonymous 上。也就是说，_anonymous 是 const 还是 volatile 完全依赖 auto 的限定符。另外，在伪代码中 x 和 y 的声明用了一个不存在的关键字 aliasname 来表达它们不是 _anonymous 成员的引用而是 _anonymous 成员的别名，也就是说 x 和 y 的类型分别为 const int 和 const std::string，而不是 const int& 和 const std::string&。为了证明以上两点，读者可以尝试编译运行下面这段代码：

```
#include <iostream>
#include <string>

struct BindTest {
  int a = 42;
  std::string b = "hello structured binding";
};
```

```
int main()
{
  BindTest bt;
  const auto[x, y] = bt;

  std::cout << "&bt.a=" << &bt.a << " &x=" << &x << std::endl;
  std::cout << "&bt.b=" << &bt.b << " &y=" << &y << std::endl;
  std::cout << "std::is_same_v<const int, decltype(x)>="
      << std::is_same_v<const int, decltype(x)> << std::endl;
  std::cout << "std::is_same_v<const std::string, decltype(y)>="
      << std::is_same_v<const std::string, decltype(y)> << std::endl;
}
```

编译运行的结果如下：

```
&bt.a=0x77fde0 &x=0x77fd80
&bt.b=0x77fde8 &y=0x77fd88
std::is_same_v<const int, decltype(x)>=1
std::is_same_v<const std::string, decltype(y)>=1
```

正如上文中描述的那样，别名 x 并不是 bt.a，因为它们的内存地址不同。另外，
x 和 y 的类型分别与 const int 和 const std::string 相同也证明了它们是别
名而不是引用的事实。由此可见，如果在上面这段代码中试图使用 x 和 y 去修改 bt
的数据成员是无法成功的，因为一方面 x 和 y 都是常量类型；另一方面即使 x 和 y
是非常量类型，改变的 x 和 y 只会影响匿名对象而非 bt 本身。当然了，了解了结构
化绑定的原理之后，写一个能改变 bt 成员变量的结构化绑定代码就很简单了：

```
int main()
{
  BindTest bt;
  auto&[x, y] = bt;

  std::cout << "&bt.a=" << &bt.a << " &x=" << &x << std::endl;
  std::cout << "&bt.b=" << &bt.b << " &y=" << &y << std::endl;

  x = 11;
  std::cout << "bt.a=" << bt.a << std::endl;
  bt.b = "hi structured binding";
  std::cout << "y=" << y << std::endl;
}
```

虽然只是将 const auto 修改为 auto&，但是已经能达到让 bt 数据成员和 x、
y 相互修改的目的了：

```
BindTest bt;
auto &_anonymous = bt;
aliasname x = _anonymous.a
aliasname y = _anonymous.b
```

关于引用有趣的一点是，如果结构化绑定声明为 const auto&[x, y] = bt，那么 x = 11 会编译失败，因为 x 绑定的对象是一个常量引用，而 bt.b = "hi structured binding"却能成功修改 y 的值，因为 bt 本身不存在常量问题。

请注意，使用结构化绑定无法忽略对象的子对象或者元素：

```
auto t = std::make_tuple(42, "hello world");
auto [x] = t;
```

以上代码是无法通过编译的，必须有两个别名分别对应 bt 的成员变量 a 和 b。熟悉 C++11 的读者可能会提出仿照 std::tie 使用 std::ignore 的方案：

```
auto t = std::make_tuple(42, "hello world");
int x = 0, y = 0;
std::tie(x, std::ignore) = t;
std::tie(y, std::ignore) = t;
```

虽然这个方案对于 std::tie 是有效的，但是结构化绑定的别名还有一个限制：无法在同一个作用域中重复使用。这一点和变量声明是一样的，比如：

```
auto t = std::make_tuple(42, "hello world");
auto[x, ignore] = t;
auto[y, ignore] = t;      // 编译错误，ignore 无法重复声明
```

20.3　结构化绑定的 3 种类型

结构化绑定可以作用于 3 种类型，包括原生数组、结构体和类对象、元组和类元组的对象，接下来将一一介绍。

20.3.1　绑定到原生数组

我们在上面的示例代码中并没有见到过这种类型，它是 3 种情况中最简单的一种。绑定到原生数组即将标识符列表中的别名一一绑定到原生数组对应的元素上。所需条件仅仅是要求别名的数量与数组元素的个数一致，比如：

```
#include <iostream>

int main()
{
  int a[3]{ 1, 3, 5 };
  auto[x, y, z] = a;
  std::cout << "[x, y, z]=["
       << x << ", "
       << y << ", "
       << z << "]" << std::endl;
}
```

以上代码很好理解，别名 x、y 和 z 分别绑定到 a[0]、a[1] 和 a[2] 所对应的匿名对象上。另外，绑定到原生数组需要小心数组的退化，因为在绑定的过程中编译器必须知道原生数组的元素个数，一旦数组退化为指针，就将失去这个属性。

20.3.2　绑定到结构体和类对象

将标识符列表中的别名分别绑定到结构体和类的非静态成员变量上，这一点在之前的例子中已经见到了。但是我们之前没有提过关于这种绑定的限制条件，实际上这种情况的限制条件要比原生数组复杂得多。首先，类或者结构体中的非静态数据成员个数必须和标识符列表中的别名的个数相同；其次，这些数据成员必须是公有的（C++20 标准修改了此项规则，详情见 20.5 节）；这些数据成员必须是在同一个类或者基类中；最后，绑定的类和结构体中不能存在匿名联合体：

```
class BindTest {
  int a = 42;          // 私有成员变量
public:
  double b = 11.7;
};

int main()
{
  BindTest bt;
  auto[x, y] = bt;
}
```

以上代码会编译错误，因为 BindTest 成员变量 a 是私有的，违反了绑定结构体的限制条件：

```
class BindBase1 {
public:
  int a = 42;
```

```
  double b = 11.7;
};

class BindTest1 : public BindBase1 {};

class BindBase2 {};

class BindTest2 : public BindBase2 {
public:
  int a = 42;
  double b = 11.7;
};

class BindBase3 {
public:
  int a = 42;
};

class BindTest3 : public BindBase3 {
public:
  double b = 11.7;
};

int main()
{
  BindTest1 bt1;
  BindTest2 bt2;
  BindTest3 bt3;
  auto[x1, y1] = bt1;    // 编译成功
  auto[x2, y2] = bt2;    // 编译成功
  auto[x3, y3] = bt3;    // 编译错误
}
```

　　在上面这段代码中，auto[x1, y1] = bt1 和 auto[x2, y2] = bt2 可以顺利地编译，因为类 BindTest1 和 BindTest2 的非静态数据成员要么全部在派生类中定义，要么全部在基类中定义。BindTest3 却不同，其中成员变量 a 的定义在基类，成员变量 b 的定义在派生类，这一点违反了绑定结构体的限制条件，所以 auto[x3, y3] = bt3 会导致编译错误。最后需要注意的是，类和结构体中不能出现匿名的联合体，而对于命名的联合体则没有限制。

20.3.3　绑定到元组和类元组的对象

　　绑定到元组就是将标识符列表中的别名分别绑定到元组对象的各个元素。绑定

到类元组又是什么意思呢？要解释这个概念就要从绑定的限制条件讲起。实际上，绑定元组和类元组有一系列抽象的条件：对于元组或者类元组类型 T。

1. 需要满足 `std::tuple_size<T>::value` 是一个符合语法的表达式，并且该表达式获得的整数值与标识符列表中的别名个数相同。

2. 类型 T 还需要保证 `std::tuple_element<i, T>::type` 也是一个符合语法的表达式，其中 i 是小于 `std::tuple_size<T>::value` 的整数，表达式代表了类型 T 中第 i 个元素的类型。

3. 类型 T 必须存在合法的成员函数模板 `get<i>()` 或者函数模板 `get<i>(t)`，其中 i 是小于 `std::tuple_size<T>::value` 的整数，t 是类型 T 的实例，`get<i>()` 和 `get<i>(t)` 返回的是实例 t 中第 i 个元素的值。

理解上述条件会发现，它们其实比较抽象。这些条件并没有明确规定结构化绑定的类型一定是元组，任何具有上述条件特征的类型都可以成为绑定的目标。另外，获取这些条件特征的代价也并不高，只需要为目标类型提供 `std::tuple_size`、`std::tuple_element` 以及 `get` 的特化或者偏特化版本即可。实际上，标准库中除了元组本身毫无疑问地能够作为绑定目标以外，`std::pair` 和 `std::array` 也能作为结构化绑定的目标，其原因就是它们是满足上述条件的类元组。说到这里，就不得不进一步讨论 `std::pair` 了，因为它对结构化绑定的支持给我们带来了一个不错的惊喜：

```cpp
#include <iostream>
#include <string>
#include <map>

int main()
{
  std::map<int, std::string> id2str{ {1, "hello"},
  {3, "Structured"}, {5, "bindings"} };

  for (const auto& elem : id2str) {
      std::cout << "id=" << elem.first
          << ", str=" << elem.second << std::endl;
  }
}
```

上面这段代码是一个基于范围的 `for` 循环遍历 `std::map` 的例子，其中 elem 是 `std::pair<const int, std::string>`类型，要在循环体中输出 key 和 value 的值就需要访问成员变量 first 和 second。这个例子中使用基于范围的 for 循环已经比使用迭代器遍历 `std::map` 简单了很多，但是加入结构化绑定后代码将被进一步简化。我们可以将 `std::pair` 的成员变量 first 和 second 绑定到别名以保证代码阅读起来更加清晰：

```
for (const auto&[id, str]:id2str) {
  std::cout << "id=" << id
      << ", str=" << str << std::endl;
}
```

20.4　实现一个类元组类型

我们已经知道了通过满足类元组的限制条件让任何类型支持结构化绑定的方法，现在是时候实践一下了。以上一节中提到的 BindTest3 为例，我们知道由于它的数据成员分散在派生类和基类之中，因此无法使用结构化绑定。下面将通过让其满足类元组的条件，从而达到支持结构化绑定的目的：

```
#include <iostream>
#include <tuple>

class BindBase3 {
public:
  int a = 42;
};

class BindTest3 : public BindBase3 {
public:
  double b = 11.7;
};

namespace std {
  template<>
  struct tuple_size<BindTest3> {
      static constexpr size_t value = 2;
  };

  template<>
  struct tuple_element<0, BindTest3> {
      using type = int;
  };

  template<>
  struct tuple_element<1, BindTest3> {
      using type = double;
```

```
        };
    }


    template<std::size_t Idx>
    auto& get(BindTest3 &bt) = delete;

    template<>
    auto& get<0>(BindTest3 &bt) { return bt.a; }

    template<>
    auto& get<1>(BindTest3 &bt) { return bt.b;}

    int main()
    {
        BindTest3 bt3;
        auto& [x3, y3] = bt3;
        x3 = 78;
        std::cout << bt3.a << std::endl;
    }
```

在上面这段代码中，我们为 BindTest3 实现了 3 种特性以满足类元组的限制条件。首先实现的是：

```
    template<>
    struct tuple_size<BindTest3> {
        static constexpr size_t value = 2;
    };
```

它的作用是告诉编译器将要绑定的子对象和元素的个数，这里通过特化让 tuple_size<BindTest3>::value 的值为 2，也就是存在两个子对象。然后需要明确的是每个子对象和元素的类型：

```
    template<>
    struct tuple_element<0, BindTest3> {
        using type = int;
    };

    template<>
    struct tuple_element<1, BindTest3> {
        using type = double;
    };
```

这里同样通过特化的方法指定了两个子对象的具体类型。最后需要实现的是 get 函数，注意，get 函数的实现有两种方式，一种需要给 BindTest3 添加成员函数；

另一种则不需要，我们通常会选择不破坏原有代码的方案，所以这里先展示后者：

```
template<std::size_t Idx>
auto& get(BindTest3 &bt) = delete;

template<>
auto& get<0>(BindTest3 &bt) { return bt.a; }

template<>
auto& get<1>(BindTest3 &bt) { return bt.b;}
```

可以看到函数模板 get 也特化出了两个函数实例，它们分别返回 bt.a 和 bt.b 的引用。之所以这里需要返回引用，是因为我希望结构化绑定的别名能够修改 BindTest3 的实例，如果需要的是一个只读的结构化绑定，则这里可以不必返回引用。最后 template<std::size_t Idx> auto& get(BindTest3 &bt) = delete 可以明确地告知编译器不要生成除了特化版本以外的函数实例以防止 get 函数模板被滥用。

正如上文强调的，我不推荐实现成员函数版本的 get 函数，因为这需要修改原有的代码。但是当我们重新编写一个类，并且希望它支持结构化绑定的时候，也不妨尝试实现几个 get 成员函数：

```
#include <iostream>
#include <tuple>

class BindBase3 {
public:
  int a = 42;
};

class BindTest3 : public BindBase3 {
public:
  double b = 11.7;
  template<std::size_t Idx> auto& get() = delete;

};

template<> auto& BindTest3::get<0>() { return a; }
template<> auto& BindTest3::get<1>() { return b; }

namespace std {
  template<>
  struct tuple_size<BindTest3> {
      static constexpr size_t value = 2;
  };
```

```
    template<>
    struct tuple_element<0, BindTest3> {
        using type = int;
    };

    template<>
    struct tuple_element<1, BindTest3> {
        using type = double;
    };
}

int main()
{
    BindTest3 bt3;
    auto& [x3, y3] = bt3;
    x3 = 78;
    std::cout << bt3.a << std::endl;
}
```

这段代码和第一份实现代码基本相同，我们只需要把精力集中到 get 成员函数的部分：

```
class BindTest3 : public BindBase3 {
public:
    double b = 11.7;
    template<std::size_t Idx> auto& get() = delete;

};

template<> auto& BindTest3::get<0>() { return a; }
template<> auto& BindTest3::get<1>() { return b; }
```

这段代码中 get 成员函数的优势显而易见，成员函数不需要传递任何参数。另外，特化版本的函数 get<0>和 get<1>可以直接返回 a 和 b，这显得格外简洁。读者不妨自己编译运行一下这两段代码，其输出结果应该都是 78，修改 bt.a 成功。

20.5　绑定的访问权限问题

前面提到过，当在结构体或者类中使用结构化绑定的时候，需要有公开的访问权限，否则会导致编译失败。这条限制乍看是合理的，但是仔细想来却引入了一个相同条件下代码表现不一致的问题：

```
struct A {
  friend void foo();
private:
  int i;
};

void foo() {
  A a{};
  auto x = a.i; // 编译成功
  auto [y] = a; // 编译失败
}
```

在上面这段代码中，foo 是结构体 A 的友元函数，它可以访问 A 的私有成员 i。但是，结构化绑定却失败了，这就明显不合理了。同样的问题还有访问自身成员的时候：

```
class C {
  int i;
  void foo(const C& other) {
      auto [x] = other; // 编译失败
  }
};
```

为了解决这类问题，C++20 标准规定结构化绑定的限制不再强调必须为公开数据成员，编译器会根据当前操作的上下文来判断是否允许结构化绑定。幸运的是，虽然标准是 2018 年提出修改的，但在我实验的 3 种编译器上，无论是 C++17 还是 C++20 标准，以上代码都可以顺利地通过编译。

20.6 总结

本章介绍的结构化绑定是新特性中比较有趣的一个，使用该特性可以直接绑定数据对象的内部成员，函数返回多个值就是其中一个应用。另外，自定义支持结构化绑定的类型也并不困难，代码库作者不妨为库中的类型添加类元组方法，让它们支持结构化绑定。

第 21 章

noexcept 关键字（C++11 C++17 C++20）

21.1 使用 noexcept 代替 throw

异常处理是 C++语言的重要特性，在 C++11 标准之前，我们可以使用 throw (optional_type_list)声明函数是否抛出异常，并描述函数抛出的异常类型。理论上，运行时必须检查函数发出的任何异常是否确实存在于 optional_type_list 中，或者是否从该列表中的某个类型派生。如果不是，则会调用处理程序 std::unexpected。但实际上，由于这个检查实现比较复杂，因此并不是所有编译器都会遵从这个规范。此外，大多数程序员似乎并不喜欢 throw(optional_type_list)这种声明抛出异常的方式，因为在他们看来抛出异常的类型并不是他们关心的事情，他们只需要关心函数是否会抛出异常，即是否使用了 throw()来声明函数。

使用 throw 声明函数是否抛出异常一直没有什么问题，直到 C++11 标准引入了移动构造函数。移动构造函数中包含着一个严重的异常陷阱。

当我们想将一个容器的元素移动到另外一个新的容器中时。在 C++11 之前，由于没有移动语义，我们只能将原始容器的数据复制到新容器中。如果在数据复制的过程中复制构造函数发生了异常，那么我们可以丢弃新的容器，保留原始的容器。在这个环境中，原始容器的内容不会有任何变化。

但是有了移动语义，原始容器的数据会逐一地移动到新容器中，如果数据移动的途中发生异常，那么原始容器也将无法继续使用，因为已经有一部分数据移动到新的容器中。这里读者可能会有疑问，如果发生异常就做一个反向移动操作，恢复原始容器的内容不就可以了吗？实际上，这样做并不可靠，因为我们无法保证恢复的过程中不会抛出异常。

　　这里的问题是,throw 并不能根据容器中移动的元素是否会抛出异常来确定移动构造函数是否允许抛出异常。针对这样的问题,C++标准委员会提出了 noexcept 说明符。

　　noexcept 是一个与异常相关的关键字,它既是一个说明符,也是一个运算符。作为说明符,它能够用来说明函数是否会抛出异常,例如:

```
struct X {
    int f() const noexcept
    {
        return 58;
    }
    void g() noexcept {}
};

int foo() noexcept
{
    return 42;
}
```

以上代码非常简单,用 noexcept 声明了函数 foo 以及 X 的成员函数 f 和 g。指示编译器这几个函数是不会抛出异常的,编译器可以根据声明优化代码。请注意,noexcept 只是告诉编译器不会抛出异常,但函数不一定真的不会抛出异常。这相当于对编译器的一种承诺,当我们在声明了 noexcept 的函数中抛出异常时,程序会调用 std::terminate 去结束程序的生命周期。

　　另外,noexcept 还能接受一个返回布尔的常量表达式,当表达式评估为 true 的时候,其行为和不带参数一样,表示函数不会抛出异常。反之,当表达式评估为 false 的时候,则表示该函数有可能会抛出异常。这个特性广泛应用于模板当中,例如:

```
template <class T>
T copy(const T & o) noexcept {
    …
}
```

以上代码想实现一个复制函数,并且希望使用 noexcept 优化不抛出异常时的代码。但问题是如果 T 是一个复杂类型,那么调用其复制构造函数是有可能发生异常的。直接声明 noexcept 会导致当函数遇到异常的时候程序被终止,而不给我们处理异常的机会。我们希望只有在 T 是一个基础类型时复制函数才会被声明为 noexcept,因为基础类型的复制是不会发生异常的。这时就需要用到带参数的 noexcept 了:

```
template <class T>
```

```
T copy(const T &o) noexcept(std::is_fundamental<T>::value) {
    …
}
```

上面这段代码通过 `std::is_fundamental` 来判断 `T` 是否为基础类型，如果 `T` 是基础类型，则复制函数被声明为 `noexcept(true)`，即不会抛出异常。反之，函数被声明为 `noexcept(false)`，表示函数有可能抛出异常。请注意，由于 `noexcept` 对表达式的评估是在编译阶段执行的，因此表达式必须是一个常量表达式。

实际上，这段代码并不是最好的解决方案，因为我还希望在类型 `T` 的复制构造函数保证不抛出异常的情况下都使用 `noexcept` 声明。基于这点考虑，C++标准委员会又赋予了 `noexcept` 作为运算符的特性。`noexcept` 运算符接受表达式参数并返回 `true` 或 `false`。因为该过程是在编译阶段进行，所以表达式本身并不会被执行。而表达式的结果取决于编译器是否在表达式中找到潜在异常：

```
#include <iostream>
int foo() noexcept
{
    return 42;
}

int foo1()
{
    return 42;
}

int foo2() throw()
{
    return 42;
}

int main()
{
    std::cout << std::boolalpha;
    std::cout << "noexcept(foo())  = " << noexcept(foo()) << std::endl;
    std::cout << "noexcept(foo1()) = " << noexcept(foo1()) << std::endl;
    std::cout << "noexcept(foo2()) = " << noexcept(foo2()) << std::endl;
}
```

上面这段代码的运行结果如下：

```
noexcept(foo())  = true
noexcept(foo1()) = false
noexcept(foo2()) = true
```

`noexcept` 运算符能够准确地判断函数是否有声明不会抛出异常。有了这个工具，我们可以进一步优化复制函数模板：

```
template <class T>
T copy(const T &o) noexcept(noexcept(T(o))) {
    …
}
```

这段代码看起来有些奇怪，因为函数声明中连续出现了两个 noexcept 关键字，只不过两个关键字发挥了不同的作用。其中第二个关键字是运算符，它判断 T(o) 是否有可能抛出异常。而第一个 noexcept 关键字则是说明符，它接受第二个运算符的返回值，以此决定 T 类型的复制函数是否声明为不抛出异常。

21.2　用 noexcept 来解决移动构造问题

上文曾提到过，异常的存在对容器数据的移动构成了威胁，因为我们无法保证在移动构造的时候不抛出异常。现在 noexcept 运算符可以判断目标类型的移动构造函数是否有可能抛出异常。如果没有抛出异常的可能，那么函数可以选择进行移动操作；否则将使用传统的复制操作。

下面，我们就来实现一个使用移动语义的容器经常用到的工具函数 swap：

```
template<class T>
void swap(T& a, T& b)
noexcept(noexcept(T(std::move(a))) && noexcept(a.operator=(std::move(b))))
{
    T tmp(std::move(a));
    a = std::move(b);
    b = std::move(tmp);
}
```

上面这段代码只做了两件事情：第一，检查类型 T 的移动构造函数和移动赋值函数是否都不会抛出异常；第二，通过移动构造函数和移动赋值函数移动对象 a 和 b。在这个函数中使用 noexcept 的好处在于，它让编译器可以根据类型移动函数是否抛出异常来选择不同的优化策略。但是这个函数并没有解决上面容器移动的问题。

继续改进 swap 函数：

```
template<class T>
void swap(T& a, T& b)
noexcept(noexcept(T(std::move(a))) && noexcept(a.operator=(std::move(b))))
{
```

```
static_assert(noexcept(T(std::move(a)))
    && noexcept(a.operator=(std::move(b)))));
T tmp(std::move(a));
a = std::move(b);
b = std::move(tmp);
}
```

改进版的 swap 在函数内部使用 static_assert 对类型 T 的移动构造函数和移动赋值函数进行检查，如果其中任何一个抛出异常，那么函数会编译失败。使用这种方法可以迫使类型 T 实现不抛出异常的移动构造函数和移动赋值函数。但是这种实现方式过于强势，我们希望在不满足移动要求的时候，有选择地使用复制方法完成移动操作。

最终版 swap 函数：

```
#include <iostream>
#include <type_traits
struct X {
    X() {}
    X(X&&) noexcept {}
    X(const X&) {}
    X operator= (X&&) noexcept { return *this; }
    X operator= (const X&) { return *this; }
};

struct X1 {
    X1() {}
    X1(X1&&) {}
    X1(const X1&) {}
    X1 operator= (X1&&) { return *this; }
    X1 operator= (const X1&) { return *this; }
};

template<typename T>
void swap_impl(T& a, T& b, std::integral_constant<bool, true>) noexcept
{
    T tmp(std::move(a));
    a = std::move(b);
    b = std::move(tmp);
}

template<typename T>
void swap_impl(T& a, T& b, std::integral_constant<bool, false>)
{
    T tmp(a);
```

```
        a = b;
        b = tmp;
    }

    template<typename T>
    void swap(T& a, T& b)
    noexcept(noexcept(swap_impl(a, b,
        std::integral_constant<bool, noexcept(T(std::move(a)))
        && noexcept(a.operator=(std::move(b)))>())))
    {
        swap_impl(a, b, std::integral_constant<bool, noexcept(T(std::move(a)))
            && noexcept(a.operator=(std::move(b)))>());
    }

    int main()
    {
        X x1, x2;
        swap(x1, x2);

        X1 x3, x4;
        swap(x3, x4);
    }
```

以上代码实现了两个版本的 swap_impl，它们的形参列表的前两个形参是相同的，只有第三个形参类型不同。第三个形参为 std::integral_constant<bool, true> 的函数会使用移动的方法交换数据，而第三个参数为 std::integral_constant<bool, false> 的函数则会使用复制的方法来交换数据。swap 函数会调用 swap_impl，并且以移动构造函数和移动赋值函数是否会抛出异常为模板实参来实例化 swap_impl 的第三个参数。这样，不抛出异常的类型会实例化一个类型为 std::integral_constant<bool, true> 的对象，并调用使用移动方法的 swap_impl；反之则调用使用复制方法的 swap_impl。

请注意这段代码中，我为了更多地展示 noexcept 的用法将代码写得有些复杂。实际上 noexcept(T(std::move(a))) && noexcept(a.operator=(std::move(b))) 这段代码完全可以使用 std::is_nothrow_move_constructible<T>::value && std::is_nothrow_move_assignable<T>::value 来代替。

21.3　noexcept 和 throw()

在了解了 noexcept 以后，现在是时候对比一下 noexcept 和 throw() 两种方法了。请注意，这两种指明不抛出异常的方法在外在行为上是一样的。如果用 noexcept 运算符去探测 noexcept 和 throw() 声明的函数，会返回相同的结果。

但实际上在 C++11 标准中，它们在实现上确实是有一些差异的。如果一个函数在声明了 noexcept 的基础上抛出了异常，那么程序将不需要展开堆栈，并且它可以随时停止展开。另外，它不会调用 std::unexpected，而是调用 std::terminate 结束程序。而 throw() 则需要展开堆栈，并调用 std::unexpected。这些差异让使用 noexcept 程序拥有更高的性能。在 C++17 标准中，throw() 成为 noexcept 的一个别名，也就是说 throw() 和 noexcept 拥有了同样的行为和实现。另外，在 C++17 标准中只有 throw() 被保留了下来，其他用 throw 声明函数抛出异常的方法都被移除了。在 C++20 中 throw() 也被标准移除了，使用 throw 声明函数异常的方法正式退出了历史舞台。

21.4　默认使用 noexcept 的函数

C++11 标准规定下面几种函数会默认带有 noexcept 声明。

1. 默认构造函数、默认复制构造函数、默认赋值函数、默认移动构造函数和默认移动赋值函数。有一个额外要求，对应的函数在类型的基类和成员中也具有 noexcept 声明，否则其对应函数将不再默认带有 noexcept 声明。另外，自定义实现的函数默认也不会带有 noexcept 声明：

```cpp
#include <iostream>

struct X {
};

#define PRINT_NOEXCEPT(x)    \
    std::cout << #x << " = " << x << std::endl

int main()
{
    X x;
    std::cout << std::boolalpha;
    PRINT_NOEXCEPT(noexcept(X()));
    PRINT_NOEXCEPT(noexcept(X(x)));
    PRINT_NOEXCEPT(noexcept(X(std::move(x))));
    PRINT_NOEXCEPT(noexcept(x.operator=(x)));
    PRINT_NOEXCEPT(noexcept(x.operator=(std::move(x))));
}
```

以上代码的运行输出结果如下:

```
noexcept(X()) = true
noexcept(X(x)) = true
noexcept(X(std::move(x))) = true
noexcept(x.operator=(x)) = true
noexcept(x.operator=(std::move(x))) = true
```

可以看到编译器默认实现的这些函数都是带有 noexcept 声明的。如果我们在类型 X 中加入某个成员变量 M,情况会根据 M 的具体实现发生变化:

```cpp
#include <iostream>

struct M {
    M() {}
    M(const M&) {}
    M(M&&) noexcept {}
    M operator= (const M&) noexcept { return *this; }
    M operator= (M&&) { return *this; }
};

struct X {
    M m;
};

#define PRINT_NOEXCEPT(x)      \
    std::cout << #x << " = " << x << std::endl

int main()
{
    X x;
    std::cout << std::boolalpha;
    PRINT_NOEXCEPT(noexcept(X()));
    PRINT_NOEXCEPT(noexcept(X(x)));
    PRINT_NOEXCEPT(noexcept(X(std::move(x))));
    PRINT_NOEXCEPT(noexcept(x.operator=(x)));
    PRINT_NOEXCEPT(noexcept(x.operator=(std::move(x))));
}
```

这时的结果如下:

```
noexcept(X()) = false
noexcept(X(x)) = false
noexcept(X(std::move(x))) = true
noexcept(x.operator=(x)) = true
noexcept(x.operator=(std::move(x))) = false
```

以上代码表明如果成员 m 的类型 M 自定义实现了默认函数，并且部分函数没有声明为 noexcept，那么 X 对应的默认函数也会丢失 noexcept 声明。比如 M(){}没有使用 noexcept 声明，导致 noexcept(X()) 返回 false，而 M(M&&) noexcept{}使用了 noexcept 声明，则 noexcept(x.operator=(x)) 返回 true。

2. 类型的析构函数以及 delete 运算符默认带有 noexcept 声明，请注意即使自定义实现的析构函数也会默认带有 noexcept 声明，除非类型本身或者其基类和成员明确使用 noexcept(false)声明析构函数，以上也同样适用于 delete 运算符：

```cpp
#include <iostream>

struct M {
    ~M() noexcept(false) {}
};

struct X {
};

struct X1 {
    ~X1() {}
};

struct X2 {
    ~X2() noexcept(false) {}
};

struct X3 {
    M m;
};

#define PRINT_NOEXCEPT(x)      \
    std::cout << #x << " = " << x << std::endl

int main()
{
    X *x = new X;
    X1 *x1 = new X1;
    X2 *x2 = new X2;
    X3 *x3 = new X3;
    std::cout << std::boolalpha;
    PRINT_NOEXCEPT(noexcept(x->~X()));
    PRINT_NOEXCEPT(noexcept(x1->~X1()));
    PRINT_NOEXCEPT(noexcept(x2->~X2()));
```

```
    PRINT_NOEXCEPT(noexcept(x3->~X3()));
    PRINT_NOEXCEPT(noexcept(delete x));
    PRINT_NOEXCEPT(noexcept(delete x1));
    PRINT_NOEXCEPT(noexcept(delete x2));
    PRINT_NOEXCEPT(noexcept(delete x3));
}
```

以上代码的运行输出结果如下：

```
noexcept(x->~X()) = true
noexcept(x1->~X1()) = true
noexcept(x2->~X2()) = false
noexcept(x3->~X3()) = false
noexcept(delete x) = true
noexcept(delete x1) = true
noexcept(delete x2) = false
noexcept(delete x3) = false
```

可以看出 noexcept 运算符对于析构函数和 delete 运算符有着同样的结果。自定义析构函数~X1()依然会带有 noexcept 的声明，除非如同~X2()显示的声明 noexcept(false)。X3 有一个成员变量 m，其类型 M 的析构函数被声明为 noexcept(false)，这使 X3 的析构函数也被声明为 noexcept(false)。

21.5　使用 noexcept 的时机

什么时候使用 noexcept 是一个关乎接口设计的问题。原因是一旦我们用 noexcept 声明了函数接口，就需要确保以后修改代码也不会抛出异常，不会有理由让我们删除 noexcept 声明。这是一种协议，试想一下，如果客户看到我们给出的接口使用了 noexcept 声明，他会自然而然地认为"哦好的，这个函数不会抛出异常，我不用为它添加额外的处理代码了"。如果某天，我们迫于业务需求撕毁了协议，并在某种情况下抛出异常，这对客户来说是很大的打击。因为编译器是不会提示客户，让他在代码中添加异常处理的。所以对于大多数函数和接口我们应该保持函数的异常中立。那么哪些函数可以使用 noexcept 声明呢？这里总结了两种情况。

1. 一定不会出现异常的函数。通常情况下，这种函数非常简短，例如求一个整数的绝对值、对基本类型的初始化等。

2. 当我们的目标是提供不会失败或者不会抛出异常的函数时可以使用 noexcept 声明。对于保证不会失败的函数，例如内存释放函数，一旦出现异常，相对于捕获和处理异常，终止程序是一种更好的选择。这也是 delete 会默认带有

noexcept 声明的原因。另外，对于保证不会抛出异常的函数而言，即使有错误发生，函数也更倾向用返回错误码的方式而不是抛出异常。

除了上述两种理由，我认为保持函数的异常中立是一个明智的选择，因为将函数从没有 noexcept 声明修改为带 noexcept 声明并不会付出额外代价，而反过来的代价有可能是很大的。

21.6   将异常规范作为类型的一部分

在 C++17 标准之前，异常规范没有作为类型系统的一部分，所以下面的代码在编译阶段不会出现问题：

```
void(*fp)() noexcept = nullptr;
void foo() {}

int main()
{
  fp = &foo;
}
```

在上面的代码中 fp 是一个指向确保不抛出异常的函数的指针，而函数 foo 则没有不抛出异常的保证。在 C++17 之前，它们的类型是相同的，也就是说 std::is_same <decltype(fp), decltype(&foo)>::value 返回的结果为 true。显然，这种宽松的规则会带来一些问题，例如一个会抛出异常的函数通过一个保证不抛出异常的函数指针进行调用，结果该函数确实抛出了异常，正常流程本应该是由程序捕获异常并进行下一步处理，但是由于函数指针保证不会抛出异常，因此程序直接调用 std::terminate 函数中止了程序：

```
#include <iostream>
#include <string>

void(*fp)() noexcept = nullptr;
void foo()
{
  throw(5);
}

int main()
{
  fp = &foo;
```

```
    try {
        fp();
    }
    catch (int e)
    {
        std::cout << e << std::endl;
    }
}
```

以上代码预期中的运行结果应该是输出数字 5。但是由于函数指针的使用不当，导致程序意外中止并且只留下了一句："terminate called after throwing an instance of 'int'"。

为了解决此类问题，C++17 标准将异常规范引入了类型系统。这样一来，fp = &foo 就无法通过编译了，因为 fp 和&foo 变成了不同的类型，std::is_same <decltype(fp), decltype(&foo)>::value 会返回 false。值得注意的是，虽然类型系统引入异常规范导致 noexcept 声明的函数指针无法接受没有 noexcept 声明的函数，但是反过来却是被允许的，比如：

```
void(*fp)() = nullptr;
void foo() noexcept {}

int main()
{
  fp = &foo;
}
```

这里的原因很容易理解，一方面这个设定可以保证现有代码的兼容性，旧代码不会因为没有声明 noexcept 的函数指针而编译报错。另一方面，在语义上也是可以接受的，因为函数指针既没有保证会抛出异常，也没有保证不会抛出异常，所以接受一个保证不会抛出异常的函数也合情合理。同样，虚函数的重写也遵守这个规则，例如：

```
class Base {
public:
  virtual void foo() noexcept {}
};
class Derived : public Base {
public:
  void foo() override {};
};
```

以上代码无法编译成功，因为派生类试图用没有声明 noexcept 的虚函数重写基类中声明 noexcept 的虚函数，这是不允许的。但反过来是可以通过编译的：

```
class Base {
```

```
public:
  virtual void foo() {}
};
class Derived : public Base {
public:
  void foo() noexcept override {};
};
```

最后需要注意的是模板带来的兼容性问题，在标准文档中给出了这样一个例子：

```
void g1() noexcept {}
void g2() {}
template<class T> void f(T *, T *) {}

int main()
{
  f(g1, g2);
}
```

在 C++17 中 g1 和 g2 已经是不同类型的函数，编译器无法推导出同一个模板参数，导致编译失败。为了让这段编译成功，需要简单修改一下函数模板：

```
template<class T1, class T2> void f(T1 *, T2 *) {}
```

21.7　总结

异常规范是 C++ 的语言功能特性之一，从 C++11 开始到 C++17 之前 C++ 同时有两种异常规范，本章介绍的 noexcept 就是 C++11 新引入的一种，旧的动态异常则从 C++17 开始被废弃。相对于旧异常规范，新规范更加高效并且更加适合新增的 C++ 特性，本章提到的对于移动构造函数的应用就是新规范的用法之一。另外值得注意的是，noexcept 不仅是说明符同时也是运算符，它既能规定函数是否抛出异常也能获取到函数是否抛出异常，这一点让程序员有办法更为灵活地控制异常。最后，在函数类型中纳入异常规范可以完善 C++ 的类型系统。

第 22 章

类型别名和别名模板（C++11 C++14）

22.1 类型别名

在 C++ 的程序中，我们经常会看到特别长的类型名，比如 std::map<int, std:: string>::const_iterator。为了让代码看起来更加简洁，往往会使用 typedef 为较长的类型名定义一个别名，例如：

```
typedef std::map<int, std::string>::const_iterator map_const_iter;
map_const_iter iter;
```

C++11 标准提供了一个新的定义类型别名的方法，该方法使用 using 关键字，具体语法如下：

```
using identifier = type-id
```

其中 identifier 是类型的别名标识符，type-id 是已有的类型名。相对于 typedef，我更喜欢 using 的语法，因为它很像是一个赋值表达式，只不过它所"赋值"的是一个类型。这种表达式在定义函数指针类型的别名时显得格外清晰：

```
typedef void(*func1)(int, int);
using func2 = void(*)(int, int);
```

可以看到，使用 typedef 定义函数类型别名和定义其他类型别名是有所区别的，而使用 using 则不存在这种区别，这让使用 using 定义别名变得更加统一清晰。如果一定要找出 typedef 在定义类型别名上的一点优势，那应该只有对 C 语言的支持了。

22.2　别名模板

前面我们已经了解到使用 using 定义别名的基本用法，但是显然 C++委员会不会因为这点内容就添加一个新的关键字。事实上 using 还承担着一个更加重要的特性——别名模板。所谓别名模板本质上也应该是一种模板，它的实例化过程是用自己的模板参数替换原始模板的模板参数，并实例化原始模板。定义别名模板的语法和定义类型别名并没有太大差异，只是多了模板形参列表：

```
template < template-parameter-list >
using identifier = type-id;
```

其中 template-parameter-list 是模板的形参列表，而 identifier 和 type-id 是别名类模板型名和原始类模板型名。下面来看一个例子：

```
#include <map>
#include <string>

template<class T>
using int_map = std::map<int, T>;

int main()
{
  int_map<std::string> int2string;
  int2string[11] = "7";
}
```

在上面的代码中，int_map 是一个别名模板，它有一个模板形参。当 int_map 发生实例化的时候，模板的实参 std::string 会替换 std::map<int, T>中的 T，所以真正实例化的类型是 std::map<int, std::string>。通过这种方式，我们可以在模板形参比较多的时候简化模板形参。

看到这里，有模板元编程经验的读者可能会提出 typedef 其实也能做到相同的事情。没错，我们是可以用 typedef 来改写上面的代码：

```
#include <map>
#include <string>

template<class T>
struct int_map {
  typedef std::map<int, T> type;
```

```
};

int main()
{
  int_map<std::string>::type int2string;
  int2string[11] = "7";
}
```

以上代码使用 typedef 和类型嵌套的方案也能达到同样的目的。不过很明显这种方案要复杂不少，不仅要定义一个 int_map 的结构体类型，还需要在类型里使用 typedef 来定义目标类型，最后必须使用 int_map<std::string>::type 来声明变量。除此之外，如果遇上了待决的类型，还需要在变量声明前加上 typename 关键字：

```
template<class T>
struct int_map {
  typedef std::map<int, T> type;
};

template<class T>
struct X {
  typename int_map<T>::type int2other;  // 必须带有 typename 关键字，否则编译错误
};
```

在上面这段代码中，类模板 X 没有确定模板形参 T 的类型，所以 int_map<T>::type 是一个未决类型，也就是说 int_map<T>::type 既有可能是一个类型，也有可能是一个静态成员变量，编译器是无法处理这种情况的。这里的 typename 关键字告诉编译器应该将 int_map<T>::type 作为类型来处理。而别名模板不会有 ::type 的困扰，当然也不会有这样的问题了：

```
template<class T>
using int_map = std::map<int, T>;

template<class T>
struct X {
  int_map<T> int2other;         // 编译成功，别名模板不会有任何问题
};
```

值得一提的是，虽然别名模板有很多 typedef 不具备的优势，但是 C++11 标准库中的模板元编程函数都还是使用的 typedef 和类型嵌套的方案，例如：

```
template<bool, typename _Tp = void>
struct enable_if { };

template<typename _Tp>
```

```
struct enable_if<true, _Tp>
{ typedef _Tp type; };
```

不过这种情况在 C++14 中得到了改善，在 C++14 标准库中模板元编程函数已经有了别名模板的版本。当然，为了保证与老代码的兼容性，typedef 的方案依然存在。别名模板的模板元编程函数使用_t 作为其名称的后缀以示区分：

```
template<bool _Cond, typename _Tp = void>
using enable_if_t = typename enable_if<_Cond, _Tp>::type;
```

22.3　总结

本章介绍了使用 using 定义类型别名的方法，可以说这种新方法更符合 C++的语法习惯。除此之外，使用 using 还可以定义别名模板，相对于内嵌类型实现类似别名模板的方案，该方法更加简单直接。建议读者在编译环境允许的情况下尝试使用 using 来定义别名。

第 23 章

指针字面量 nullptr（C++11）

23.1 零值整数字面量

在 C++标准中有一条特殊的规则，即 0 既是一个整型常量，又是一个空指针常量。0 作为空指针常量还能隐式地转换为各种指针类型。比如我们在初始化变量的时候经常看到的代码：

```
char *p = NULL;
int x = 0;
```

这里的 NULL 是一个宏，在 C++11 标准之前其本质就是 0：

```
#ifndef NULL
    #ifdef __cplusplus
        #define NULL 0
    #else
        #define NULL ((void *)0)
    #endif
#endif
```

在上面的代码中，C++将 NULL 定义为 0，而 C 语言将 NULL 定义为(void *)0。之所以有所区别，是因为 C++和 C 的标准定义不同，C++标准中定义空指针常量是评估为 0 的整数类型的常量表达式右值，而 C 标准中定义 0 为整型常量或者类型为 void*的空指针常量。

使用 0 代表不同类型的特殊规则给 C++带来了二义性，对 C++的学习和使用造成了不小的麻烦，下面是 C++标准文档的两个例子：

```
// 例子 1
void f(int)
{
  std::cout << "int" << std::endl;
}

void f(char *)
{
  std::cout << "char *" << std::endl;
}

f(NULL);
f(reinterpret_cast<char *>(NULL));
```

在上面这段代码中 f(NULL) 函数调用的是 f(int) 函数，因为 NULL 会被优先解析为整数类型。没有办法让编译器自动识别传入 NULL 的意图，除非使用类型转换，将 NULL 转换到 char*，f(reinterpret_cast<char *>(NULL)) 可以正确地调用 f(char *) 函数。注意，上面的代码可以在 MSVC 中编译执行。在 GCC 中，我们会得到一个 NULL 有二义性的错误提示。

下面这个例子看起来就更加奇怪了：

```
// 例子 2
std::string s1(false);
std::string s2(true);
```

以上代码可以用 MSVC 编译，其中 s1 可以成功编译，但是 s2 则会编译失败。原因是 false 被隐式转换为 0，而 0 又能作为空指针常量转换为 const char * const，所以 s1 可以编译成功，true 则没有这样的待遇。在 GCC 中，编译器对这种代码也进行了特殊处理，如果用 C++11（-std=c++11）及其之后的标准来编译，则两条代码均会报错。但是如果用 C++03 以及之前的标准来编译，则虽然第一句代码能编译通过，但会给出警告信息，第二句代码依然编译失败。

23.2　nullptr 关键字

鉴于 0 作为空指针常量的种种劣势，C++标准委员会在 C++11 中添加关键字 nullptr 表示空指针的字面量，它是一个 std::nullptr_t 类型的纯右值。nullptr 的用途非常单纯，就是用来指示空指针，它不允许运用在算术表达式中或者与非指针类型进行比较（除了空指针常量 0）。它还可以隐式转换为各种指针类型，但是无法隐式转换到非指针类型。注意，0 依然保留着可以代表整数和空指针常量的特殊能力，保留这一点是为了让 C++11 标准兼容以前的 C++代码。所以，下面给出的例子都能够顺利地通过编译：

```
char* ch = nullptr;
char* ch2 = 0;
assert(ch == 0);
assert(ch == nullptr);
assert(!ch);
assert(ch2 == nullptr);
assert(nullptr == 0);
```

将指针变量初始化为 0 或者 nullptr 的效果是一样的，在初始化以后它们也能够与 0 或者 nullptr 进行比较。从最后一句代码看出 nullptr 也可以和 0 直接比较，返回值为 true。虽然 nullptr 可以和 0 进行比较，但这并不代表它的类型为整型，同时它也不能隐式转换为整型：

```
int n1 = nullptr;
char* ch1 = true ? 0 : nullptr;
int n2 = true ? nullptr : nullptr;
int n3 = true ? 0 : nullptr;
```

以上代码的第一句和第三句操作都是将一个 std::nullptr_t 类型赋值到 int 类型变量。由于这个转换并不能自动进行，因此会产生编译错误。而第二句和第四句中，因为条件表达式的 : 前后类型不一致，而且无法简单扩展类型，所以同样会产生编译错误。请注意，上面代码中的第二句在 MSVC 中是可以编译通过的。

进一步来看 nullptr 的类型 std::nullptr_t，它并不是一个关键字，而是使用 decltype 将 nullptr 的类型定义在代码中，C++标准规定该类型的长度和 void *相同：

```
namespace std
{
  using nullptr_t = decltype(nullptr);
  // 等价于
  typedef decltype(nullptr) nullptr_t;
}

static_assert(sizeof(std::nullptr_t) == sizeof(void *));
```

我们还可以使用 std::nullptr_t 去创建自己的 nullptr，并且有与 nullptr 相同的功能：

```
std::nullptr_t null1, null2;
```

```
char* ch = null1;
char* ch2 = null2;
assert(ch == 0);
assert(ch == nullptr);
assert(ch == null2);
assert(null1 == null2);
assert(nullptr == null1);
```

不过话说回来，虽然这段代码中 null1、null2 和 nullptr 的能力相同，但是它们还是有很大区别的。首先，nullptr 是关键字，而其他两个是声明的变量。其次，nullptr 是一个纯右值，而其他两个是左值：

```
std::nullptr_t null1, null2;
std::cout << "&null1 = " << &null1 << std::endl;   // null1 和 null2 是左值，可
                                                   // 以成功获取对象指针，
std::cout << "&null2 = " << &null2 << std::endl;   // 并且指针指向的内存地址不同
```

上面这段代码对 null1 和 null2 做了取地址的操作，并且返回不同的内存地址，证明它们都是左值。但是这个操作用在 nullptr 上肯定会产生编译错误：

```
std::cout << "&nullptr = " << &nullptr << std::endl;   // 编译失败，取地址操作
                                                       // 需要一个左值
```

nullptr 是一个纯右值，对 nullptr 进行取地址操作就如同对常数取地址一样，这显然是错误的。讨论过 nullptr 的特性以后，我们再来看一看重载函数的例子：

```
void f(int)
{
  std::cout << "int" << std::endl;
}

void f(char *)
{
  std::cout << "char *" << std::endl;
}

f(nullptr);
```

以上代码的 f(nullptr) 会调用 f(char *)，因为 nullptr 可以隐式转换为指针类型，而无法隐式转换为整型，所以编译器会找到形参为指针的函数版本。不过，如果这份代码中出现多个形参是指针的函数，则使用 nullptr 也会产生二义性，因为 nullptr 可以隐式转换为任何指针类型，所以编译器无法决定应该调用哪个形参为指针的函数。

使用 nullptr 的另一个好处是，我们可以为函数模板或者类设计一些空指针类型的特化版本。在 C++11 以前这是不可能实现的，因为 0 的推导类型是 int 而不是

空指针类型。现在我们可以利用 nullptr 的类型为 std::nullptr_t 写出下面的代码：

```cpp
#include <iostream>

template<class T>
struct widget
{
  widget()
  {
      std::cout << "template" << std::endl;
  }
};

template<>
struct widget<std::nullptr_t>
{
  widget()
  {
      std::cout << "nullptr" << std::endl;
  }
};

template<class T>
widget<T>* make_widget(T)
{
  return new widget<T>();
}

int main()
{
  auto w1 = make_widget(0);
  auto w2 = make_widget(nullptr);
}
```

23.3 总结

nullptr 的出现消除了使用 0 带来的二义性，与此同时其类型和含义也更加明确。含义明确的好处是，C++标准可以加入一系列明确的规则去限制 nullptr 的使用，这让程序员能更快地发现编程时的错误。所以建议读者在编译器支持的情况下，总是优先使用 nullptr 而非 0。

第 24 章

三向比较（C++20）

24.1 "太空飞船"（spaceship）运算符

    C++20 标准新引入了一个名为"太空飞船"（spaceship）的运算符<=>，它是一个三向比较运算符。<=>之所以被称为"太空飞船"运算符是因为<=>让著名的 Perl 语言专家兰德尔·L.施瓦茨想起 1971 年的一款电子游戏《星际迷航》中的太空飞船。读者应该也看出来了，<=>并不是 C++20 首创的，实际上 Perl、PHP、Ruby 等语言早已支持了三向比较运算符，C++是后来的学习者。

    顾名思义，三向比较就是在形如 lhs <=> rhs 的表达式中，两个比较的操作数 lhs 和 rhs 通过<=>比较可能产生 3 种结果，该结果可以和 0 比较，小于 0、等于 0 或者大于 0 分别对应 lhs < rhs、lhs == rhs 和 lhs > rhs。举例来说：

```
bool b = 7 <=> 11 < 0; // b == true
```

    请注意，运算符<=>的返回值只能与 0 和自身类型来比较，如果同其他数值比较，编译器会报错：

```
bool b = 7 <=> 11 < 100; // 编译失败，<=>的结果不能与除 0 以外的数值比较
```

24.2　三向比较的返回类型

    可以看出<=>的返回结果并不是一个普通类型，根据标准，三向比较会返回 3 种类

型，分别为 std::strong_ordering、std::weak_ordering 以及 std::partial_ordering，而这 3 种类型又会分为有 3~4 种最终结果，下面就来一一介绍它们。

24.2.1 std::strong_ordering

std::strong_ordering 类型有 3 种比较结果，分别为 std::strong_ordering::less、std::strong_ordering::equal 以及 std::strong_ordering::greater。表达式 lhs <=> rhs 分别表示 lhs < rhs、lhs == rhs 以及 lhs > rhs。std::strong_ordering 类型的结果强调的是 strong 的含义，表达的是一种可替换性，简单来说，若 lhs == rhs，那么在任何情况下 rhs 和 lhs 都可以相互替换，也就是 fx(lhs) == fx(rhs)。

对于基本类型中的 int 类型，三向比较返回的是 std::strong_ordering，例如：

```
std::cout << typeid(decltype(7 <=> 11)).name();
```

用 MSVC 编译运行以上代码，会在输出窗口显示 class std::strong_ordering，刻意使用 MSVC 是因为它的 typeid(x).name()可以输出友好可读的类型名称。对于有复杂结构的类型，std::strong_ordering 要求其数据成员和基类的三向比较结果都为 std::strong_ordering。例如：

```
#include <compare>

struct B
{
  int a;
  long b;
  auto operator <=> (const B&) const = default;
};

struct D : B
{
  short c;
  auto operator <=> (const D&) const = default;
};

D x1, x2;
std::cout << typeid(decltype(x1 <=> x2)).name();
```

上面这段代码用 MSVC 编译运行会输出 class std::strong_ordering。

请注意，默认情况下自定义类型是不存在三向比较运算符函数的，需要用户显式默认声明，比如在结构体 B 和 D 中声明 auto operator <=> (const B&) const = default; 和 auto operator <=> (const D&) const = default;。对结构体 B 而言，由于 int 和 long 的比较结果都是 std::strong_ordering，因此结构体 B 的三向比较结果也是 std::strong_ordering。同理，对于结构体 D，其基类和成员的比较结果是 std::strong_ordering，D 的三向比较结果同样是 std::strong_ordering。另外，明确运算符的返回类型，使用 std::strong_ordering 替换 auto 也是没问题的。

24.2.2　std::weak_ordering

std::weak_ordering 类型也有 3 种比较结果，分别为 std::weak_ordering::less、std::weak_ordering::equivalent 以及 std::weak_ordering::greater。std::weak_ordering 的含义正好与 std::strong_ordering 相对，表达的是不可替换性。即若有 lhs == rhs，则 rhs 和 lhs 不可以相互替换，也就是 fx(lhs) != fx(rhs)。这种情况在基础类型中并没有，但是它常常发生在用户自定义类中，比如一个大小写不敏感的字符串类：

```cpp
#include <compare>
#include <string>

int ci_compare(const char* s1, const char* s2)
{
  while (tolower(*s1) == tolower(*s2++)) {
      if (*s1++ == '\0') {
          return 0;
      }
  }
  return tolower(*s1) - tolower(*--s2);
}


class CIString {
public:
  CIString(const char *s) : str_(s) {}

  std::weak_ordering operator<=>(const CIString& b) const {
      return ci_compare(str_.c_str(), b.str_.c_str()) <=> 0;
  }
private:
  std::string str_;
```

```
};

CIString s1{ "HELLO" }, s2{"hello"};
std::cout << (s1 <=> s2 == 0); // 输出为 true
```

以上代码实现了一个简单的大小写不敏感的字符串类,它对于 s1 和 s2 的比较结果是 std::weak_ordering::equivalent,表示两个操作数是等价的,但是它们不是相等的也不能相互替换。当 std::weak_ordering 和 std::strong_ordering 同时出现在基类和数据成员的类型中时,该类型的三向比较结果是 std::weak_ordering,例如:

```
struct D : B
{
  CIString c{""};
  auto operator <=> (const D&) const = default;
};

D w1, w2;
std::cout << typeid(decltype(w1 <=> w2)).name();
```

用 MSVC 编译运行上面这段代码会输出 class std::weak_ordering,因为 D 中的数据成员 CIString 的三向比较结果为 std::weak_ordering。请注意,如果显式声明默认三向比较运算符函数为 std::strong_ordering operator <=> (const D&) const = default;,那么一定会遭遇到一个编译错误。

24.2.3 std::partial_ordering

std::partial_ordering 类型有 4 种比较结果,分别为 std::partial_ordering::less、std::partial_ordering::equivalent、std::partial_ordering::greater 以及 std::partial_ordering::unordered。std::partial_ordering 约束力比 std::weak_ordering 更弱,它可以接受当 lhs == rhs 时 rhs 和 lhs 不能相互替换,同时它还能给出第四个结果 std::partial_ordering::unordered,表示进行比较的两个操作数没有关系。比如基础类型中的浮点数:

```
std::cout << typeid(decltype(7.7 <=> 11.1)).name();
```

用 MSVC 编译运行以上代码会输出 class std::partial_ordering。之所以会输出 class std::partial_ordering 而不是 std::strong_ordering,是因为浮点的集合中存在一个特殊的 NaN,它和其他浮点数值是没关系的:

```
std::cout << ((0.0 / 0.0 <=> 1.0) == std::partial_ordering::unordered);
```

这段代码编译输出的结果为 `true`。当 `std::weak_ordering` 和 `std::partial_ordering` 同时出现在基类和数据成员的类型中时，该类型的三向比较结果是 `std::partial_ordering`，例如：

```
struct D : B
{
  CIString c{""};
  float u;
  auto operator <=> (const D&) const = default;
};

D w1, w2;
std::cout << typeid(decltype(w1 <=> w2)).name();
```

用 MSVC 编译运行以上代码会输出 `class std::partial_ordering`，因为 D 中的数据成员 u 的三向比较结果为 `std::partial_ordering`，同样，显式声明为其他返回类型也会让编译器报错。在 C++20 的标准库中有一个模板元函数 `std::common_comparison_category`，它可以帮助我们在一个类型合集中判断出最终三向比较的结果类型，当类型合集中存在不支持三向比较的类型时，该模板元函数返回 `void`。

再次强调一下，`std::strong_ordering`、`std::weak_ordering` 和 `std::partial_ordering` 只能与 0 和类型自身比较。深究其原因，是这 3 个类只实现了参数类型为自身类型和 `nullptr_t`` 的比较运算符函数。

24.3　对基础类型的支持

在前面的一系列例子中，我们已经看到了一些关于基础类型三向比较的结果。接下来让我们系统梳理一下基础类型的三向比较规则。

1. 对两个算术类型的操作数进行一般算术转换，然后进行比较。其中整型的比较结果为 `std::strong_ordering`，浮点型的比较结果为 `std::partial_ordering`。例如 `7 <=> 11.1` 中，整型 7 会转换为浮点类型，然后再进行比较，最终结果为 `std::partial_ordering` 类型。

2. 对于无作用域枚举类型和整型操作数，枚举类型会转换为整型再进行比较，无作用域枚举类型无法与浮点类型比较：

```
enum color {
  red
};

auto r = red <=> 11;    //编译成功
auto r = red <=> 11.1; //编译失败
```

3. 对两个相同枚举类型的操作数比较结果，如果枚举类型不同，则无法编译。

4. 对于其中一个操作数为 bool 类型的情况，另一个操作数必须也是 bool 类型，否则无法编译。比较结果为 std::strong_ordering。

5. 不支持作比较的两个操作数为数组的情况，会导致编译出错，例如：

```
int arr1[5];
int arr2[5];
auto r = arr1 <=> arr2; // 编译失败
```

6. 对于其中一个操作数为指针类型的情况，需要另一个操作数是同样类型的指针，或者是可以转换为相同类型的指针，比如数组到指针的转换、派生类指针到基类指针的转换等，最终比较结果为 std::strong_ordering:

```
char arr1[5];
char arr2[5];
char* ptr = arr2;
auto r = ptr <=> arr1;
```

上面的代码可以编译成功，若将代码中的 arr1 改写为 int arr1[5]，则无法编译，因为 int [5]无法转换为 char *。如果将 char* ptr = arr2;修改为 void* ptr = arr2;，代码就可以编译成功了。

24.4　自动生成的比较运算符函数

标准库中提供了一个名为 std::rel_ops 的命名空间，在用户自定义类型已经提供了==运算符函数和<运算符函数的情况下，帮助用户实现其他 4 种运算符函数，包括!=、>、<=和>=，例如：

```
#include <string>
#include <utility>
class CIString2 {
public:
  CIString2(const char* s) : str_(s) {}
```

```
    bool operator < (const CIString2& b) const {
        return ci_compare(str_.c_str(), b.str_.c_str()) < 0;
    }
private:
  std::string str_;
};

using namespace std::rel_ops;
CIString2 s1{ "hello" }, s2{ "world" };
bool r = s1 >= s2;
```

不过因为 C++20 标准有了三向比较运算符的关系，所以不推荐上面这种做法了。
C++20 标准规定，如果用户为自定义类型声明了三向比较运算符，那么编译器会为
其自动生成<、>、<=和>=这 4 种运算符函数。对于 CIString 我们可以直接使用这
4 种运算符函数：

```
CIString s1{ "hello" }, s2{ "world" };
bool r = s1 >= s2;
```

那么这里就会产生一个疑问，很明显三向比较运算符能表达两个操作数是相等
或者等价的含义，为什么标准只允许自动生成 4 种运算符函数，却不能自动生成==
和!=这两个运算符函数呢？实际上这里存在一个严重的性能问题。在 C++20 标准拟
定三向比较的早期，是允许通过三向比较自动生成 6 个比较运算符函数的，而三向
比较的结果类型也不是 3 种而是 5 种，多出来的两种分别是 std::strong_
equality 和 std::weak_equality。但是在提案文档 p1190 中提出了一个严重
的性能问题。简单来说，假设有一个结构体：

```
struct S {
    std::vector<std::string> names;
    auto operator<=>(const S &) const = default;
};
```

它的三向比较运算符的默认实现这样的：

```
template<typename T>
std::strong_ordering operator<=>(const std::vector<T>& lhs, const std::vect
or<T> & rhs)
{
    size_t min_size = min(lhs.size(), rhs.size());
    for (size_t i = 0; i != min_size; ++i) {
        if (auto const cmp = std::compare_3way(lhs[i], rhs[i]); cmp != 0) {
            return cmp;
        }
```

```
        }
        return lhs.size() <=> rhs.size();
    }
```

这个实现对于<和>这样的运算符函数没有问题，因为需要比较容器中的每个元素。但是==运算符就显得十分低效，对于==运算符高效的做法是先比较容器中的元素数量是否相等，如果元素数量不同，则直接返回 false：

```
template<typename T>
bool operator==(const std::vector<T>& lhs, const std::vector<T>& rhs)
{
    const size_t size = lhs.size();
    if (size != rhs.size()) {
        return false;
    }

    for (size_t i = 0; i != size; ++i) {
        if (lhs[i] != rhs[i]) {
            return false;
        }
    }
    return true;
}
```

想象一下，如果标准允许用三向比较的算法自动生成==运算符函数会发生什么事情，很多旧代码升级编译环境后会发现运行效率下降了，尤其是在容器中元素数量众多且每个元素数据量庞大的情况下。很少有程序员会注意到三向比较算法的细节，导致这个性能问题难以排查。基于这种考虑，C++委员会修改了原来的三向比较提案，规定声明三向比较运算符函数只能够自动生成 4 种比较运算符函数。由于不需要负责判断是否相等，因此 std::strong_equality 和 std::weak_equality 也退出了历史舞台。对于==和!=两种比较运算符函数，只需要多声明一个==运算符函数，!=运算符函数会根据前者自动生成：

```
class CIString {
public:
    CIString(const char* s) : str_(s) {}

    std::weak_ordering operator<=>(const CIString& b) const {
        return ci_compare(str_.c_str(), b.str_.c_str()) <=> 0;
    }

    bool operator == (const CIString& b) const {
        return ci_compare(str_.c_str(), b.str_.c_str()) == 0;
    }
```

```
private:
  std::string str_;
};

CIString s1{ "hello" }, s2{ "world" };
bool r1 = s1 >= s2; // 调用 operator<=>
bool r2 = s1 == s2; // 调用 operator ==
```

24.5　兼容旧代码

现在 C++20 标准已经推荐使用<=>和==运算符自动生成其他比较运算符函数，而使用<、==以及 std::rel_ops 生成其他比较运算符函数则会因为std::rel_ops 已经不被推荐使用而被编译器警告。那么对于老代码，我们是否需要去实现一套<=>和==运算符函数呢？其实大可不必，C++委员会在裁决这项修改的时候已经考虑到老代码的维护成本，所以做了兼容性处理，即在用户自定义类型中，实现了<、==运算符函数的数据成员类型，在该类型的三向比较中将自动生成合适的比较代码。比如：

```
struct Legacy {
    int n;
    bool operator==(const Legacy& rhs) const
    {
        return n == rhs.n;
    }
    bool operator<(const Legacy& rhs) const
    {
        return n < rhs.n;
    }
};

struct TreeWay {
  Legacy m;
  std::strong_ordering operator<=>(const TreeWay &) const = default;
};

TreeWay t1, t2;
bool r = t1 < t2;
```

在上面的代码中，结构体 TreeWay 的三向比较操作会调用结构体 Legacy 中的<和==运算符来完成，其代码类似于：

```
struct TreeWay {
  Legacy m;
  std::strong_ordering operator<=>(const TreeWay& rhs) const {
      if (m < rhs.m) return std::strong_ordering::less;
      if (m == rhs.m) return std::strong_ordering::equal;
      return std::strong_ordering::greater;
  }
};
```

需要注意的是，这里 operator<=>必须显式声明返回类型为 std::strong_ordering，使用 auto 是无法通过编译的。

24.6　总结

本章介绍了 C++20 新增的三向比较特性，该特性的引入为实现比较运算提供了方便。我们只需要实现==和<=>两个运算符函数，剩下的 4 个运算符函数就可以交给编译器自动生成了。虽说 std::rel_ops 在实现了==和<两个运算符函数以后也能自动提供剩下的 4 个运算符函数，但显然用三向比较更加便捷。另外，三向比较提供的 3 种结果类型也是 std::rel_ops 无法媲美的。进一步来说，由于三向比较的出现，std::rel_ops 在 C++20 中已经不被推荐使用了。最后，C++委员会没有忘记兼容性问题，这让三向比较能够通过运算符函数<和==来自动生成。

第 25 章

线程局部存储（C++11）

25.1　操作系统和编译器对线程局部存储的支持

线程局部存储是指对象内存在线程开始后分配，线程结束时回收且每个线程有该对象自己的实例，简单地说，线程局部存储的对象都是独立于各个线程的。实际上，这并不是一个新鲜的概念，虽然 C++一直没有在语言层面支持它，但是很早之前操作系统就有办法支持线程局部存储了。

由于线程本身是操作系统中的概念，因此线程局部存储这个功能是离不开操作系统支持的。而不同的操作系统对线程局部存储的实现也不同，以至于使用的系统 API 也有区别，这里主要以 Windows 和 Linux 为例介绍它们使用线程局部存储的方法。

在 Windows 中可以通过调用 API 函数 TlsAlloc 来分配一个未使用的线程局部存储槽索引（TLS slot index），这个索引实际上是 Windows 内部线程环境块（TEB）中线程局部存储数组的索引。通过 API 函数 TlsGetValue 与 TlsSetValue 可以获取和设置线程局部存储数组对应于索引元素的值。API 函数 TlsFree 用于释放线程局部存储槽索引。

Linux 使用了 pthreads（POSIX threads）作为线程接口，在 pthreads 中我们可以调用 pthread_key_create 与 pthread_key_delete 创建与删除一个类型为 pthread_key_t 的键。利用这个键可以使用 pthread_setspecific 函数设置线程相关的内存数据，当然，我们随后还能够通过 pthread_getspecific 函数获取之前设置的内存数据。

在 C++11 标准确定之前，各个编译器也用了自定义的方法支持线程局部存储。比如 gcc 和 clang 添加了关键字 __thread 来声明线程局部存储变量，而 Visual

Studio C++则是使用 __declspec(thread)。虽然它们都有各自的方法声明线程局部存储变量，但是其使用范围和规则却存在一些区别，这种情况增加了 C++的学习成本，也是 C++标准委员会不愿意看到的。于是在 C++11 标准中正式添加了新的 thread_local 说明符来声明线程局部存储变量。

25.2　thread_local 说明符

thread_local 说明符可以用来声明线程生命周期的对象，它能与 static 或 extern 结合，分别指定内部或外部链接，不过额外的 static 并不影响对象的生命周期。换句话说，static 并不影响其线程局部存储的属性：

```
struct X {
  thread_local static int i;
};

thread_local X a;

int main()
{
  thread_local X b;
}
```

从上面的代码可以看出，声明一个线程局部存储变量相当简单，只需要在普通变量声明上添加 thread_local 说明符。被 thread_local 声明的变量在行为上非常像静态变量，只不过多了线程属性，当然这也是线程局部存储能出现在我们的视野中的一个关键原因，它能够解决全局变量或者静态变量在多线程操作中存在的问题，一个典型的例子就是 errno。

errno 通常用于存储程序当中上一次发生的错误，早期它是一个静态变量，由于当时大多数程序是单线程的，因此没有任何问题。但是到了多线程时代，这种 errno 就不能满足需求了。设想一下，一个多线程程序的线程 A 在某个时刻刚刚调用过一个函数，正准备获取其错误码，也正是这个时刻，另外一个线程 B 在执行了某个函数后修改了这个错误码，那么线程 A 接下来获取的错误码自然不会是它真正想要的那个。这种线程间的竞争关系破坏了 errno 的准确性，导致不可确定的结果。为了规避由此产生的不确定性，POSIX 将 errno 重新定义为线程独立的变量，为了实现这个定义就需要用到线程局部存储，直到 C++11 之前，errno 都是一个静态变量，而从 C++11 开始 errno 被修改为一个线程局部存储变量。

在了解了线程局部存储的意义之后，让我们回头仔细阅读其定义，会发现线程局部存储只是定义了对象的生命周期，而没有定义可访问性。也就是说，我们可以获取线程局部存储变量的地址并将其传递给其他线程，并且其他线程可以在其生命周期内自由使用变量。不过这样做除了用于诊断功能以外没有实际意义，而且其危险性过大，一旦没有掌握好目标线程的声明周期，就很可能导致内存访问异常，造成未定义的程序行为，通常情况下是程序崩溃。

值得注意的是，使用取地址运算符 & 取到的线程局部存储变量的地址是运行时被计算出来的，它不是一个常量，也就是说无法和 constexpr 结合：

```cpp
thread_local int tv;
static int sv;

int main()
{
  constexpr int *sp = &sv;    // 编译成功，sv 的地址在编译时确定
  constexpr int *tp = &tv;    // 编译失败，tv 的地址在运行时确定
}
```

在上面的代码中，由于 sv 是一个静态变量，因此在编译时可以获取其内存常量地址，并赋值到常量表达式 sp。但是 tv 则不同，它在线程创建时才可能确定内存地址，所以这里会产生编译错误。

最后来说明一下线程局部存储对象的初始化和销毁。在同一个线程中，一个线程局部存储对象只会初始化一次，即使在某个函数中被多次调用。这一点和单线程程序中的静态对象非常相似。相对应的，对象的销毁也只会发生一次，通常发生在线程退出的时刻。下面来看一个例子：

```cpp
#include <iostream>
#include <string>
#include <thread>
#include <mutex>

std::mutex g_out_lock;

struct RefCount {
  RefCount(const char* f) : i(0), func(f) {
      std::lock_guard<std::mutex> lock(g_out_lock);
      std::cout << std::this_thread::get_id()
          << "|" << func
          << " : ctor i(" << i << ")" << std::endl;
  }

  ~RefCount() {
```

```cpp
        std::lock_guard<std::mutex> lock(g_out_lock);
        std::cout << std::this_thread::get_id()
            << "|" << func
            << " : dtor i(" << i << ")" << std::endl;
    }

    void inc()
    {
        std::lock_guard<std::mutex> lock(g_out_lock);
        std::cout << std::this_thread::get_id()
            << "|" << func
            << " : ref count add 1 to i(" << i << ")" << std::endl;
        i++;
    }

    int i;
    std::string func;
};
RefCount *lp_ptr = nullptr;

void foo(const char* f)
{
    std::string func(f);
    thread_local RefCount tv(func.append("#foo").c_str());
    tv.inc();
}

void bar(const char* f)
{
    std::string func(f);
    thread_local RefCount tv(func.append("#bar").c_str());
    tv.inc();
}

void threadfunc1()
{
    const char* func = "threadfunc1";
    foo(func);
    foo(func);
    foo(func);
}

void threadfunc2()
{
    const char* func = "threadfunc2";
```

```
    foo(func);
    foo(func);
    foo(func);
}

void threadfunc3()
{
    const char* func = "threadfunc3";
    foo(func);
    bar(func);
    bar(func);
}

int main()
{
    std::thread t1(threadfunc1);
    std::thread t2(threadfunc2);
    std::thread t3(threadfunc3);

    t1.join();
    t2.join();
    t3.join();
}
```

上面的代码并发 3 个工作线程，前两个线程 threadfunc1 和 threadfunc2 分别调用了 3 次 foo 函数。而第三个线程 threadfunc3 调用了 1 次 foo 函数和 2 次 bar 函数。其中 foo 和 bar 函数的功能相似，它们分别声明并初始化了一个线程局部存储对象 tv，并调用其自增函数 inc，而 inc 函数会递增对象成员变量 i。为了保证输出的日志不会受到线程竞争的干扰，在输出之前加了互斥锁。下面是在 Windows 上的运行结果：

```
27300|threadfunc1#foo : ctor i(0)
27300|threadfunc1#foo : ref count add 1 to i(0)
27300|threadfunc1#foo : ref count add 1 to i(1)
27300|threadfunc1#foo : ref count add 1 to i(2)
25308|threadfunc3#foo : ctor i(0)
25308|threadfunc3#foo : ref count add 1 to i(0)
25308|threadfunc3#bar : ctor i(0)
25308|threadfunc3#bar : ref count add 1 to i(0)
25308|threadfunc3#bar : ref count add 1 to i(1)
10272|threadfunc2#foo : ctor i(0)
10272|threadfunc2#foo : ref count add 1 to i(0)
10272|threadfunc2#foo : ref count add 1 to i(1)
10272|threadfunc2#foo : ref count add 1 to i(2)
```

```
27300|threadfunc1#foo : dtor i(3)
25308|threadfunc3#bar : dtor i(2)
25308|threadfunc3#foo : dtor i(1)
10272|threadfunc2#foo : dtor i(3)
```

从结果可以看出，线程 threadfunc1 和 threadfunc2 分别只调用了一次构造和析构函数，而且引用计数的递增也不会互相干扰，也就是说两个线程中线程局部存储对象是独立存在的。对于线程 threadfunc3，它进行了两次线程局部存储对象的构造和析构，这两次分别对应 foo 和 bar 函数里的线程局部存储对象 tv。可以发现，虽然这两个对象具有相同的对象名，但是由于不在同一个函数中，因此也应该认为是相同线程中不同的线程局部存储对象，它们的引用计数的递增同样不会相互干扰。

25.3 总结

多线程已经成为现代程序应用中不可缺少的技术环节，但是在 C++11 标准出现之前，C++语言标准对多线程的支持是不完善的，无法创建线程局部存储对象就是其中的一个缺陷。幸好 C++11 的推出挽救了这种尴尬的局面。本章中介绍的 thread_local 说明符终于让 C++在语言层面统一了声明线程局部存储对象的方法。当然，想要透彻地理解线程局部存储，只是学习 thread_local 说明符的内容是不够的，还需要深入操作系统层面，探究系统处理线程局部存储的方法。

第26章

扩展的 inline 说明符（C++17）

26.1　定义非常量静态成员变量的问题

在 C++17 标准之前，定义类的非常量静态成员变量是一件让人头痛的事情，因为变量的声明和定义必须分开进行，比如：

```cpp
#include <iostream>
#include <string>

class X {
public:
  static std::string text;
};

std::string X::text{ "hello" };

int main()
{
  X::text += " world";
  std::cout << X::text << std::endl;
}
```

在这里 static std::string text 是静态成员变量的声明，std::string X::text{ "hello" }是静态成员变量的定义和初始化。为了保证代码能够顺利地编译，我们必须保证静态成员变量的定义有且只有一份，稍有不慎就会引发错误，比较常见的错误是为了方便将静态成员变量的定义放在头文件中：

```
#ifndef X_H
#define X_H
class X {
public:
  static std::string text;
};

std::string X::text{ "hello" };
#endif
```

将上面的代码包含到多个 CPP 文件中会引发一个链接错误，因为 include 是单纯的宏替换，所以会存在多份 X::text 的定义导致链接失败。对于一些字面量类型，比如整型、浮点类型等，这种情况有所缓解，至少对于它们而言常量静态成员变量是可以一边声明一边定义的：

```
#include <iostream>
#include <string>

class X {
public:
  static const int num{ 5 };
};

int main()
{
  std::cout << X::num << std::endl;
}
```

不过有得有失，虽然常量性能让它们方便地声明和定义，但却丢失了修改变量的能力。对于 std::string 这种非字面量类型，这种方法是无能为力的。

26.2　使用 inline 说明符

为了解决上面这些问题，C++17 标准中增强了 inline 说明符的能力，它允许我们内联定义静态变量，例如：

```
#include <iostream>
#include <string>

class X {
public:
```

```
    inline static std::string text{"hello"};
};

int main()
{
  X::text += " world";
  std::cout << X::text << std::endl;
}
```

上面的代码可以成功编译和运行，而且即使将类 X 的定义作为头文件包含在多个 CPP 中也不会有任何问题。在这种情况下，编译器会在类 X 的定义首次出现时对内联静态成员变量进行定义和初始化。

26.3   总结

本章介绍的 inline 说明符的扩展特性解决了 C++ 中定义静态成员变量烦琐且容易出错的问题，它让编译器能够聪明地选择首次出现的变量进行定义和初始化。这种能力也正是 inline 说明符的提案文档中的第一段话所提到的："inline 说明符可以应用于变量以及函数。声明为 inline 的变量与函数具有相同的语义：它们一方面可以在多个翻译单元中定义，另一方面又必须在每个使用它们的翻译单元中定义，并且程序的行为就像是同一个变量。"

第 27 章

常量表达式（C++11~C++20）

27.1　常量的不确定性

在 C++11 标准以前，我们没有一种方法能够有效地要求一个变量或者函数在编译阶段就计算出结果。由于无法确保在编译阶段得出结果，导致很多看起来合理的代码却引来编译错误。这些场景主要集中在需要编译阶段就确定的值语法中，比如 case 语句、数组长度、枚举成员的值以及非类型的模板参数。让我们先看一看这些场景的代码：

```cpp
const int index0 = 0;
#define index1 1

// case 语句
switch (argc)
{
case  index0:
    std::cout << "index0" << std::endl;
    break;
case index1:
    std::cout << "index1" << std::endl;
    break;
default:
    std::cout << "none" << std::endl;
}

const int x_size = 5 + 8;
```

```
#define y_size 6 + 7
// 数组长度
char buffer[x_size][y_size] = { 0 };

// 枚举成员
enum {
    enum_index0 = index0,
    enum_index1 = index1,
};

std::tuple<int, char> tp = std::make_tuple(4, '3');
// 非类型的模板参数
int x1 = std::get<index0>(tp);
char x2 = std::get<index1>(tp);
```

在上面的代码中，const 定义的常量和宏都能在要求编译阶段确定值的语句中使用。其中宏在编译之前的预处理阶段就被替换为定义的文字。而对于 const 定义的常量，上面这种情况下编译器能在编译阶段确定它们的值，并在 case 语句以及数组长度等语句中使用。让人遗憾的是上面这些方法并不可靠。首先，C++程序员应该尽量少使用宏，因为预处理器对于宏只是简单的字符替换，完全没有类型检查，而且宏使用不当出现的错误难以排查。其次，对 const 定义的常量可能是一个运行时常量，这种情况下是无法在 case 语句以及数组长度等语句中使用的。让我们稍微修改一下上面的代码：

```
int get_index0()
{
    return 0;
}

int get_index1()
{
    return 1;
}

int get_x_size()
{
    return 5 + 8;
}

int get_y_size()
{
    return 6 + 7;
}
```

```cpp
const int index0 = get_index0();
#define index1 get_index1()

switch (argc)
{
case  index0:
    std::cout << "index0" << std::endl;
    break;
case index1:
    std::cout << "index1" << std::endl;
    break;
default:
    std::cout << "none" << std::endl;
}

const int x_size = get_x_size();
#define y_size get_y_size()
char buffer[x_size][y_size] = { 0 };

enum {
    enum_index0 = index0,
    enum_index1 = index1,
};

std::tuple<int, char> tp = std::make_tuple(4, '3');
int x1 = std::get<index0>(tp);
char x2 = std::get<index1>(tp);
```

我们这里做的修改仅仅是将宏定义为一个函数调用以及用一个函数将 const 变量进行初始化，但是编译这段代码时会发现已经无法通过编译了。因为，无论是宏定义的函数调用，还是通过函数返回值初始化 const 变量都是在运行时确定的。

像上面这种尴尬的情况不仅可能出现在我们的代码中，实际上标准库中也有这样的情况，其中<limits>就是一个典型的例子。在 C 语言中存在头文件<limits.h>，在这个头文件中用宏定义了各种整型类型的最大值和最小值，比如：

```cpp
#define UCHAR_MAX     0xff  // unsigned char 类型的最大值
```

我们可以用这些宏代替数字，让代码有更好的可读性。这其中就包括要求编译阶段必须确定值的语句，例如定义一个数组：

```cpp
char buffer[UCHAR_MAX] = { 0 };
```

代码编译起来没有任何障碍。但是正如上文中提到的，C++程序员应该尽量避开宏。标准库为我们提供了一个<limits>，使用它同样能获得 unsigned char 类型的最大值：

```
std::numeric_limits<unsigned char>::max()
```

但是，如果想用它来声明数组的大小是无法编译成功的：

```
char buffer[std::numeric_limits<unsigned char>::max()] = {0};
```

原因和之前讨论过的一样，std::numeric_limits<unsigned char>::max()函数的返回值必须在运行时计算。

为了解决以上常量无法确定的问题，C++标准委员会决定在 C++11 标准中定义一个新的关键字 constexpr，它能够有效地定义常量表达式，并且达到类型安全、可移植、方便库和嵌入式系统开发的目的。

27.2　constexpr 值

constexpr 值即常量表达式值，是一个用 constexpr 说明符声明的变量或者数据成员，它要求该值必须在编译期计算。另外，常量表达式值必须被常量表达式初始化。定义常量表达式值的方法非常简单，例如：

```
constexpr int x = 42;
char buffer[x] = { 0 };
```

以上代码定义了一个常量表达式值 x，并将其初始化为 42，然后用 x 作为数组长度定义了数组 buffer。从这段代码来看，constexpr 和 const 是没有区别的，我们将关键字替换为 const 同样能达到目的：

```
const int x = 42;
char buffer[x] = { 0 };
```

从结果来看确实如此，在使用常量表达式初始化的情况下 constexpr 和 const 拥有相同的作用。但是 const 并没有确保编译期常量的特性，所以在下面的代码中，它们会有不同的表现：

```
int x1 = 42;
const int x2 = x1;              // 定义和初始化成功
char buffer[x2] = { 0 };        // 编译失败，x2 无法作为数组长度
```

在上面这段代码中，虽然 x2 初始化编译成功，但是编译器并不一定把它作为一个编译期需要确定的值，所以在声明 buffer 的时候会编译错误。注意，这里我说的是不一定，因为并没有人规定编译期应该怎么处理这种情况。比如在 GCC 中，这段代码可以编译成功，但是 MSVC 和 Clang 则会编译失败。如果把 const 替换

为 constexpr, 会有不同的情况发生:

```
int x1 = 42;
constexpr int x2 = x1;          // 编译失败, x2 无法用 x1 初始化
char buffer[x2] = { 0 };
```

修改后, 编译器编译第二句代码的时候就会报错, 因为常量表达式值必须由常量表达式初始化, 而 x1 并不是常量, 明确地违反了 constexpr 的规则, 编译器自然就会报错。可以看出, constexpr 是一个加强版的 const, 它不仅要求常量表达式是常量, 并且要求是一个编译阶段就能够确定其值的常量。

27.3 constexpr 函数

constexpr 不仅能用来定义常量表达式值, 还能定义一个常量表达式函数, 即 constexpr 函数, 常量表达式函数的返回值可以在编译阶段就计算出来。不过在定义常量表示函数的时候, 我们会遇到更多的约束规则 (在 C++14 和后续的标准中对这些规则有所放宽)。

1. 函数必须返回一个值, 所以它的返回值类型不能是 void。
2. 函数体必须只有一条语句: return expr, 其中 expr 必须也是一个常量表达式。如果函数有形参, 则将形参替换到 expr 中后, expr 仍然必须是一个常量表达式。
3. 函数使用之前必须有定义。
4. 函数必须用 constexpr 声明。

让我们来看一看下面这个例子:

```
constexpr int max_unsigned_char()
{
  return 0xff;
}

constexpr int square(int x)
{
  return x * x;
}

constexpr int abs(int x)
{
  return x > 0 ? x : -x;
```

```
}

int main()
{
  char buffer1[max_unsigned_char()] = { 0 };
  char buffer2[square(5)] = { 0 };
  char buffer3[abs(-8)] = { 0 };
}
```

上面的代码定义了 3 个常量表达式函数，由于它们的返回值能够在编译期计算出来，因此可以直接将这些函数的返回值使用在数组长度的定义上。需要注意的是 square 和 abs 两个函数，它们接受一个形参 x，当 x 确定为一个常量时（这里分别是 5 和-8），其常量表达式函数也就成立了。我们通过 abs 可以发现一个小技巧，由于标准规定函数体中只能有一个表达式 return expr，因此是无法使用 if 语句的，幸运的是用条件表达式也能完成类似的效果。

接着让我们看一看反例：

```
constexpr void foo()
{
}

constexpr int next(int x)
{
  return ++x;
}

int g()
{
  return 42;
}

constexpr int f()
{
  return g();
}

constexpr int max_unsigned_char2();
enum {
  max_uchar = max_unsigned_char2()
}

constexpr int abs2(int x)
{
  if (x > 0) {
```

```
        return x;
    } else {
        return -x;
    }
}

constexpr int sum(int x)
{
  int result = 0;
  while (x > 0)
  {
        result += x--;
  }
  return result;
}
```

以上 constexpr 函数都会编译失败。其中函数 foo 的返回值不能为 void,
next 函数体中的++x 和 f 中的 g()都不是一个常量表达式,函数 max_unsigned_
char2 只有声明没有定义, 函数 abs2 和 sum 不能有多条语句。我们注意到 abs2
中 if 语句可以用条件表达式替换, 可是 sum 函数这样的循环结构有办法替换为单
语句吗? 答案是可以的, 我们可以使用递归来完成循环的操作, 现在就来重写 sum
函数:

```
constexpr int sum(int x)
{
  return x > 0 ? x + sum(x - 1) : 0;
}
```

以上函数比较容易理解, 当 x 大于 0 时, 将 x 和 sum(x-1)相加, 直到 sum 的
参数为 0。由于这里 sum 本身被声明为常量表达式函数, 因此整个返回语句也是一
个常量表达式, 遵守了常量表达式的规则。于是我们能通过递归调用 sum 函数完成
循环计算的任务。有趣的是, 在刚开始提出常量表达式函数的时候, 有些 C++专家
认为这种函数不应该支持递归调用, 但是最终标准还是确定支持了递归调用。

需要强调一点的是, 虽然常量表达式函数的返回值可以在编译期计算出来, 但
是这个行为并不是确定的。例如, 当带形参的常量表达式函数接受了一个非常量实
参时, 常量表达式函数可能会退化为普通函数:

```
constexpr int square(int x)
{
  return x * x;
}

int x = 5;
std::cout << square(x);
```

这里由于 x 不是一个常量，因此 square 的返回值也可能无法在编译期确定，但是它依然能成功编译运行，因为该函数退化成了一个普通函数。这种退化机制对于程序员来说是非常友好的，它意味着我们不用为了同时满足编译期和运行期计算而定义两个相似的函数。另外，这里也存在着不确定性，因为 GCC 依然能在编译阶段计算 square 的结果，但是 MSVC 和 Clang 则不行。

有了常量表达式函数的支持，C++标准对 STL 也做了一些改进，比如在<limits>中增加了 constexpr 声明，正因如此下面的代码也可以顺利编译成功了：

```
char buffer[std::numeric_limits<unsigned char>::max()] = { 0 };
```

27.4   constexpr 构造函数

constexpr 可以声明基础类型从而获得常量表达式值，除此之外 constexpr 还能够声明用户自定义类型，例如：

```
struct X {
  int x1;
};


constexpr X x = { 1 };
char buffer[x.x1] = { 0 };
```

以上代码自定义了一个结构体 X，并且使用 constexpr 声明和初始化了变量 x。到目前为止一切顺利，不过有时候我们并不希望成员变量被暴露出来，于是修改了 X 的结构：

```
class X {
public:
  X() : x1(5) {}
  int get() const
  {
      return x1;
  }
private:
  int x1;
};

constexpr X x;                      // 编译失败，X 不是字面类型
char buffer[x.get()] = { 0 };       // 编译失败，x.get()无法在编译阶段计算
```

　　经过修改的代码不能通过编译了,因为 constexpr 说明符不能用来声明这样的自定义类型。解决上述问题的方法很简单,只需要用 constexpr 声明 X 类的构造函数,也就是声明一个常量表达式构造函数,当然这个构造函数也有一些规则需要遵循。

1. 构造函数必须用 constexpr 声明。

2. 构造函数初始化列表中必须是常量表达式。

3. 构造函数的函数体必须为空(这一点基于构造函数没有返回值,所以不存在 return expr)。

　　根据以上规则让我们改写类 X:

```
class X {
public:
  constexpr X() : x1(5) {}
  constexpr X(int i) : x1(i) {}
  constexpr int get() const
  {
      return x1;
  }
private:
  int x1;
};

constexpr X x;
char buffer[x.get()] = { 0 };
```

　　上面这段代码只是简单地给构造函数和 get 函数添加了 constexpr 说明符就可以编译成功,因为它们本身都符合常量表达式构造函数和常量表达式函数的要求,我们称这样的类为字面量类类型(literal class type)。其实代码中 constexpr int get()const 的 const 有点多余,因为在 C++11 中,constexpr 会自动给函数带上 const 属性。请注意,常量表达式构造函数拥有和常量表达式函数相同的退化特性,当它的实参不是常量表达式的时候,构造函数可以退化为普通构造函数,当然,这么做的前提是类型的声明对象不能为常量表达式值:

```
int i = 8;
constexpr X x(i);      // 编译失败,不能使用 constexpr 声明
X y(i);                // 编译成功
```

　　由于 i 不是一个常量,因此 X 的常量表达式构造函数退化为普通构造函数,这时对象 x 不能用 constexpr 声明,否则编译失败。

　　最后需要强调的是,使用 constexpr 声明自定义类型的变量,必须确保这个自定义类型的析构函数是平凡的,否则也是无法通过编译的。平凡析构函数必须满足

下面 3 个条件。

1. 自定义类型中不能有用户自定义的析构函数。
2. 析构函数不能是虚函数。
3. 基类和成员的析构函数必须都是平凡的。

27.5   对浮点的支持

在 constexpr 说明符被引入之前，C++程序员经常使用 enum hack 来促使编译器在编译阶段计算常量表达式的值。但是因为 enum 只能操作整型，所以一直无法完成对于浮点类型的编译期计算。constexpr 说明符则不同，它支持声明浮点类型的常量表达式值，而且标准还规定其精度必须至少和运行时的精度相同，例如：

```cpp
constexpr double sum(double x)
{
  return x > 0 ? x + sum(x - 1) : 0;
}

constexpr double x = sum(5);
```

27.6   C++14 标准对常量表达式函数的增强

C++11 标准对常量表达式函数的要求可以说是非常的严格，这一点影响该特性的实用性。幸好这个问题在 C++14 中得到了非常巨大的改善，C++14 标准对常量表达式函数的改进如下。

1. 函数体允许声明变量，除了没有初始化、static 和 thread_local 变量。
2. 函数允许出现 if 和 switch 语句，不能使用 go 语句。
3. 函数允许所有的循环语句，包括 for、while、do-while。
4. 函数可以修改生命周期和常量表达式相同的对象。
5. 函数的返回值可以声明为 void。
6. constexpr 声明的成员函数不再具有 const 属性。

因为这些改进的发布，在 C++11 中无法成功编译的常量表达式函数，在 C++14 中可以编译成功了：

```cpp
constexpr int abs(int x)
{
  if (x > 0) {
      return x;
  } else {
      return -x;
  }
}

constexpr int sum(int x)
{
  int result = 0;
  while (x > 0)
  {
      result += x--;
  }
  return result;
}

char buffer1[sum(5)] = { 0 };
char buffer2[abs(-5)] = { 0 };
```

以上代码中的 abs 和 sum 函数相比于前面使用条件表达式和递归方法实现的函数更加容易阅读和理解了。看到这里读者是否会有一些兴奋，但是别急，后面还有好戏：

```cpp
constexpr int next(int x)
{
  return ++x;
}


char buffer[next(5)] = { 0 };
```

这里我们惊喜地发现，原来由于++x 不是常量表达式，因此无法编译通过的问题也消失了，这就是基于第 4 点规则。需要强调的是，对于常量表达式函数的增强同样也会影响常量表达式构造函数：

```cpp
#include <iostream>

class X {
public:
  constexpr X() : x1(5) {}
  constexpr X(int i) : x1(0)
  {
      if (i > 0) {
```

```
            x1 = 5;
        }
        else {
            x1 = 8;
        }
    }
    constexpr void set(int i)
    {
        x1 = i;
    }
    constexpr int get() const
    {
        return x1;
    }
private:
  int x1;
};

constexpr X make_x()
{
  X x;
  x.set(42);
  return x;
}

int main()
{
  constexpr X x1(-1);
  constexpr X x2 = make_x();
  constexpr int a1 = x1.get();
  constexpr int a2 = x2.get();
  std::cout << a1 << std::endl;
  std::cout << a2 << std::endl;
}
```

　　请注意，main 函数里的 4 个变量 x1、x2、a1 和 a2 都有 constexpr 声明，也就是说它们都是编译期必须确定的值。有了这个前提条件，我们再来分析这段代码的神奇之处。首先对于常量表达式构造函数，我们发现可以在其函数体内使用 if 语句并且对 x1 进行赋值操作了。可以看到返回类型为 void 的 set 函数也被声明为 constexpr 了，这也意味着该函数能够运用在 constexpr 声明的函数体内，make_x 函数就是利用了这个特性。根据规则 4 和规则 6，set 函数也能成功地修改 x1 的值了。让我们来看一看 GCC 生成的中间代码：

```
main ()
{
  int D.39319;

  {
    const struct X x1;
    const struct X x2;
    const int a1;
    const int a2;

    try
      {
        x1.x1 = 8;
        x2.x1 = 42;
        a1 = 8;
        a2 = 42;
        _1 = std::basic_ostream<char>::operator<< (&cout, 8);
        std::basic_ostream<char>::operator<< (_1, endl);
        _2 = std::basic_ostream<char>::operator<< (&cout, 42);
        std::basic_ostream<char>::operator<< (_2, endl);
      }
    finally
      {
        x1 = {CLOBBER};
        x2 = {CLOBBER};
      }
  }
  D.39319 = 0;
  return D.39319;
}
```

从上面的中间代码可以清楚地看到，编译器直接给 x1.x1、x2.x1、a1、a2
进行了赋值，并没有运行时的计算操作。

最后需要指出的是，C++14 标准除了在常量表达式函数特性方面做了增强，也
在 标 准 库 方 面 做 了 增 强 ， 包 括 <complex> 、 <chrono> 、 <array> 、
<initializer_list>、<utility>和<tuple>。对于标准库的增强细节这里就
不做介绍了，大家可以直接参阅 STL 源代码。

27.7 constexpr lambdas 表达式

从 C++17 开始，lambda 表达式在条件允许的情况下都会隐式声明为

constexpr。这里所说的条件，即是上一节中提到的常量表达式函数的规则，本节里就不再重复论述。结合 lambda 的这个新特性，先看一个简单的例子：

```cpp
constexpr int foo()
{
  return []() { return 58; }();
}


auto get_size = [](int i) { return i * 2; };
char buffer1[foo()] = { 0 };
char buffer2[get_size(5)] = { 0 };
```

可以看到，以上代码定义的是一个"普通"的 lambda 表达式，但是在 C++17 标准中，这些"普通"的 lambda 表达式却可以用在常量表达式函数和数组长度中，可见该 lambda 表达式的结果在编译阶段已经计算出来了。实际上这里的 [](int i) { return i * 2; }相当于：

```cpp
class GetSize {
public:
  constexpr int operator() (int i) const {
      return i * 2;
  }
};
```

当 lambda 表达式不满足 constexpr 的条件时，lambda 表达式也不会出现编译错误，它会作为运行时 lambda 表达式存在：

```cpp
// 情况 1
int i = 5;
auto get_size = [](int i) { return i * 2; };
char buffer1[get_size(i)] = { 0 };            // 编译失败，get_size 需要运行时调用
int a1 = get_size(i);

// 情况 2
auto get_count = []() {
  static int x = 5;
  return x;
};
int a2 = get_count();
```

以上代码中情况 1 和常量表达式函数相同，get_size 可能会退化为运行时 lambda 表达式对象。当这种情况发生的时候，get_size 的返回值不再具有作为数组长度的能力，但是运行时调用 get_size 对象还是没有问题的。GCC 在这种情况下依然能够在编译阶段求出 get_size 的值，MSVC 和 Clang 则不行。对于情况 2，由于 static 变量的存在，lambda 表达式对象 get_count 不可能在编译期运算，

因此它最终会在运行时计算。

值得注意的是，我们也可以强制要求 lambda 表达式是一个常量表达式，用 constexpr 去声明它即可。这样做的好处是可以检查 lambda 表达式是否有可能是一个常量表达式，如果不能则会编译报错，例如：

```
auto get_size = [](int i) constexpr -> int { return i * 2; };
char buffer2[get_size(5)] = { 0 };

auto get_count = []() constexpr -> int {
  static int x = 5;                        // 编译失败，x 是一个 static 变量
  return x;
};
int a2 = get_count();
```

27.8　constexpr 的内联属性

在 C++17 标准中，constexpr 声明静态成员变量时，也被赋予了该变量的内联属性，例如：

```
class X {
public:
  static constexpr int num{ 5 };
};
```

以上代码在 C++17 中等同于：

```
class X {
public:
  inline static constexpr int num{ 5 };
};
```

那么问题来了，自 C++11 标准推行以来 static constexpr int num{ 5 } 这种用法就一直存在了，那么同样的代码在 C++11 和 C++17 中究竟又有什么区别呢？

```
class X {
public:
  static constexpr int num{ 5 };
};
```

代码中，num 是只有声明没有定义的，虽然我们可以通过 std::cout << X::num << std::endl 输出其结果，但这实际上是编译器的一个小把戏，它将 X::num 直接替换为了 5。如果将输出语句修改为 std::cout << &X::num <<

std::endl，那么链接器会明确报告 X::num 缺少定义。但是从 C++17 开始情况发生了变化，static constexpr int num{5} 既是声明也是定义，所以在 C++17 标准中 std::cout << &X::num << std::endl 可以顺利编译链接，并且输出正确的结果。值得注意的是，对于编译器而言为 X::num 产生定义并不是必需的，如果代码只是引用了 X::num 的值，那么编译器完全可以使用直接替换为值的技巧。只有当代码中引用到变量指针的时候，编译器才会为其生成定义。

27.9　if constexpr

if constexpr 是 C++17 标准提出的一个非常有用的特性，可以用于编写紧凑的模板代码，让代码能够根据编译时的条件进行实例化。这里有两点需要特别注意。

1. if constexpr 的条件必须是编译期能确定结果的常量表达式。

2. 条件结果一旦确定，编译器将只编译符合条件的代码块。

由此可见，该特性只有在使用模板的时候才具有实际意义，若是用在普通函数上，效果会非常尴尬，比如：

```cpp
void check1(int i)
{
  if constexpr (i > 0) {                          // 编译失败，不是常量表达式
      std::cout << "i > 0" << std::endl;
  }
  else {
      std::cout << "i <= 0" << std::endl;
  }
}


void check2()
{
  if constexpr (sizeof(int) > sizeof(char)) {
      std::cout << "sizeof(int) > sizeof(char)" << std::endl;
  }
  else {
      std::cout << "sizeof(int) <= sizeof(char)" << std::endl;
  }
}
```

对于函数 check1，由于 if constexpr 的条件不是一个常量表达式，因此无法编译通过。而对于函数 check2，这里的代码最后会被编译器省略为：

```
void check2()
{
  std::cout << "sizeof(int) > sizeof(char)" << std::endl;
}
```

但是当 `if constexpr` 运用于模板时，情况将非常不同。来看下面的例子：

```
#include <iostream>

template<class T> bool is_same_value(T a, T b)
{
  return a == b;
}

template<> bool is_same_value<double>(double a, double b)
{
  if (std::abs(a - b) < 0.0001) {
      return true;
  }
  else {
      return false;
  }
}

int main()
{
  double x = 0.1 + 0.1 + 0.1 - 0.3;
  std::cout << std::boolalpha;
  std::cout << "is_same_value(5, 5)  : " << is_same_value(5, 5) << std::endl;
  std::cout << "x == 0.0             : " << (x == 0.) << std::endl;
  std::cout << "is_same_value(x, 0.) : " << is_same_value(x, 0.) << std::endl;
}
```

计算结果如下：

```
is_same_value(5, 5)    : true
x == 0.0               : false
is_same_value(x, 0.)   : true
```

我们知道浮点数的比较和整数是不同的，通常情况下它们的差小于某个阈值就认为两个浮点数相等。我们把 `is_same_value` 写成函数模板，并且对 `double` 类型进行特化。这里如果使用 `if constexpr` 表达式，代码会简化很多而且更加容易理解，让我们看一看简化后的代码：

```
#include <type_traits>
template<class T> bool is_same_value(T a, T b)
```

```
{
    if constexpr (std::is_same<T, double>::value) {
        if (std::abs(a - b) < 0.0001) {
            return true;
        }
        else {
            return false;
        }
    }
    else {
        return a == b;
    }
}
```

在上面这段代码中，直接使用 if constexpr 判断模板参数是否为 double，如果条件成立，则使用 double 的比较方式；否则使用普通的比较方式，代码变得简单明了。再次强调，这里的选择是编译期做出的，一旦确定了条件，那么就只有被选择的代码块才会被编译；另外的代码块则会被忽略。说到这里，需要提醒读者注意这样一种陷阱：

```
#include <iostream>
#include <type_traits>
template<class T> auto minus(T a, T b)
{
    if constexpr (std::is_same<T, double>::value) {
        if (std::abs(a - b) < 0.0001) {
            return 0.;
        }
        else {
            return a - b;
        }
    }
    else {
        return static_cast<int>(a - b);
    }
}

int main()
{
    std::cout << minus(5.6, 5.11) << std::endl;
    std::cout << minus(5.60002, 5.600011) << std::endl;
    std::cout << minus(6, 5) << std::endl;
}
```

以上是一个带精度限制的减法函数，当参数类型为 double 且计算结果小于

0.0001 的时候，我们就可以认为计算结果为 0。当参数类型为整型时，则不用对精度做任何限制。上面的代码编译运行没有任何问题，因为编译器根据不同的类型选择不同的分支进行编译。但是如果修改一下上面的代码，结果可能就很难预料了：

```
template<class T> auto minus(T a, T b)
{
  if constexpr (std::is_same<T, double>::value) {
      if (std::abs(a - b) < 0.0001) {
          return 0.;
      }
      else {
          return a - b;
      }
  }
  return static_cast<int>(a - b);
}
```

上面的代码删除了 else 关键词而直接将 else 代码块提取出来，不过根据以往运行时 if 的经验，它并不会影响代码运行的逻辑。遗憾的是，这种写法有可能导致编译失败，因为它可能会导致函数有多个不同的返回类型。当实参为整型时一切正常，编译器会忽略 if 的代码块，直接编译 return static_cast<int>(a - b)，这样返回类型只有 int 一种。但是当实参类型为 double 的时候，情况发生了变化。if 的代码块会被正常地编译，代码块内部的返回结果类型为 double，而代码块外部的 return static_cast<int>(a - b) 同样会照常编译，这次的返回类型为 int。编译器遇到了两个不同的返回类型，只能报错。

和运行时 if 的另一个不同点：if constexpr 不支持短路规则。这在程序编写时往往也能成为一个陷阱：

```
#include <iostream>
#include <string>
#include <type_traits>

template<class T> auto any2i(T t)
{
  if constexpr (std::is_same<T, std::string>::value && T::npos == -1) {
      return atoi(t.c_str());
  }
  else {
      return t;
  }
}

int main()
```

```
    {
        std::cout << any2i(std::string("6")) << std::endl;
        std::cout << any2i(6) << std::endl;
    }
```

上面的代码很好理解，函数模板 any2i 的实参如果是一个 std::string，那么它肯定满足 std::is_same<T, std::string>::value && T::npos == -1 的条件，所以编译器会编译 if 分支的代码。如果实参类型是一个 int，那么 std::is_same<T, std::string>::value 会返回 false，根据短路规则，if 代码块不会被编译，而是编译 else 代码块的内容。一切看起来是那么简单直接，但是编译过后会发现，代码 std::cout << any2i(std::string("6")) << std::endl 顺利地编译成功，std::cout << any2i(6) << std::endl 则会编译失败，因为 if constexpr 不支持短路规则。当函数实参为 int 时，std::is_same<T, std::string>::value 和 T::npos == -1 都会被编译，由于 int::npos 显然是一个非法的表达式，因此会造成编译失败。这里正确的写法是通过嵌套 if constexpr 来替换上面的操作：

```
template<class T> auto any2i(T t)
{
    if constexpr (std::is_same<T, std::string>::value) {
        if  constexpr(T::npos == -1) {
            return atoi(t.c_str());
        }
    }
    else {
        return t;
    }
}
```

27.10 允许 constexpr 虚函数

在 C++20 标准之前，虚函数是不允许声明为 constexpr 的。看似有道理的规则其实并不合理，因为虚函数很多时候可能是无状态的，这种情况下它是有条件作为常量表达式被优化的，比如下面这个函数：

```
struct X
{
    virtual int f() const { return 1; }
};
```

```
int main() {
    X x;
    int i = x.f();
}
```

上面的代码会先执行 X::f 函数，然后将结果赋值给 i，它的 GIMPLE 中间的代码如下：

```
main ()
{
  int D.2137;

  {
    struct X x;
    int i;

    try
      {
        _1 = &_ZTV1X + 16;
        x._vptr.X = _1;
        i = X::f (&x); // 注意此处赋值
      }
    finally
      {
        x = {CLOBBER};
      }
  }
  D.2137 = 0;
  return D.2137;
}


X::f (const struct X * const this)
{
  int D.2139;

  D.2139 = 1;
  return D.2139;
}
```

观察上面的两份代码，虽然 X::f 是一个虚函数，但是它非常适合作为常量表达式进行优化。这样一来，int i = x.f();可以被优化为 int i = 1;，减少一次函数的调用过程。可惜在 C++17 标准中不允许我们这么做，直到 C++20 标准明确允许在常量表达式中使用虚函数，所以上面的代码可以修改为：

```
struct X
{
  constexpr virtual int f() const { return 1; }
};

int main() {
  constexpr X x;
  int i = x.f();
}
```

它的中间代码也会优化为：

```
main ()
{
  int D.2138;

  {
    const struct X x;
    int i;

    try
      {
        _1 = &_ZTV1X + 16;
        x._vptr.X = _1;
        i = 1; // 注意此处赋值
      }
    finally
      {
        x = {CLOBBER};
      }
  }
  D.2138 = 0;
  return D.2138;
}
```

从中间代码中可以看到，i 被直接赋值为 1，在此之前并没有调用 X::f 函数。另外值得一提的是，constexpr 的虚函数在继承重写上并没有其他特殊的要求，constexpr 的虚函数可以覆盖重写普通虚函数，普通虚函数也可以覆盖重写 constexpr 的虚函数，例如：

```
struct X1
{
    virtual int f() const = 0;
};

struct X2: public X1
```

```
{
    constexpr virtual int f() const { return 2; }
};

struct X3: public X2
{
    virtual int f() const { return 3; }
};

struct X4: public X3
{
    constexpr virtual int f() const { return 4; }
};

constexpr int (X1::*pf)() const = &X1::f;

constexpr X2 x2;
static_assert( x2.f() == 2 );
static_assert( (x2.*pf)() == 2 );

constexpr X1 const& r2 = x2;
static_assert( r2.f() == 2 );
static_assert( (r2.*pf)() == 2 );

constexpr X1 const* p2 = &x2;
static_assert( p2->f() == 2 );
static_assert( (p2->*pf)() == 2 );

constexpr X4 x4;
static_assert( x4.f() == 4 );
static_assert( (x4.*pf)() == 4 );

constexpr X1 const& r4 = x4;
static_assert( r4.f() == 4 );
static_assert( (r4.*pf)() == 4 );

constexpr X1 const* p4 = &x4;
static_assert( p4->f() == 4 );
static_assert( (p4->*pf)() == 4 );
```

最后要说明的是，我在验证这条规则时，GCC 无论在 C++17 还是 C++20 标准中都可以顺利编译通过，而 Clang 在 C++17 中会给出 `constexpr` 无法用于虚函数的错误提示。

27.11 允许在 constexpr 函数中出现 Try-catch

在 C++20 标准以前 Try-catch 是不能出现在 constexpr 函数中的，例如：

```
constexpr int f(int x)
{
  try { return x + 1; }
  catch (…) { return 0; }
}
```

不过似乎编译器对此规则的态度都十分友好，当我们用 C++17 标准去编译这份代码时，编译器会编译成功并给出一个友好的警告，说明这条特性需要使用 C++20 标准。C++20 标准允许 Try-catch 存在于 constexpr 函数，但是 throw 语句依旧是被禁止的，所以 try 语句是不能抛出异常的，这也就意味着 catch 永远不会执行。实际上，当函数被评估为常量表达式的时候 Try-catch 是没有任何作用的。

27.12 允许在 constexpr 中进行平凡的默认初始化

从 C++20 开始，标准允许在 constexpr 中进行平凡的默认初始化，这样进一步减少 constexpr 的特殊性。例如：

```
struct X {
  bool val;
};

void f() {
  X x;
}

f();
```

上面的代码非常简单，在任何环境下都可以顺利编译。不过如果将函数 f 改为：

```
constexpr void f() {
  X x;
}
```

那么在 C++17 标准的编译环境就会报错，提示 x 没有初始化，它需要用户提供一个构造函数。当然这个问题在 C++17 标准中也很容易解决，例如修改 X 为：

```
struct X {
  bool val = false;
};
```

回头来看原始代码，它在 C++20 标准的编译器上是能够顺利编译的。值得一提的是，虽然标准放松了对 constexpr 上下文对象默认初始化的要求，但是我们依然应该养成声明对象时随手初始化的习惯，避免让代码出现未定义的行为。

27.13　允许在 constexpr 中更改联合类型的有效成员

在 C++20 标准之前对 constexpr 的另外一个限制就是禁止更改联合类型的有效成员，例如：

```
union Foo {
  int i;
  float f;
};
constexpr int use() {
  Foo foo{};
  foo.i = 3;
  foo.f = 1.2f; // C++20 之前编译失败
  return 1;
}
```

在上面的代码中，foo 是一个联合类型对象，foo.i = 3;首次确定了有效成员为 i，这没有问题，接下来代码 foo.f = 1.2f;改变有效成员为 f，这就违反了标准中关于不能更改联合类型的有效成员的规则，所以导致编译失败。现在 C++20 标准已经删除了这条规则，以上代码可以编译成功。实际编译过程中，只有 Clang 会在 C++17 标准中对以上代码报错，而 GCC 和 MSVC 均能用 C++17 和 C++20 标准编译成功。

C++20 标准对 constexpr 做了很多修改，除了上面提到的修改以外，还修改了一些并不常用的地方，包括允许 dynamic_cast 和 typeid 出现在常量表达式中；允许在 constexpr 函数使用未经评估的内联汇编。这些修改都没有需要详细介绍的特别之处，有兴趣的读者可以自己写点实验代码测试一下。

27.14   使用 consteval 声明立即函数

前面我们曾提到过，constexpr 声明函数时并不依赖常量表达式上下文环境，在非常量表达式的环境中，函数可以表现为普通函数。不过有时候，我们希望确保函数在编译期就执行计算，对于无法在编译期执行计算的情况则让编译器直接报错。于是在 C++20 标准中出现了一个新的概念——立即函数，该函数需要使用 consteval 说明符来声明：

```
consteval int sqr(int n) {
  return n*n;
}
constexpr int r = sqr(100);   // 编译成功
int x = 100;
int r2 = sqr(x);              // 编译失败
```

在上面的代码中 sqr(100);是一个常量表达式上下文环境，可以编译成功。相反，因为 sqr(x);中的 x 是可变量，不能作为常量表达式，所以编译器抛出错误。要让代码成功编译，只需要给 x 加上 const 即可。需要注意的是，如果一个立即函数在另外一个立即函数中被调用，则函数定义时的上下文环境不必是一个常量表达式，例如：

```
consteval int sqrsqr(int n) {
  return sqr(sqr(n));
}
```

sqrsqr 是否能编译成功取决于如何调用，如果调用时处于一个常量表达式环境，那么就能通过编译：

```
int y = sqrsqr(100);
```

反之则编译失败：

```
int y = sqrsqr(x);
```

lambda 表达式也可以使用 consteval 说明符：

```
auto sqr = [](int n) consteval { return n * n; };
int r = sqr(100);
```

最后需要说明的是，立即函数是无法获取函数指针的，因为在实际编译的结果中该函数的计算任务被编译器执行，不需要产生函数代码的实例：

```
auto f = sqr;  // 编译失败，尝试获取立即函数的函数地址
```

27.15 使用 constinit 检查常量初始化

在 C++中有一种典型的错误叫作 "Static Initialization Order Fiasco"，指的是因为静态初始化顺序错误导致的问题。因为这种错误往往发生在 main 函数之前，所以比较难以排查。举一个典型的例子，假设有两个静态对象 x 和 y 分别存在于两个不同的源文件中。其中一个对象 x 的构造函数依赖于对象 y。没错，就是这样，现在我们有 50%的可能性会出错，因为我们没有办法控制哪个对象先构造。如果对象 x 在 y 之前构造，那么就会引发一个未定义的结果。为了避免这种问题的发生，我们通常希望使用常量初始化程序去初始化静态变量。不幸的是，常量初始化的规则很复杂，需要一种方法帮助我们完成检查工作，当不符合常量初始化程序的时候可以在编译阶段报错。于是在 C++20 标准中引入了新的 constinit 说明符。

正如上文所描述的 constinit 说明符主要用于具有静态存储持续时间的变量声明上，它要求变量具有常量初始化程序。首先，constinit 说明符作用的对象是必须具有静态存储持续时间的，比如：

```
constinit int x = 11;              // 编译成功，全局变量具有静态存储持续
int main() {
  constinit static int y = 42;     // 编译成功，静态变量具有静态存储持续
  constinit int z = 7;             // 编译失败，局部变量是动态分配的
}
```

其次，constinit 要求变量具有常量初始化程序：

```
const char* f() { return "hello"; }
constexpr const char* g() { return "cpp"; }
constinit const char* str1 = f(); // 编译错误，f()不是一个常量初始化程序
constinit const char* str2 = g(); // 编译成功
```

constinit 还能用于非初始化声明，以告知编译器 thread_local 变量已被初始化：

```
extern thread_local constinit int x;
int f() { return x; }
```

最后值得一提的是，虽然 constinit 说明符一直在强调常量初始化，但是初始化的对象并不要求具有常量属性。

27.16 判断常量求值环境

std::is_constant_evaluated 是 C++20 新加入标准库的函数，它用于检查当前表达式是否是一个常量求值环境，如果在一个明显常量求值的表达式中，则返回 true；否则返回 false。该函数包含在<type_traits>头文件中，虽然看上去像是一个标准库实现的函数，但实际上调用的是编译器内置函数：

```
constexpr inline bool is_constant_evaluated() noexcept
{
    return __builtin_is_constant_evaluated();
}
```

该函数通常会用于代码优化中，比如在确定为常量求值的环境时，使用 constexpr 能够接受的算法，让数值在编译阶段就得出结果。而对于其他环境则采用运行时计算结果的方法。提案文档中提供了一个很好的例子：

```cpp
#include <cmath>
#include <type_traits>
constexpr double power(double b, int x) {
  if (std::is_constant_evaluated() && x >= 0) {
    double r = 1.0, p = b;
    unsigned u = (unsigned)x;
    while (u != 0) {
      if (u & 1) r *= p;
      u /= 2;
      p *= p;
    }
    return r;
  } else {
    return std::pow(b, (double)x);
  }
}

int main()
{
  constexpr double kilo = power(10.0, 3);   // 常量求值
  int n = 3;
  double mucho = power(10.0, n);            // 非常量求值
  return 0;
}
```

在上面的代码中，power 函数根据 std::is_constant_evaluated() 和 x >= 0 的结果选择不同的实现方式。其中，kilo = power(10.0, 3); 是一个常量求值，所以 std::is_ constant_evaluated() && x >= 0 返回 true，编译器在编译阶段求出结果。反之，mucho = power(10.0, n) 则需要调用 std::pow 在运行时求值。让我们通过中间代码看一看编译器具体做了什么：

```
main ()
{
  int D.25691;

  {
    const double kilo;
    int n;
    double mucho;

    kilo = 1.0e+3;                // 直接赋值
    n = 3;
    mucho = power (1.0e+1, n); // 运行时计算
    D.25691 = 0;
    return D.25691;
  }
  D.25691 = 0;
  return D.25691;
}


power (double b, int x)
{
  bool retval.0;
  bool iftmp.1;
  double D.25706;

  {
    _1 = std::is_constant_evaluated ();
    if (_1 != 0) goto <D.25697>; else goto <D.25695>;
    <D.25697>:
    if (x >= 0) goto <D.25698>; else goto <D.25695>;
    <D.25698>:
    iftmp.1 = 1;
    goto <D.25696>;
    <D.25695>:
    iftmp.1 = 0;
    <D.25696>:
    retval.0 = iftmp.1;
```

```
        if (retval.0 != 0) goto <D.25699>; else goto <D.25700>;
        <D.25699>:
        {
          // … 这里省略 power 函数的相关算法，虽然算法生成代码了，但是并没有调用到
          return D.25706;
        }
        <D.25700>:
        _3 = (double) x;
        D.25706 = pow (b, _3);
        return D.25706;
      }
    }


    std::is_constant_evaluated ()
    {
      bool D.25708;

      try
        {
          D.25708 = 0;
          return D.25708;
        }
      catch
        {
          <<<eh_must_not_throw (terminate)>>>
        }
    }
```

　　观察上面的中间代码，首先让我们注意到的就是 main 函数中 kilo 和 mucho 赋值形式的不同。正如我们刚才讨论的那样，对于 kilo 的结果编译器在编译期已经计算完成，所以这里是直接为 1.0e+3，而对于 mucho 则需要调用 std::power 函数。接着，我们可以观察 std::is_constant_evaluated() 这个函数的实现，很明显编译器让它直接返回 0（也就是 false），在代码中实现的 power 函数虽然有 std::is_constant_ evaluated() 结果为 true 时的算法实现，但是却永远不会被调用。因为当 std::is_ constant_evaluated() 为 true 时，编译器计算了函数结果；反之函数会交给 std::power 计算结果。

　　在了解了 std::is_constant_evaluated() 的用途之后，我们还需要弄清楚何为明显常量求值。只有弄清楚这个概念，才可能合理运用 std::is_constant_evaluated() 函数。明显常量求值在标准文档中列举了下面几个类别。

　　1. 常量表达式，这个类别包括很多种情况，比如数组长度、case 表达式、非类型模板实参等。

2. if constexpr 语句中的条件。

3. constexpr 变量的初始化程序。

4. 立即函数调用。

5. 约束概念表达式。

6. 可在常量表达式中使用或具有常量初始化的变量初始化程序。

下面我们通过几个标准文档中的例子来体会以上规则：

```
template<bool> struct X {};
X<std::is_constant_evaluated()> x; // 非类型模板实参，函数返回 true，最终类型为
                                    // X<true>

int y;

constexpr int f() {
  const int n = std::is_constant_evaluated() ? 13 : 17; // n 是 13
  int m = std::is_constant_evaluated() ? 13 : 17;    // m 可能是 13 或者 17，取决
                                                     // 于函数环境

  char arr[n] = {}; // char[13]
  return m + sizeof(arr);
}
int p = f();        // m 是 13；p 结果如下 26
int q = p + f();    // m 是 17；q 结果如下 56
```

上面的代码中需要解释的是 int p = f(); 和 int q = p + f(); 的区别，对于前者，std::is_ constant_evaluated() == true 时 p 一定是一个恒定值，它是明显常量求值，所以 p 的结果是 26。相反，std::is_constant_evaluated() == true 时，q 的结果会依赖 p，所以明显常量求值的结论显然不成立，需要采用 std::is_constant_evaluated() == false 的方案，于是 f() 函数中的 m 为 17，最终 q 的求值结果是 56。另外，如果这里的 p 初始化改变为 const int p = f();，那么 f() 函数中的 m 为 13，q 的求值结果也会改变为 52。

最后需要注意的是，如果当判断是否为明显常量求值时存在多个条件，那么编译器会试探 std::is_constant_evaluated() 两种情况求值，比如：

```
int y;
const int a = std::is_constant_evaluated() ? y : 1; // 函数返回 false，a 运行时
                                                    // 初始化为 1
const int b = std::is_constant_evaluated() ? 2 : y; // 函数返回 true，b 编译时
                                                    // 初始化为 2
```

当对 a 求值时，编译器试探 std::is_constant_evaluated() == true 的情况，发现 y 会改变 a 的值，所以最后选择 std::is_constant_evaluated() == false；当对 b 求值时，编译器同样试探 std::is_constant_evaluated() == true 的情况，发现 b 的结果恒定为 2，于是直接在编译时完成初始化。

27.17　总结

　　本章重点介绍了常量表达式，我们可以通过 constexpr 说明符声明常量表达式函数以及常量表达式值，它们让程序在编译期做了更多的事情，从而提高程序的运行效率。特别是在 C++14 以后，常量表达式函数的定义更加自由，具有极高的实用性。除此之外，立即函数以及检查常量初始化方法的加入也进一步完善了常量表达式体系。

　　虽然常量表达式有着非常不错的特性，并且对于追求程序运行效率的程序员来说有着非常大的吸引力，但是我们依旧需要小心谨慎地对待它，因为一旦将函数或者变量原本带有的 constexpr 说明符删除，可能就会导致大量代码的编译失败。

第28章

确定的表达式求值顺序（C++17）

28.1 表达式求值顺序的不确定性

在 C++语言之父本贾尼·斯特劳斯特卢普的作品《C++程序设计语言（第4版）》中有一段这样的代码：

```
void f2() {
  std::string s = "but I have heard it works even if you don't believe in it";
  s.replace(0, 4, "").replace(s.find("even"), 4, "only").replace(s.find
(" don't"), 6, "");
  assert(s == "I have heard it works only if you believe in it"); // OK
}
```

这段代码的本意是描述 std::string 成员函数 replace 的用法，但令人意想不到的是，在 C++17 之前它隐含着一个很大的问题，该问题的根源是表达式求值顺序。具体来说，是指一个表达式中的子表达式的求值顺序，而这个顺序在 C++17 之前是没有具体说明的，所以编译器可以以任何顺序对子表达式进行求值。比如说 foo(a, b, c)，这里的 foo、a、b 和 c 的求值顺序是没有确定的。回到上面的替换函数，如果这里的执行顺序为：

```
1. replace(0, 4, "")
2. tmp1 = find("even")
3. replace(tmp1, 4, "only")
4. tmp2 = find(" don't")
5. replace(tmp2, 6, "")
```

那结果肯定是 "I have heard it works only if you believe in it"，没有任何问题。但

是由于没有对表达式求值顺序的严格规定，因此其求值顺序可能会变成：

```
1. tmp1 = find("even")
2. tmp2 = find(" don't")
3. replace(0, 4, "")
4. replace(tmp1, 4, "only")
5. replace(tmp2, 6, "")
```

相应的结果就不是那么正确了，我们会得到 "I have heard it works evenonlyyou donieve in it"。

为了证实这种问题发生的可能性，我找到了两个版本的 GCC 编译运行上面的代码，在最新 GCC 中可以得到期望的字符串，其中间代码 GIMPLE 也很好地描述了编译后表达式求值的顺序：

```
_1 = std::__cxx11::basic_string<char>::replace (&s, 0, 4, "");
_2 = std::__cxx11::basic_string<char>::find (&s, "even", 0);
_3 = std::__cxx11::basic_string<char>::replace (_1, _2, 4, "only");
_4 = std::__cxx11::basic_string<char>::find (&s, " don\'t", 0);
std::__cxx11::basic_string<char>::replace (_3, _4, 6, "");
```

但是在使用 GCC5.4 的时候，出现了 "I have heard it works evenonlyyou donieve in it" 的结果，查看 GIMPLE 以后会发现其表达式求值顺序发生了变化：

```
D.22309 = std::__cxx11::basic_string<char>::find (&s, " don\'t", 0);
D.22310 = std::__cxx11::basic_string<char>::find (&s, "even", 0);
D.22311 = std::__cxx11::basic_string<char>::replace (&s, 0, 4, "");
D.22312 = std::__cxx11::basic_string<char>::replace (D.22311, D.22310, 4,
"only");
std::__cxx11::basic_string<char>::replace (D.22312, D.22309, 6, "");
```

除了上述的例子之外，我们常用的<<操作符也面临同样的问题：

```
std::cout << f() << g() << h();
```

虽然我们认为上面的表达式应该按照 f()、g()、h() 顺序对表达式求值，但是编译器对此并不买单，在它看来这个顺序可以是任意的。

28.2　表达式求值顺序详解

从 C++17 开始，函数表达式一定会在函数的参数之前求值。也就是说在 foo(a, b, c) 中，foo 一定会在 a、b 和 c 之前求值。但是请注意，参数之间的求值顺序依然没有确定，也就是说 a、b 和 c 谁先求值还是没有规定。对于这一点我和读者应该是同样的吃惊，因为从提案文档上看来，有充分的理由说明从左往右进行参数列表的表达式求值的可行性。我想一个可能的原因是求值顺序的改变影响到代码的优化路径，比如内联决策和寄存器分配方式，对于编译器实现来说也是不小的挑战吧。不过既然标准已经这么定下来了，我们就应该去适应标准。在函数的参数列表中，尽可能少地修改共享的对象，否则会很难确认实参的真实值。

对于后缀表达式和移位操作符而言，表达式求值总是从左往右，比如：

```
E1[E2]
E1.E2
E1.*E2
E1->*E2
E1<<E2
E1>>E2
```

在上面的表达式中，子表达式求值 E1 总是优先于 E2。而对于赋值表达式，这个顺序又正好相反，它的表达式求值总是从右往左，比如：

```
E1=E2
E1+=E2
E1-=E2
E1*=E2
E1/=E2
…
```

在上面的表达式中，子表达式求值 E2 总是优先于 E1。这里虽然只列出了几种赋值表达式的形式，但实际上对于 E1@=E2 这种形式的表达式（其中@可以为+、-、*、/、%等）E2 早于 E1 求值总是成立的。

对于 new 表达式，C++17 也做了规定。对于：

```
new T(E)
```

这里 new 表达式的内存分配总是优先于 T 构造函数中参数 E 的求值。最后 C++17 还明确了一条规则：涉及重载运算符的表达式的求值顺序应由与之相应的内置运算符的求值顺序确定，而不是函数调用的顺序规则。

28.3　总结

表达式求值顺序的问题是很少有人会注意到的，但是通过本章的介绍我想读者应该已经感受到表达式求值顺序引起的问题的严重之处了，它可怕的地方是我们很难及时地甄别到这种错误，无论是 C++的新手还是 C++专家（除作者本人之外《C++程序设计语言》出版前可是有很多专家检查过的）。另外我可以告诉读者的是，这个问题已经持续了 30 多年了。之所以一直没有修改，应该是有 C++的历史原因的，我们知道一门语言的出现是为了解决当时编程中所面临的挑战，我完全可以想象当时可能面临了很多问题，为了解决当时最主要的问题，所以放弃求值顺序的标准。不过现在，C++委员会的专家们似乎觉得是时候要发生点改变了。

在经过 C++17 标准一系列对于表达式求值顺序的改善之后，《C++程序设计语言》中的那段代码就可以确保最终获得的字符串为："I have heard it works only if you believe in it"。

第 29 章

字面量优化（C++11～C++17）

29.1　十六进制浮点字面量

从 C++11 开始，标准库中引入了 std::hexfloat 和 std::defaultfloat 来修改浮点输入和输出的默认格式化，其中 std::hexfloat 可以将浮点数格式化为十六进制的字符串，而 std::defaultfloat 可以将格式还原到十进制，以输出为例：

```
#include <iostream>

int main()
{
  double float_array[]{ 5.875, 1000, 0.117 };
  for (auto elem : float_array) {
      std::cout << std::hexfloat << elem
          << " = " << std::defaultfloat << elem << std::endl;
  }
}
```

上面的代码分别使用 std::hexfloat 和 std::defaultfloat 格式化输出了数组 x 里的元素，输出结果如下：

```
0x1.780000p+2 = 5.875
0x1.f40000p+9 = 1000
0x1.df3b64p-4 = 0.117
```

这里有必要简单说明一下十六进制浮点数的表示方法，以 0x1.f40000p+9 为例：其中 0x1.f4 是一个十六进制的有效数，p+9 是一个以 2 为底数，9 为指数的幂。其中底数一定为 2，指数使用的是十进制。也就是说 0x1.f40000p+9 可以表示为：$0x1.f4 * 2^9$。

虽然 C++11 已经具备了在输入输出的时候将浮点数格式化为十六进制的能力，但遗憾的是我们并不能在源代码中使用十六进制浮点字面量来表示一个浮点数。幸运的是，这个问题在 C++17 标准中得到了解决：

```cpp
#include <iostream>

int main()
{
  double float_array[]{ 0x1.7p+2, 0x1.f4p+9, 0x1.df3b64p-4 };
  for (auto elem : float_array) {
      std::cout << std::hexfloat << elem
          << " = " << std::defaultfloat << elem << std::endl;
  }
}
```

使用十六进制浮点字面量的优势显而易见，它可以更加精准地表示浮点数。例如，IEEE-754 标准最小的单精度值很容易写为 0x1.0p-126。当然了，十六进制浮点字面量的劣势也很明显，它不便于代码的阅读理解。总之，我们在 C++17 中可以根据实际需求选择浮点数的表示方法，当需要精确表示某个浮点数的时候可以采用十六进制浮点字面量，其他情况使用十进制浮点字面量即可。

29.2 二进制整数字面量

在 C++14 标准中定义了二进制整数字面量，正如十六进制（0x，0X）和八进制（0）都有固定前缀一样，二进制整数字面量也有前缀 0b 和 0B。实际上 GCC 的扩展早已支持了二进制整数字面量，只不过到了 C++14 才作为标准引入：

```cpp
auto x = 0b11001101L + 0xcdl + 077LL + 42;
std::cout << "x = " << x << ", sizeof(x) = " << sizeof(x) << std::endl;
```

29.3 单引号作为整数分隔符

除了添加二进制整数字面量以外，C++14 标准还增加了一个用单引号作为整数分隔符的特性，目的是让比较长的整数阅读起来更加容易。单引号整数分隔符对于十进制、八进制、十六进制、二进制整数都是有效的，比如：

```
constexpr int x = 123'456;
static_assert(x == 0x1e'240);
static_assert(x == 036'11'00);
static_assert(x == 0b11'110'001'001'000'000);
```

值得注意的是，由于单引号在过去有用于界定字符的功能，因此这种改变可能会引起一些代码的兼容性问题，比如：

```
#include <iostream>

#define M(x, …) __VA_ARGS__
int x[2] = { M(1'2,3'4) };

int main()
{
  std::cout << "x[0] = "<< x[0] << ", x[1] = " << x[1] << std::endl;
}
```

上面的代码在 C++11 和 C++14 标准下编译运行的结果不同，在 C++11 标准下输出结果为 x[0] = 0, x[1] = 0，而在 C++14 标准下输出结果为 x[0] = 34, x[1] = 0。这个现象很容易解释，在 C++11 中 1'2,3'4 是一个参数，所以 __VA_ARGS__ 为空，而在 C++14 中它是两个参数 12 和 34，所以 __VA_ARGS__ 为 34。虽然会引起一点兼容性问题，但是读者不必过于担心，上面这种代码很少会出现在真实的项目中，大部分情况下我们还是可以放心地将编程环境升级到 C++14 或者更高标准的，只不过如果真的出现了编译错误，不妨留意一下是不是这个问题造成的。

29.4　原生字符串字面量

过去想在 C++ 中嵌入一段带格式和特殊符号的字符串是一件非常令人头痛的事情，比如在程序中嵌入一份 HTML 代码，我们不得不写成这样：

```
char hello_world_html[] =
  "<!DOCTYPE html>\r\n"
  "<html lang = \"en\">\r\n"
  "  <head>\r\n"
  "    <meta charset = \"utf-8\">\r\n"
```

```
"   <meta name = \"viewport\" content = \"width=device-width, initial-scale
=1, user-scalable=yes\">\r\n"
"     <title>Hello World!</title>\r\n"
"   </head>\r\n"
"   <body>\r\n"
"   Hello World!\r\n"
"   </body>\r\n"
"</html>\r\n";
```

可以看到上面代码里的字符串非常难以阅读和维护，这是因为它包含的大量转义字符影响了阅读的流畅性。为了解决这种问题，C++11 标准引入原生字符串字面量的概念。

原生字符串字面量并不是一个新的概念，比如在 Python 中已经支持在字符串之前加 R 来声明原生字符串字面量了。使用原生字符串字面量的代码会在编译的时候被编译器直接使用，也就是说保留了字符串里的格式和特殊字符，同时它也会忽略转移字符，概括起来就是所见即所得。

声明原生字符串字面量的语法很简单，即 prefix R"delimiter(raw_characters)delimiter"，这其中 prefix 和 delimiter 是可选部分，我们可以忽略它们，所以最简单的原生字符串字面量声明是 R"(raw_characters)"。以上面的 HTML 字符串为例：

```
char hello_world_html[] = R"(<!DOCTYPE html>
<html lang="en">
<head>
  <meta charset="utf-8">
  <meta name="viewport" content="width=device-width, initial-scale=1, user-
scalable=yes">
  <title>Hello World!</title>
</head>
<body>
Hello World!
</body>
</html>
)";
```

从上面的代码可以看到，原生字符串中不需要\r\n，也不需要对引号使用转义字符，编译后字符串的内容和格式与代码里的一模一样。读者在这里可能会有一个疑问，如果在声明的字符串内部有一个字符组合正好是)"，这样原生字符串不就会被截断了吗？没错，如果出现这样的情况，编译会出错。不过，我们也不必担心这种情况，C++11 标准已经考虑到了这个问题，所以有了 delimiter（分隔符）这个元素。delimiter 可以是由除括号、反斜杠和空格以外的任何源字符构成的字符序列，长度至多为 16 个字符。通过添加 delimiter 可以改变编译器对原生字符串字面量范围的判定，从而顺利编译带有)"的字符串，例如：

```cpp
char hello_world_html[] = R"cpp(<!DOCTYPE html>
<html lang="en">
<head>
  <meta charset="utf-8">
  <meta name="viewport" content="width=device-width, initial-scale=1, user-scalable=yes">
  <title>Hello World!</title>
</head>
<body>
"(Hello World!)"
< / body >
< / html >
)cpp";
```

在上面的代码中，字符串虽然包含"(Hello World!)"这个比较特殊的子字符串，但是因为我们添加了 cpp 这个分隔符，所以编译器能正确地获取字符串的真实范围，从而顺利地通过编译。

C++11 标准除了让我们能够定义 char 类型的原生字符串字面量外，对于 wchar_t、char8_t（C++20 标准开始）、char16_t 和 char32_t 类型的原生字符串字面量也有支持。要支持这 4 种字符类型，就需要用到另外一个可选元素 prefix 了。这里的 prefix 实际上是声明 4 个类型字符串的前缀 L、u、U 和 u8。

```cpp
char8_t utf8[] = u8R"(你好世界)"; // C++20 标准开始
char16_t utf16[] = uR"(你好世界)";
char32_t utf32[] = UR"(你好世界)";
wchar_t wstr[] = LR"(你好世界)";
```

最后，关于原生字符串字面量的连接规则实际上和普通字符串字面量是一样的，唯一需要注意的是，原生字符串字面量除了能连接原生字符串字面量以外，还能连接普通字符串字面量。

29.5　用户自定义字面量

在 C++11 标准中新引入了一个用户自定义字面量的概念，程序员可以通过自定义后缀将整数、浮点数、字符和字符串转化为特定的对象。这个特性往往用在需要大量声明某个类型对象的场景中，它能够减少一些重复类型的书写，避免代码

冗余。一个典型的例子就是不同单位对象的互相操作，比如长度、重量、时间等，
举个例子：

```cpp
#include <iostream>

template<int scale, char … unit_char>
struct LengthUnit {
  constexpr static int value = scale;
  constexpr static char unit_str[sizeof…(unit_char) + 1] = { unit_char…,
'\0' };
};


template<class T>
class LengthWithUnit {
public:
  LengthWithUnit() : length_unit_(0) {}
  LengthWithUnit(unsigned long long length) : length_unit_(length * T::value) {}

  template<class U>
  LengthWithUnit<std::conditional_t<(T::value > U::value), U, T>> operator+
(const LengthWithUnit<U> &rhs)
  {
      using unit_type = std::conditional_t<(T::value > U::value), U, T>;
      return LengthWithUnit<unit_type>((length_unit_ + rhs.get_length()) /
 unit_type::value);
  }

  unsigned long long get_length() const { return length_unit_; }
  constexpr static const char* get_unit_str() { return T::unit_str; }

private:
  unsigned long long length_unit_;
};


template<class T>
std::ostream& operator<< (std::ostream& out, const LengthWithUnit<T> &unit)
{
  out << unit.get_length() / T::value << LengthWithUnit<T>::get_unit_str();
  return out;
}

using MMUnit = LengthUnit<1, 'm', 'm'>;
using CMUnit = LengthUnit<10, 'c', 'm'>;
```

```
using DMUnit = LengthUnit<100, 'd', 'm'>;
using MUnit = LengthUnit<1000, 'm'>;
using KMUnit = LengthUnit<1000000, 'k', 'm'>;

using LengthWithMMUnit = LengthWithUnit<MMUnit>;
using LengthWithCMUnit = LengthWithUnit<CMUnit>;
using LengthWithDMUnit = LengthWithUnit<DMUnit>;
using LengthWithMUnit = LengthWithUnit<MUnit>;
using LengthWithKMUnit = LengthWithUnit<KMUnit>;

int main()
{
  auto total_length = LengthWithCMUnit(1) + LengthWithMUnit(2) + LengthWith
MMUnit(4);
  std::cout << total_length;
}
```

上面的代码定义了两个类模板，一个是长度单位 LengthUnit，另外一个是带
单位的长度 LengthWithUnit，然后基于这两个类模板生成了毫米、厘米、分米、
米和千米单位类以及它们对应的带单位的长度类。为了不同单位的数据相加，我们
在类模板 LengthWithUnit 中重载了加号运算符，函数中总是会将较大的单位转换
到较小的单位进行求和，比如千米和厘米相加得到的结果单位为厘米。最后，我们
在 main 函数中对不同单位的对象求和并且输出求和结果。类模板的编写用到了一些
模板元编程的知识，我们暂时可以忽略它们，现在需要关注的是 main 函数里的代码。
我们发现每增加一个求和的操作数就需要重复写一个类型 LengthWithXXUnit，当
操作数很多的时候代码会变得很长，难以阅读和维护。当遇到这种情况的时候，我
们可以考虑使用用户自定义字面量来简化代码，比如：

```
LengthWithMMUnit operator "" _mm(unsigned long long length)
{
  return LengthWithMMUnit(length);
}


LengthWithCMUnit operator "" _cm(unsigned long long length)
{
  return LengthWithCMUnit(length);
}


LengthWithDMUnit operator "" _dm(unsigned long long length)
{
  return LengthWithDMUnit(length);
}
```

```
LengthWithMUnit operator "" _m(unsigned long long length)
{
  return LengthWithMUnit(length);
}

LengthWithKMUnit operator "" _km(unsigned long long length)
{
  return LengthWithKMUnit(length);
}

int main()
{
  auto total_length = 1_cm + 2_m + 4_mm;
  std::cout << total_length;
}
```

上面的代码定义了 5 个字面量运算符函数，这些函数返回不同单位的长度对象，分别对应于毫米、厘米、分米、米和千米。字面量运算符函数的函数名会作为后缀应用于字面量。在 main 函数中，我们可以看到现在的代码省略了 LengthWithXXUnit 的类型声明，取而代之的是一个整型的字面量紧跟着一个以下画线开头的后缀 _cm、_m 或者 _mm。在这里编译器会根据字面量的后缀去查找对应的字面量运算符函数，并根据函数形式对字面量做相应处理后调用该函数，如果编译器没有找到任何对应的函数，则会报错。所以这里的 1_cm、2_m 和 4_mm 分别等于调用了 LengthWithCMUnit(1)、LengthWithMUnit(2) 和 LengthWithMMUnit(4)。

接下来让我们看一看字面量运算符函数的语法规则，字面量运算符函数的语法和其他运算符函数一样都是由返回类型、operator 关键字、标识符以及函数形参组成的：

```
retrun_type operator "" identifier (params)
```

值得注意的是在 C++11 的标准中，双引号和紧跟的标识符中间必须有空格，不过这个规则在 C++14 标准中被去除。在 C++14 标准中，标识符不但可以紧跟在双引号后，而且还能使用 C++的保留字作为标识符。标准中还建议用户定义的字面量运算符函数的标识符应该以下画线开始，把没有下画线开始的标识符保留给标准库使用。虽然标准并没有强制规定自定义的字面量运算符函数标识符必须以下画线开始，但是我们还是应该尽量遵循标准的建议。这一点编译器也会提示我们，如果使用了非下画线开始的标识符，它会给出明确的警告信息。

上文曾提到，用户自定义字面量支持整数、浮点数、字符和字符串 4 种类型。虽然它们都通过字面量运算符函数来定义，但是对于不同的类型字面量运算符函数，语法在参数上有略微的区别。

　　对于整数字面量运算符函数有 3 种不同的形参类型 unsigned long long、const char*以及形参为空。其中 unsigned long long 和 const char*比较简单，编译器会将整数字面量转换为对应的无符号 long long 类型或者常量字符串类型，然后将其作为参数传递给运算符函数。而对于无参数的情况则使用了模板参数，形如 operator "" identifier<char … c>()，这个稍微复杂一些，我们在后面的例子中详细介绍。

　　对于浮点数字面量运算符函数也有 3 种形参类型 long double、const char*以及形参为空。和整数字面量运算符函数相比，除了将 unsigned long long 换成了 long double，没有其他的区别。

　　对于字符串字面量运算符函数目前只有一种形参类型列表 const char* str, size_t len。其中 str 为字符串字面量的具体内容，len 是字符串字面量的长度。

　　对于字符字面量运算符函数也只有一种形参类型 char，参数内容为字符字面量本身：

```
#include <string>

unsigned long long operator "" _w1(unsigned long long n)
{
  return n;
}

const char * operator "" _w2(const char *str)
{
  return str;
}

unsigned long long operator "" _w3(long double n)
{
  return n;
}

std::string operator "" _w4(const char* str, size_t len)
{
  return str;
}

char operator "" _w5(char n)
{
  return n;
}

unsigned long long operator ""if(unsigned long long n)
```

```
  {
    return n;
  }

  int main()
  {
    auto x1 = 123_w1;
    auto x2_1 = 123_w2;
    auto x2_2 = 12.3_w2;
    auto x3 = 12.3_w3;
    auto x4 = "hello world"_w4;
    auto x5 = 'a'_w5;
    auto x6 = 123if;
  }
```

在上面的代码中，根据字面量运算符函数的语法规则，后缀_w1 和_w2 可以用于整数，后缀_w3 和_w2 可以用于浮点数，而_w4 和_w5 分别用于字符串和字符。请注意最后一个 if 后缀，它必须用支持 C++14 标准的编译器才能编译成功。这个后缀有两点比较特殊，首先它使用保留关键字 if 作为后缀，其次它没有用下画线开头。前者能够这么做是因为 C++14 标准中字面量运算符函数双引号后紧跟的标识符允许使用保留字，而对于后者支持 C++11 标准的编译器通常允许这么做，只是会给出警告。

最后来看一下字面量运算符函数使用模板参数的情况（关于可变参数模板的内容会在第 35 章详细介绍），在这种情况下函数本身没有任何形参，字面量的内容通过可变模板参数列表<char...>传到函数，例如：

```
  #include <string>

  template <char...c> std::string operator "" _w()
  {
    std::string str;
    //(str.push_back(c), ...);           // C++17 的折叠表达式
    using unused = int[];
    unused{ (str.push_back(c), 0) ... };
    return str;
  }

  int main()
  {
    auto x = 123_w;
    auto y = 12.3_w;
  }
```

上面这段代码展示了一个使用可变参数模板的字面量运算符函数，该函数通过声明数组展开参数包的技巧将 char 类型的模板参数 push_back 到 str 中。实际上，通常情况下很少会用到这种形式的字面量运算符函数，从易用性和可读性的角度来说它都不是一个好的选择，所以我建议还是采用上面提到的那些带有形参的字面量运算符函数。

29.6 总结

本章介绍了 C++11 到 C++17 中字面量方面的优化，其中二进制整数字面量和十六进制浮点字面量增强了字面量的表达能力，让单引号作为整数的分隔符优化了长整数的可读性，用户自定义字面量让代码库作者能够为客户提供更加简洁的调用对象的方法，最实用的应该要数原生字符串字面量了，它让我们摆脱了复杂字符串中转义字符的干扰，让字符串所见即所得，在类似代码或者正则表达式等字符串上十分有用。

第 30 章

alignas 和 alignof（C++11 C++17）

30.1　不可忽视的数据对齐问题

　　C++11 中新增了 alignof 和 alignas 两个关键字，其中 alignof 运算符可以用于获取类型的对齐字节长度，alignas 说明符可以用来改变类型的默认对齐字节长度。这两个关键字的出现解决了长期以来 C++标准中无法对数据对齐进行处理的问题。

　　在详细介绍这两个关键字之前，我们先来看一看下面这段代码：

```
#include <iostream>

struct A
{
  char a1;
  int a2;
  double a3;
};

struct B
{
  short b1;
  bool b2;
  double b3;
};

int main()
```

```
{
  std::cout << "sizeof(A::a1) + sizeof(A::a2) + sizeof(A::a3) = "
      << sizeof(A::a1) + sizeof(A::a2) + sizeof(A::a3) << std::endl;
  std::cout << "sizeof(B::b1) + sizeof(B::b2) + sizeof(B::b3) = "
      << sizeof(B::b1) + sizeof(B::b2) + sizeof(B::b3) << std::endl;
  std::cout << "sizeof(A) = " << sizeof(A) << std::endl;
  std::cout << "sizeof(B) = " << sizeof(B) << std::endl;
}
```

编译运行这段代码会得到以下结果：

```
sizeof(A::a1) + sizeof(A::a2) + sizeof(A::a3) = 13
sizeof(B::b1) + sizeof(B::b2) + sizeof(B::b3) = 11
sizeof(A) = 16
sizeof(B) = 16
```

奇怪的事情发生了，A 和 B 两个类的成员变量的数据长度之和分别为 13 字节和 11 字节，与它们本身的数据长度 16 字节不同。对比这两个类，它们在成员变量数据长度之和上明明不同，却在类整体数据长度上又相同。有经验的程序员应该一眼就能看出其中的原因。实际上，一个类型的属性除了其数据长度，还有一个重要的属性——数据对齐的字节长度。

在上面的代码中，char 以 1 字节对齐，short 以 2 字节对齐，int 以 4 字节对齐，double 以 8 字节对齐，所以它们的实际数据结构应该是这样的：

```
struct A
{
  char a1;
  char a1_pad[3];
  int a2;
  double a3;
};
```

内存布局如表 30-1 所示。

▼表 30-1

偏移量	元素
0x0000	a1
0x0001	a1_pad[3]
0x0004	a2
0x0008	a3

```
struct B
{
  short b1;
```

```
        bool b2;
        char b2_pad[5];
        double b3;
    };
```

内存布局如表 30-2 所示。

▼表 30-2

偏移量	元素
0x0000	b1
0x0002	b2
0x0003	b2_pad[5]
0x0008	b3

通过上述示例应该能够对数据对齐有比较直观的理解了。但是为什么我们需要数据对齐呢？原因说起来很简单，就是硬件需要。首当其冲的就是 CPU 了，CPU 对数据对齐有着迫切的需求，一个好的对齐字节长度可以让 CPU 运行起来更加轻松快速。反过来说，不好的对齐字节长度则会让 CPU 运行速度减慢，甚至抛出错误。通常来说所谓好的对齐长度和 CPU 访问数据总线的宽度有关系，比如 CPU 访问 32 位宽度的数据总线，就会期待数据是按照 32 位对齐，也就是 4 字节。这样 CPU 读取 4 字节的数据只需要对总线访问一次，但是如果要访问的数据并没有按照 4 字节对齐，那么 CPU 需要访问数据总线两次，运算速度自然也就减慢了。另外，对于数据对齐问题引发错误的情况（Alignment Fault），通常会发生在 ARM 架构的计算机上。当然除了 CPU 之外，还有其他硬件也需要数据对齐，比如通过 DMA 访问硬盘，就会要求内存必须是 4K 对齐的。总的来说，配合现代编译器和 CPU 架构，可以让程序获得令人难以置信的性能，但这种良好的性能取决于某些编程实践，其中一种编程实践是正确的数据对齐。

30.2　C++11 标准之前控制数据对齐的方法

在 C++11 标准之前我们没有一个标准方法来设定数据的对齐字节长度，只能依靠一些编程技巧和各种编译器自身提供的扩展功能来达到这一目的。

首先让我们来看一看如何获得类型的对齐字节长度。在 alignof 运算符被引入之前，程序员常用 offsetof 来间接实现 alignof 的功能，其中一种实现方法如下：

```
#define ALIGNOF(type, result) \
  struct type##_alignof_trick{ char c; type member; }; \
  result = offsetof(type##_alignof_trick, member)

int x1 = 0;
ALIGNOF(int, x1);
```

以上代码用宏定义了一个结构体，其中用 type 定义了成员变量 member，然后用 offsetof 获取 member 的偏移量，从而获取指定类型的对齐字节长度。该方法运用在大部分类型上没有问题，不过还是有些例外，比如函数指针类型：

```
int x1 = 0;
ALIGNOF(void(*)(), x1);            // 无法编译通过
```

当然了，我们可以用 typedef 来解决这个问题：

```
int x1 = 0;
typedef void (*f)();
ALIGNOF(f, x1);
```

实际上我们还有第二种更好的方案：

```
template<class T> struct alignof_trick { char c; T member; };
#define ALIGNOF(type) offsetof(alignof_trick<type>, member)

auto x1 = ALIGNOF(int);
auto x2 = ALIGNOF(void(*)());
```

上面的代码利用模板来构造结构体，这一点显然优于用宏构造。因为它不仅可以处理函数指针类型，还能够在表达式中构造结构体，从而让 ALIGNOF 写在表达式当中，这也让它更接近 alignof 运算符的用法。

除用一些小技巧获取类型对齐字节长度之外，很多编译器还提供了一些扩展方法帮助我们获得类型的对齐字节长度，以 MSVC 和 GCC 为例，它们分别可以通过扩展关键字 __alignof 和 __alignof__ 来获取数据类型的对齐字节长度：

```
// MSVC
auto x1 = __alignof(int);
auto x2 = __alignof(void(*)());

// GCC
auto x3 = __alignof__(int);
auto x4 = __alignof__(void(*)());
```

相对于获取数据对齐的功能而言，设置数据对齐就没那么幸运了，在 C++11 之前，我们不得不依赖编译器给我们提供的扩展功能来设置数据对齐。幸好很多编译器也提供了这样的功能，还是以 MSVC 和 GCC 为例：

```
// MSVC
short x1;
_ declspec(align(8)) short x2;
std::cout << "x1 = " << __alignof(x1) << std::endl;
std::cout << "x2 = " << __alignof(x2) << std::endl;

// GCC
short x3;
__attribute__((aligned(8))) short x4;
std::cout << "x3 = " << __alignof__(x3) << std::endl;
std::cout << "x4 = " << __alignof__(x4) << std::endl;
```

上面的代码输出结果如下：

```
x1 = 2
x2 = 8
x3 = 2
x4 = 8
```

　　__declspec(align(8)) 和 __attribute__((aligned(8))) 分别将 x2 和 x4 两个 short 类型的对齐长度从 2 字节扩展到 8 字节。

　　不同的编译器需要采用不同的扩展功能来控制类型的对齐字节长度，这一点对于程序员来说很不友好。所以 C++标准委员在 C++11 标准中新增了 alignof 和 alignas 两个关键字。

30.3　使用 alignof 运算符

　　alignof 运算符和我们前面提到的编译器扩展关键字 __alignof 、__alignof__ 用法相同，都是获得类型的对齐字节长度，比如：

```
auto x1 = alignof(int);
auto x2 = alignof(void(*)());

int a = 0;
auto x3 = alignof(a);                    // *C++标准不支持这种用法
```

　　请注意上面的第 4 句代码，alignof 的计算对象并不是一个类型，而是一个变量。但是 C++标准规定 alignof 必须是针对类型的。不过 GCC 扩展了这条规则，alignof 除了能接受一个类型外还能接受一个变量，用 GCC 编译此段代码是可以编译通过的。阅读了第 4 章的读者可能会想到，我们只需要结合 decltype，就能够扩展出类似这样的功能：

```
int a = 0;
auto x3 = alignof(decltype(a));
```

但实际情况是，这种做法只有在类型使用默认对齐的时候才是正确的，如果用在下面的情况中会产生错误的结果：

```
alignas(8) int a = 0;
auto x3 = alignof(decltype(a));        // 错误的返回 4，而并非设置的 8
```

使用 MSVC 的读者如果想获得变量的对齐，不妨使用编译器的扩展关键字 __alignof：

```
alignas(8) int a = 0;
auto x3 = __alignof(a);        // 返回 8
```

另外，我们还可以通过 alignof 获得类型 std::max_align_t 的对齐字节长度，这是一个非常重要的值。C++11 定义了 std::max_align_t，它是一个平凡的标准布局类型，其对齐字节长度要求至少与每个标量类型一样严格。也就是说，所有的标量类型都适应 std::max_align_t 的对齐字节长度。C++标准还规定，诸如 new 和 malloc 之类的分配函数返回的指针需要适合于任何对象，也就是说内存地址至少与 std::max_align_t 严格对齐。由于 C++标准并没有定义 std::max_align_t 对齐字节长度具体是什么样的，因此不同的平台会有不同的值，通常情况下是 8 字节和 16 字节。下面做一个小实验来验证一下刚刚的说法：

```
for (int i = 0; i < 100; i++) {
  auto *p = new char();
  auto addr = reinterpret_cast<std::uintptr_t>(p);
  std::cout << addr % alignof(std::max_align_t) << std::endl;
  delete p;
}
```

编译运行以上代码，会发现输出的都是 0，也就是说即使我们分配的是 1 字节的内存，内存分配器也会将指针定位到与 std::max_align_t 对齐的地方。如果我们有自定义内存分配器的需要，请务必考虑到这个细节。

30.4　使用 alignas 说明符

接下来看一看 alignas 说明符的用法，该说明符可以接受类型或者常量表达式。特别需要注意的是，该常量表达式计算的结果必须是一个 2 的幂值，否则是无法通过编译的。具体用法如下（这里采用 GCC 编译器，因为其 alignof 可以查看变量的对齐字节长度）：

```cpp
#include <iostream>
struct X
{
  char a1;
  int a2;
  double a3;
};

struct X1
{
  alignas(16) char a1;
  alignas(double) int a2;
  double a3;
};

struct alignas(16) X2
{
  char a1;
  int a2;
  double a3;
};

struct alignas(16) X3
{
  alignas(8) char a1;
  alignas(double) int a2;
  double a3;
};

struct alignas(4) X4
{
  alignas(8) char a1;
  alignas(double) int a2;
  double a3;
};

#define COUT_ALIGN(s) std::cout << "alignof(" #s ") = " << alignof(s) << std::endl

int main()
{
```

```
    X x;
    X1 x1;
    X2 x2;
    X3 x3;
    X4 x4;
    alignas(4) X3 x5;
    alignas(16) X4 x6;

    COUT_ALIGN(x);
    COUT_ALIGN(x1);
    COUT_ALIGN(x2);
    COUT_ALIGN(x3);
    COUT_ALIGN(x4);
    COUT_ALIGN(x5);
    COUT_ALIGN(x6);

    COUT_ALIGN(x5.a1);
    COUT_ALIGN(x6.a1);
}
```

输出结果如下：

```
alignof(x) = 8
alignof(x1) = 16
alignof(x2) = 16
alignof(x3) = 16
alignof(x4) = 8
alignof(x5) = 4
alignof(x6) = 16
alignof(x5.a1) = 8
alignof(x6.a1) = 8
```

从上面的代码可以看出，alignas 的使用非常灵活，例子中它既可以用于结构体，也可以用于结构体的成员变量。如果将 alignas 用于结构体类型，那么该结构体整体就会以 alignas 声明的对齐字节长度进行对齐，比如在例子中，X 的类型对齐字节长度为 8 字节，而 X2 在使用了 alignas(16) 之后，对齐字节长度修改为了 16 字节。另外，如果修改结构体成员的对齐字节长度，那么结构体本身的对齐字节长度也会发生变化，因为结构体类型的对齐字节长度总是需要大于或者等于其成员变量类型的对齐字节长度。比如 X1 的成员变量 a1 类型的对齐字节长度修改为了 16 字节，所有 X1 类型也被修改为 16 字节对齐。同样的规则也适用于结构体 X3，X3 类型的对齐字节长度被指定为 16 字节，虽然其成员变量 a1 的类型对齐字节长度被指定为 8 字节，但是并不能改变 X3 类型的对齐字节长度。X4 就恰恰相反，由于 X4 指定的对齐字节长度为 4 字节，明显小于其成员变量类型需要的对齐字节长度的字节数，因此这里 X4 的 alignas(4) 会被忽略。最后要说明的是，结构体类型的对齐字节长度，并不能影响声明变量时变量的对齐字节长度，比如 X5、X6。不过在变量声明时指定对齐字节长度，也不影响变量内部成员变量类型的对齐字节长度，比如 x5.a1、x6.a1。上面的代码用结构体作为例子，实际上对于类也是一样的。

30.5　其他关于对齐字节长度的支持

C++11 标准除了提供了关键字 alignof 和 alignas 来支持对齐字节长度的控制以外，还提供了 std::alignment_of、std::aligned_storage 和 std::aligned_union 类模板型以及 std::align 函数模板来支持对于对齐字节长度的控制。下面简单地介绍一下它们的用法。

std::alignment_of 和 alignof 的功能差不多，可以获取类型的对齐字节长度，例如：

```
std::cout << std::alignment_of<int>::value << std::endl;       // 输出 4
std::cout << std::alignment_of<int>() << std::endl;            // 输出 4
std::cout << std::alignment_of<double>::value << std::endl;    // 输出 8
std::cout << std::alignment_of<double>() << std::endl;         // 输出 8
```

std::aligned_storage 可以用来分配一块指定对齐字节长度和大小的内存，例如：

```
std::aligned_storage<128, 16>::type buffer;
std::cout << sizeof(buffer) << std::endl;        // 内存大小指定为 128 字节
std::cout << alignof(buffer) << std::endl;       // 对齐字节长度指定为 16 字节
```

std::aligned_union 接受一个 std::size_t 作为分配内存的大小，以及不定数量的类型。std::aligned_union 会获取这些类型中对齐字节长度最严格的（对齐字节数最大）作为分配内存的对齐字节长度，例如：

```
std::aligned_union<64, double, int, char>::type buffer;
std::cout << sizeof(buffer) << std::endl;        // 内存大小指定为 64 字节
std::cout << alignof(buffer) << std::endl;       // 对齐字节长度自动选择为
                                                 // double，8 字节对齐
```

最后解释一下 std::align 函数模板，该函数接受一个指定大小的缓冲区空间的指针和一个对齐字节长度，返回一个该缓冲区中最近的能找到符合指定对齐字节长度的指针。通常来说，我们传入的缓冲区内存大小为预分配的缓冲区大小加上预指定对齐字节长度的字节数。下面会给出一个例子详解这个函数模板的用法，这个例子不仅说明了函数的用法，更重要的是，它证明了在 CPU 喜爱的对齐字节长度上做计算，CPU 的工作效率会更高：

```cpp
#include <iostream>
#include <memory>
#include <chrono>
static inline void *__movsb(void *d, const void *s, size_t n) {
  asm volatile ("rep movsb"
                : "=D" (d),
                  "=S" (s),
                  "=c" (n)
                : "0" (d),
                  "1" (s),
                  "2" (n)
                : "memory");
  return d;
}

int main(int argc, char *argv[])
{
  constexpr int align_size = 32;
  constexpr int alloc_size = 10001;
  constexpr int buff_size = align_size + alloc_size;
  char dest[buff_size]{0};
  char src[buff_size]{0};
  void *dest_ori_ptr = dest;
  void *src_ori_ptr = src;
  size_t dest_size = sizeof(dest);
  size_t src_size = sizeof(src);
  char *dest_ptr = static_cast<char *>(std::align(align_size, alloc_size,
dest_ori_ptr, dest_size));
  char *src_ptr = static_cast<char *>(std::align(align_size, alloc_size,
src_ori_ptr, src_size));

  if (argc == 2 && argv[1][0] == '1') {
      ++dest_ptr;
      ++src_ptr;
  }

  auto start = std::chrono::high_resolution_clock::now();
  for (int i = 0; i < 10000000; i++) {
      __movsb(dest_ptr, src_ptr, alloc_size - 1);
  }

  auto end = std::chrono::high_resolution_clock::now();
```

```
    std::chrono::duration<double> diff = end - start;
    std::cout << "elapsed time = " << diff.count();
}
```

上面的代码用汇编语言实现了一个 memcpy 函数以确保复制内存函数都是通过汇编指令 movsb 完成的。然后我们预先分配了两个 10001+32 字节大小的内存作为目标缓冲区和源缓冲区。此后通过 std::align 找到两个缓冲区中按照 32 字节对齐的指针，该指针指向的内存大小至少为 10001 字节。最后我们用自己实现的内存复制函数进行内存复制。如果运行的时候不带任何参数，则使用 32 字节对齐的内存进行复制，否则用 1 字节对齐的内存进行内存复制，复制动作重复 10000000 次。在 Intel(R) Core(TM) i7-7700 CPU @ 3.60GHz 的机器上，两种方法的运行结果很有大差别：

```
./aligntest
elapsed time = 0.951485
./aligntest 1
elapsed time = 1.36937
```

可以看到，32 字节对齐的缓冲区复制时间比 1 字节对齐的缓冲区复制时间整整少了 0.4s 有余。在性能优化上来说是非常巨大的提升。

30.6   C++17 中使用 new 分配指定对齐字节长度的对象

前面曾提到过内存分配器会按照 std::max_align_t 的对齐字节长度分配对象的内存空间。这一点在 C++17 标准中发生了改变，new 运算符也拥有了根据对齐字节长度分配对象的能力。这个能力是通过让 new 运算符接受一个 std::align_val_t 类型的参数来获得分配对象需要的对齐字节长度来实现的：

```
void* operator new(std::size_t, std::align_val_t);
void* operator new[](std::size_t, std::align_val_t);
```

编译器会自动从类型对齐字节长度的属性中获取这个参数并且传参，不需要额外的代码介入。例如：

```
// test_new.cpp
#include <iostream>
union alignas(256) X
{
  char a1;
  int a2;
```

```
    double a3;
};
int main(int argc, char *argv[])
{
  X *x = new X();
  std::cout << "x = " << x << std::endl;
}
```

通过 GCC 编译器将其编译为 C++11 和 C++17 两个版本,可以看到输出结果的
区别:

```
g++ -std=c++11 test_new.cpp -o cpp11
./cpp11
x = 0x1071620

g++ -std=c++17 test_new.cpp -o cpp17
./cpp17
x = 0x1d1700
```

我们发现在使用 C++11 标准的情况下,new 分配的对象指针(0x1071620)并没
有按照 X 指定的对齐字节长度(256 字节)对齐,而在使用 C++17 标准的情况下,
new 分配的对象指针(0x1d1700)正好为 X 指定的对齐字节长度。

30.7 总结

类型的对齐字节长度是编程中极易忽略的一个属性,这是因为即使我们不关注
类型的对齐字节长度,大多数情况下它也不会妨碍我们写出正确的程序。但是就如
std::align 的代码示例所呈现的,如果掌握了类型对齐的方法,它能让我们写出
更加高效的程序,从而充分发挥硬件的最大功效。新的 C++标准提供了多种优秀的
方案让我们在控制类型对齐方面变得游刃有余,一个好的 C++程序员应该借助新标
准提供的这些特性让程序运行得更加高效。

第 31 章

属性说明符和标准属性（C++11~C++20）

31.1 GCC 的属性语法

GCC 从 2.9.3 版本开始支持 GCC 手册的属性语法，后来一些编译器为了兼容以 GCC 为基础编写的代码也纷纷支持了 GCC 的属性语法。GCC 的属性语法如下：

```
_attribute__((attribute-list))
```

请注意，GCC 添加了一个扩展关键字 __attribute__，这个关键字前后都有 双下画线并且紧跟着两对括号，用如此烦琐的语法作为说明符的目的一方面是防止 入侵 C++标准，另一方面是避免和现有代码发生冲突。GCC 的属性语法十分灵活， 它能够用于结构体、类、联合类型、枚举类型、变量或者函数。比如前面介绍的设 置对齐字节长度就是 GCC 的属性语法：

```cpp
#include <iostream>

#define PRINT_ALIGN(c, v)    \
  std::cout << "alignof(" #c ") = " << alignof(c) \
  << ", alignof(" #v ") = " << alignof(v) << std::endl

__attribute__((aligned(16))) class X { int i; } a;
class __attribute__((aligned(16))) X1 { int i; } a1;
class X2 { int i; } __attribute__((aligned(16))) a2;
class X3 { int i; } a3 __attribute__((aligned(16)));


int main()
```

```
{
  PRINT_ALIGN(X, a);
  PRINT_ALIGN(X1, a1);
  PRINT_ALIGN(X2, a2);
  PRINT_ALIGN(X3, a3);
}
```

以上代码的输出结果如下：

```
alignof(X) = 4, alignof(a) = 16
alignof(X1) = 16, alignof(a1) = 16
alignof(X2) = 16, alignof(a2) = 16
alignof(X3) = 4, alignof(a3) = 16
```

可以看出，根据 __attribute__((aligned(16))) 所在语句位置的不同，对类和对象的作用是不同的。首先，放置在用户定义类型开始处的属性是声明类型的变量，而非类型本身，所以 __attribute__((aligned(16))) class X { int i; } a;中对象 a 的对齐字节长度为 16 字节，而类 X 的对齐字节长度为默认的 4 字节。然后，放置在 class 关键字或者整个类声明之后的属性声明的是类型本身，一旦类型的对齐字节长度确定下来，其对象的对齐字节长度也就确定了下来，所以在 class __attribute__((aligned(16))) X1 { int i; } a1;和 class X2 { int i; } __attribute__((aligned (16))) a2;中类 X1、X2 以及对象 a1、a2 的对齐字节长度都是 16 字节。最后，放置在声明对象之后的属性声明的是对象本身，所以 class X3 { int i; } a3 __attribute__((aligned (16)));中对象 a3 的对齐字节长度为 16 字节，而类 X3 的对齐字节长度为默认的 4 字节。实际上属性描述的范围非常广，除了刚刚提到的类和对象以外，对联合类型、函数等都可以进行声明，它还有属性覆盖和组合的规则，有兴趣的读者可以阅读 GCC 手册中关于属性的内容，这里就不再展开介绍了。

31.2 MSVC 的属性语法

MSVC 的属性语法和 GCC 相似，它引入了一个 __declspec 扩展关键字，不过这个关键字没有以双下画线结尾，后面紧跟的是单对括号：

```
__declspec(attribute-list)
```

相对于 GCC 复杂的属性语法规则，MSVC 的属性语法规则就简单多了：

```
__declspec(dllimport) class X {} varX;
```

```
class __declspec(dllimport) X {};
```

MSDN 的文档中介绍，将 __declspec 放置在声明对象语句的开头，则属性描述的是对象本身 varX，而不是类型 X，如果没有声明对象，则忽略属性。而将 __declspec 放置在 class 和类型名之间，描述的则是类型。

不管是 GCC 的属性语法还是 MSVC 的属性语法，它们都有一个共同的问题——属性声明过于烦琐。为了解决这个问题，以及用标准化的方法统一属性说明符的语法规则，C++11 发布了标准的属性说明符语法。

31.3 标准属性说明符语法

C++11 标准的属性表示方法是以双中括号开头、以反双中括号结尾，括号中是具体的属性：

```
[[attr]] [[attr1, attr2, attr3(args)]] [[namespace::attr(args)]]
```

当需要多属性的时候可以在一个双中括号内用逗号分隔属性，也可以用多个双中括号来描述不同的属性。属性本身还支持命名空间，这样各个编译器或者扩展厂商就可以定义自己的属性命名空间以避免相互冲突。虽然使用双中括号包括属性的语法多多少少看起来有些奇怪，不过也正因如此，无论是编译器还是程序员都能很容易地识别出语句中的属性，方便了属性插入程序中的任何角落。除此之外，使用这样的语法也比 GCC 和 MSVC 的属性语法简洁很多。

有了这种"奇怪"语法作为先决条件，C++11 标准的属性说明符可用在 C++ 程序中的几乎所有位置，而且可用于几乎所有实体：类型、变量、函数、代码块等。只不过不同的属性本身有特定的声明对象，比如 [[noreturn]] 只能用于声明函数。在声明中，属性可出现在整个声明之前或直接跟在被声明对象之后，在这种情况下它们将被组合起来。普遍的规则是，属性说明符总是声明位于其之前的对象，而在整个声明之前的属性则会声明语句中所有声明的对象：

```
[[attr1]] class [[attr2]] X { int i; } a, b[[attr3]];
```

在上面的例子中，attr1 声明了对象 a 和 b，attr2 声明了类型 X，X 的属性也会影响到对象 a 和 b，最后 attr3 只声明了对象 b。前面虽然说过，属性可以用于几乎所有的位置，不过到 C++20 为止，绝大部分标准属性在声明中使用，目前只有 fallthrough 属性可以用于 switch 语句。

31.4 使用 using 打开属性的命名空间

上文提到过，为了防止不同编译器厂商在扩展属性的时候发生冲突，标准属性的语法支持了命名空间，举个例子（这个例子请使用 GCC9.1 或者以上的版本编译）：

```
[[gnu::always_inline]] [[gnu::hot]] [[gnu::const]] [[nodiscard]]
inline int f();
```

或者

```
[[gnu::always_inline, gnu::hot, gnu::const, nodiscard]]
inline int f();
```

在这个例子中，GCC 命名空间虽然保护了其属性不会受到其他属性的影响，但是为了声明这些属性，程序员不得不重复指示命名空间，这造成了代码冗余。C++17标准对命名空间属性声明做了优化，它引入了 using 关键字打开属性命名空间，随后即可直接使用命名空间的属性从而减少代码冗余，其语法如下：

```
[[ using attribute-namespace : attribute-list ]]
```

其中 attribute-namespace 是命名空间的名称，attribute-list 是命名空间内的属性，它们直接使用冒号分隔，多属性之间使用逗号分隔。现在让我们进一步改写函数 f 的属性：

```
[[using gnu: always_inline, hot, const]][[nodiscard]]
inline int f();
```

在这个版本中我们将属性分为了两块，一块是标准属性 nodiscard，另一块是带有 GCC 命名空间的扩展属性 always_inline、hot 和 const。可以看到使用新的语法不仅消除了命名空间的冗余问题，而且很好地对属性进行了分类，让属性的修改和阅读都变得更加方便了。C++17 标准还规定，编译器应该忽略任何无法识别的属性。

31.5 标准属性

虽然从语法上来说属性可以出现在程序的任意位置，但是从 C++11 到 C++20 标准一共只定义了 9 种标准属性。这是因为 C++标准委员会对于标准属性的定义非常谨慎。一方面他们需要考虑一个语言特性应该定义为关键字还是定义为属性，另一方面还需要谨慎考虑该属性是否是平台通用。举例来说，在标准属性确定之前对齐字节长度一直作为一个扩展属性出现在各种编译器中，但是 C++标准并不认可这种情况，于是对齐字节长度作为语言本身的一部分出现在了新的标准当中。

接下来就让我们看一看目前定义的 9 种标准属性。

31.5.1 noreturn

noreturn 是 C++11 标准引入的属性，该属性用于声明函数不会返回。注意，这里的所谓函数不返回和函数返回类型为 void 不同，返回类型为 void 说明函数还是会返回到调用者，只不过没有返回值；而用 noreturn 属性声明的函数编译器会认为在这个函数中执行流会被中断，函数不会返回到其调用者。举例来说：

```
void foo() {}
void bar() {}

int main()
{
    foo();
    bar();
}
```

在以上代码中 foo 函数的返回类型为 void，但是没有指定 noreturn 属性，所以函数还是返回。反汇编二进制程序可以得到汇编代码：

```
foo():
.LFB0:
        push    rbp
        mov     rbp, rsp
        nop
        pop     rbp
        ret
.LFE0:
bar():
.LFB1:
        push    rbp
        mov     rbp, rsp
        nop
        pop     rbp
        ret
.LFE1:
main:
```

```
.LFB2:
        push    rbp
        mov     rbp, rsp
        call    foo()
        call    bar()
        mov     eax, 0
        pop     rbp
        ret
.LFE2:
```

从汇编代码可以看到，在调用 foo 函数以后执行流会返回到 main 函数并且再调用 bar 函数，该流程没有中断。如果我们给 foo 函数添加 noreturn 属性，那么这个反汇编代码就会发生变化：

```
[[noreturn]] void foo() {}
void bar() {}

int main()
{
    foo();
    bar();
}
```

反汇编代码如下：

```
foo():
.LFB0:
        push    rbp
        mov     rbp, rsp
        nop
        pop     rbp
        ret
.LFE0:
bar():
.LFB1:
        push    rbp
        mov     rbp, rsp
        nop
        pop     rbp
        ret
.LFE1:
main:
.LFB2:
        push    rbp
        mov     rbp, rsp
        call    foo()
.LFE2:
```

观察上面的反汇编代码可以发现，在对 foo 添加 noreturn 属性以后，main 函数中编译器不再为调用 foo 后面的过程生成代码了，它不仅忽略了对 bar 函数的调用，甚至干脆连 main 函数里的栈平衡以及返回代码都忽略了。因为编译器被告知，调用 foo 函数之后程序的执行流会被中断，所以生成的代码一定不会被执行，索性也不需要生成这些代码了。

31.5.2　carries_dependency

carries_dependency 是 C++11 标准引入的属性，该属性允许跨函数传递内存依赖项，它通常用于弱内存顺序架构平台上多线程程序的优化，避免编译器生成不必要的内存栅栏指令。所谓弱内存顺序架构，简单来说是指在多核心的情况下，一个核心看到共享内存中的值的变化与另一个核心写入它们的顺序不同。IBM 的 PowerPC 就是这样的架构，而 Intel 和 AMD 的 x86/64 处理器系列则并不属于此类。

该属性可以出现在两种情况中。

1. 作为函数或者 lambda 表达式参数的属性出现，这种情况表示调用者不用担心内存顺序，函数内部会处理好这个问题，编译器可以不生成内存栅栏指令。

2. 作为函数的属性出现，这种情况表示函数的返回值已经处理好内存顺序，不需要编译器在函数返回前插入内存栅栏指令。

31.5.3　deprecated

deprecated 是在 C++14 标准中引入的属性，带有此属性的实体被声明为弃用，虽然在代码中依然可以使用它们，但是并不鼓励这么做。当代码中出现带有弃用属性的实体时，编译器通常会给出警告而不是错误。

```
[[deprecated]] void foo() {}
class [[deprecated]] X {};
int main()
{
  X x;
  foo();
}
```

在上面的代码中，函数 foo 和类 X 带有 deprecated 属性，所以在 main 函数被编译的时候，调用 foo 以及实例化 X 的行为会被编译器警告。deprecated 属性还能接受一个参数用来指示弃用的具体原因或者提示用户使用新的函数，比如：

```
[[deprecated("foo was deprecated, use bar instead")]] void foo() {}
```

```
void bar() {}
int main()
{
  foo();
}
```

以上代码用 GCC 编译时除了会给出常规的弃用警告，还会带上我们指定的字符串：

```
test.cpp: In function 'int main()':
test.cpp:9:6: warning: 'void foo()' is deprecated: foo was deprecated, use
bar instead [-Wdeprecated-declarations]
  foo();
```

实际上，deprecated 这个属性的使用范围非常广泛，它不仅能用在类、结构体和函数上，在普通变量、别名、联合体、枚举类型甚至命名空间上都可以使用。

31.5.4 fallthrough

fallthrough 是 C++17 标准中引入的属性，该属性可以在 switch 语句的上下文中提示编译器直落行为是有意的，并不需要给出警告。比如：

```
void bar() {}
void foo(int a)
{
  switch (a)
  {
  case 0:
      break;
  case 1:
      bar();
      [[fallthrough]];
  case 2:
      bar();
      break;
  default:
      break;
  }
}

int main()
{
  foo(1);
}
```

在上面这段代码中，`foo` 函数的 `switch` 语句里 `case 1` 到 `case 2` 存在着一个直落的行为，在有的编译器中这种行为会给出警告提示，通过声明 `fallthrough` 属性可以消除该警告。不过，在我做实验的编译器中并没有因为直落行为而发出警告的情况，包括 GCC、MSVC 和 Clang 都是如此，所以这个属性对于这些主流编译器是没有效果的。最后请注意，`fallthrough` 属性必须出现在 `case` 或者 `default` 标签之前，上面例子中的 `fallthrough` 属性出现在 `case 2` 之前，所以没有问题。违反这个规则，GCC 和 MSVC 会给出警告，Clang 则是直接报错。

31.5.5   nodiscard

`nodiscard` 是在 C++17 标准中引入的属性，该属性声明函数的返回值不应该被舍弃，否则鼓励编译器给出警告提示。`nodiscard` 属性也可以声明在类或者枚举类型上，但是它对类或者枚举类型本身并不起作用，只有当被声明为 `nodiscard` 属性的类或者枚举类型被当作函数返回值的时候才发挥作用：

```
class [[nodiscard]] X {};

[[nodiscard]] int foo() { return 1; }
X bar() { return X(); };

int main()
{
  X x;
  foo();
  bar();
}
```

在上面的代码中，函数 `foo` 带有 `nodiscard` 属性，所以在 main 函数中忽略 `foo` 函数的返回值会让编译器发出警告。类 X 也被声明为 `nodiscard`，不过该属性对类本身没有任何影响，编译器不会给出警告。但是当类 X 作为 `bar` 函数的返回值时情况就不同了，这时候相当于声明了函数 `[[nodiscard]] X bar()`。在 main 函数中，忽略 `bar` 函数返回值的行为也会引发一个警告。需要注意的是，`nodiscard` 属性只适用于返回值类型的函数，对于返回引用的函数使用 `nodiscard` 属性是没有作用的：

```
class[[nodiscard]] X{};
X& bar(X &x) { return x; };

int main()
{
  X x;
```

```
    bar(x);     // bar 返回引用，nodiscard 不起作用，不会引发警告
}
```

nodiscard 属性有几个常用的场合。

1. 防止资源泄露，对于像 malloc 或者 new 这样的函数或者运算符，它们返回的内存指针是需要及时释放的，可以使用 nodiscard 属性提示调用者不要忽略返回值。

2. 对于工厂函数而言，真正有意义的是回返的对象而不是工厂函数，将 nodiscard 属性应用在工厂函数中也可以提示调用者别忘了使用对象，否则程序什么也不会做。

3. 对于返回值会影响程序运行流程的函数而言，nodiscard 属性也是相当合适的，它告诉调用方其返回值应该用于控制后续的流程。

从 C++20 标准开始，nodiscard 属性支持将一个字符串字面量作为属性的参数，该字符串会包含在警告中，可以用于解释返回结果不应被忽略的理由：

```
[[nodiscard("Memory leak!")]] char* foo() { return new char[100]; }
```

除了给出不该忽略返回值的理由外，也可以在信息中添加使用返回值的建议。总之对于库作者来说，这是一个非常实用的特性。

另外在 C++20 标准中，nodiscard 属性还能用于构造函数，它会在类型构建临时对象的时候让编译器发出警告，这一点非常有趣，请看下面的代码：

```
class X {
public:
  [[nodiscard]] X() {}
  X(int a) {}
};

int main()
{
  X x;
  X{};
  X{ 42 };
}
```

观察上面代码中类 X 的定义，它有两个构造函数，其中一个有 nodicard 属性 [[nodiscard]] X() {}，另一个则没有。表现在 main 函数中就是，因为 X x; 构造了非临时对象，所以不会有问题；而 X{}构造了临时对象，于是编译器给出忽略 X::X() 返回值的警告；X{ 42 };不会产生编译警告，因为 X(int a) {}没有 nodicard 属性。

31.5.6   maybe_unused

maybe_unused 是在 C++17 标准中引入的属性，该属性声明实体可能不会被应用以消除编译器警告。实际上，在我的实验环境中 GCC、MSVC 和 Clang 对于未使用的实例默认情况下都不会给出警告，除非有意设置了编译的相关参数，比如在 GCC 中添加 -Wunused-parameter 开关以打开对未使用参数的警告（Clang 也使用 -Wunused-parameter，MSVC 则是将警告等级调整到 W4 或以上）：

```
int foo(int a, int b)
{
  return 5;
}

int main()
{
  foo(1, 2);
}
```

在上面的代码中，由于 foo 函数的形参 a 和 b 并未使用，因此在 -Wunused-parameter 开关的作用下 GCC 给出未使用警告。要消除这种情况下的警告，可以对形参 a 和 b 添加 maybe_unused 属性，比如：

```
int foo(int a [[maybe_unused]], int b [[maybe_unused]])
{
  return 5;
}

int main()
{
  foo(1, 2);
}
```

请注意，maybe_unused 属性除作为函数形参属性外，还可以用在很多地方，比如类、结构体、联合类型、枚举类型、函数、变量等，读者可以根据具体情况对代码添加属性。

31.5.7   likely 和 unlikely

likely 和 unlikely 是 C++20 标准引入的属性，两个属性都是声明在标签或者语句上的。其中 likely 属性允许编译器对该属性所在的执行路径相对于其他执行路径进行优化；而 unlikely 属性恰恰相反。通常，likely 和 unlikely 被声明在 switch 语句：

```
int f(int i) {
    switch(i) {
    case 1: return 1;
    [[unlikely]] case 2: return 2;
    }
    return 3;
}
```

31.5.8 no_unique_address

no_unique_address 是 C++20 标准引入的属性，该属性指示编译器该数据成员不需要唯一的地址，也就是说它不需要与其他非静态数据成员使用不同的地址。注意，该属性声明的对象必须是非静态数据成员且不为位域：

```
struct Empty {};

struct X {
  int i;
  Empty e;
};

// main 函数
std::cout << "sizeof(X) = " << sizeof(X) << std::endl
  << "X::i address = " <<   &((X*)0)->i << std::endl
  << "X::e address = " << &((X*)0)->e;
```

以上代码的输出结果如下：

```
sizeof(X) = 8
X::i address = 0
X::e address = 0x4
```

由此可见，即使结构体 Empty 为空，但是在 X 中依然也占据了唯一地址。现在让我们给 Empty e 添加 no_unique_address 属性：

```
struct X {
  int i;
  [[no_unique_address ]]Empty e;
};
```

有了这个属性，编译器得知 e 不需要独立地址，于是将数据成员 i 和 e 编译在了同样的地址：

```
sizeof(X) = 4
X::i address = 0
X::e address = 0
```

值得注意的是，如果存在两个相同的类型且它们都具有 no_unique_address
属性，那么编译器不会重复地将其堆在同一地址，例如：

```
struct X {
    int i;
    [[no_unique_address]] Empty e, e1;
};

std::cout << "sizeof(X) = " << sizeof(X) << std::endl
  << "X::i address = " <<   &((X*)0)->i << std::endl
  << "X::e address = " << &((X*)0)->e << std::endl
  << "X::e1 address = " << &((X*)0)->e1 << std::endl;
```

以上代码的输出结果如下：

```
sizeof(X) = 8
X::i address = 0
X::e address = 0
X::e1 address = 0x4
```

e 和 e1 虽然都是带有 no_unique_address 属性的 Empty 类型，但是无法使
用同一地址。当然，如果 e 和 e1 不是同一类型，那么它们是可以共用同一地址的：

```
struct Empty {};
struct Empty1 {};

struct X {
  int i;
  [[no_unique_address]] Empty e;
  [[no_unique_address]] Empty1 e1;
};
```

输出结果如下：

```
sizeof(X) = 4
X::i address = 0
X::e address = 0
X::e1 address = 0
```

最后解释一下 no_unique_address 这个属性的使用场景。读者一定写过无
状态的类，这种类不需要有数据成员，唯一需要做的就是实现一些必要的函数，
常见的是 STL 中一些算法函数所需的函数对象（仿函数）。而这种类作为数据成员

加入其他类时，会占据独一无二的内存地址，实际上这是没有必要的。所以，在 C++20 的环境下，我们可以使用 no_unique_address 属性，让其不需要占用额外的内存地址空间。

31.6 总结

从 1998 年 C++的第一个标准（我们常说的 C++98 标准）发布之后，C++标准的制定进入了一个冰川期，在长达十几年的时间里 C++标准只是在 2003 年做过一个简单的修改（C++的第二个标准，C++03），这样的沉寂直到 2011 年才被 C++11 标准打破。C++标准缓慢的发展速度显然无法跟上计算机世界里日新月异的开发需求，于是各大编译器厂商在 C++03 标准的基础上开始添加自己的扩展功能以满足语言特性和平台的需求，而属性说明符和属性就是这些扩展中重要的一环，这导致为了兼容性对于跨平台项目不得不通过预处理宏编写繁多的适配代码。

标准属性语法的出现在一定程度上给解决这类问题带来了希望，虽然它包含的属性远远达不到各大编译器厂商提供的属性功能，但是这给了这些厂商将属性加入标准扩展属性的机会，相信在不久的将来各大编译器厂商会将自己特有的属性添加到扩展属性当中。

第 32 章

新增预处理器和宏（C++17 C++20）

32.1 预处理器 __has_include

C++17 标准为预处理器增加了一个新特性 __has_include，用于判断某个头文件是否能够被包含进来，例如：

```
#if __has_include(<optional>)
#  include <optional>
#  define have_optional 1
#elif __has_include(<experimental/optional>)
#  include <experimental/optional>
#  define have_optional 1
#  define experimental_optional 1
#else
#  define have_optional 0
#endif
```

如果 __has_include(<optional>) 中的头文件 optional 可以被包含进来，那么表达式求值为 1；否则求值为 0。请注意，__has_include 的实参必须和 #include 的实参具有同样的形式，否则会导致编译错误。另外，__has_include 并不关心头文件是否已经被包含进来。

32.2 特性测试宏

C++20 标准添加了一组用于测试功能特性的宏，这组宏可以帮助我们测试当前的编译环境对各种功能特性的支持程度。

32.2.1 属性特性测试宏

属性测试宏（__has_cpp_attribute）可以指示编译环境是否支持某种属性，该属性可以是标准属性，也可以是编译环境厂商特有的属性。标准属性将被展开为该属性添加到标准时的年份和月份，而厂商特有的属性将被展开为一个非零的值：

```
std::cout << __has_cpp_attribute(deprecated); // 输出结果如下：201309
```

上面这句代码会输出 201309，代表该属性在 2013 年 9 月加入标准，并且被当前编译环境支持。当前的标准属性如表 32-1 所示。

▼表 32-1

属性	值
carries_dependency	200809L
deprecated	201309L
fallthrough	201603L
likely	201803L
maybe_unused	201603L
no_unique_address	201803L
nodiscard	201603L
noreturn	200809L
unlikely	201803L

32.2.2 语言功能特性测试宏

以下列表的宏代表编译环境所支持的语言功能特性，每个宏将被展开为该特性添加到标准时的年份和月份。请注意，这些宏展开的值会随着特性的变更而更新，如表 32-2 所示。

▼表 32-2

宏	值
__cpp_aggregate_bases	201603L
__cpp_aggregate_nsdmi	201304L
__cpp_aggregate_paren_init	201902L
__cpp_alias_templates	200704L
__cpp_aligned_new	201606L
__cpp_attributes	200809L
__cpp_binary_literals	201304L
__cpp_capture_star_this	201603L
__cpp_char8_t	201811L
__cpp_concepts	201907L
__cpp_conditional_explicit	201806L
__cpp_consteval	201811L
__cpp_constexpr	201907L
__cpp_constexpr_dynamic_alloc	201907L
__cpp_constexpr_in_decltype	201711L
__cpp_constinit	201907L
__cpp_coroutines	201902L
__cpp_decltype	200707L
__cpp_decltype_auto	201304L
__cpp_deduction_guides	201907L
__cpp_delegating_constructors	200604L
__cpp_designated_initializers	201707L
__cpp_enumerator_attributes	201411L
__cpp_fold_expressions	201603L
__cpp_generic_lambdas	201707L
__cpp_guaranteed_copy_elision	201606L
__cpp_hex_float	201603L
__cpp_if_constexpr	201606L
__cpp_impl_coroutine	201902L
__cpp_impl_destroying_delete	201806L
__cpp_impl_three_way_comparison	201907L
__cpp_inheriting_constructors	201511L
__cpp_init_captures	201803L
__cpp_initializer_lists	200806L
__cpp_inline_variables	201606L
__cpp_lambdas	200907L
__cpp_modules	201907L

续表

宏	值
__cpp_namespace_attributes	201411L
__cpp_noexcept_function_type	201510L
__cpp_nontype_template_args	201911L
__cpp_nontype_template_parameter_auto	201606L
__cpp_nsdmi	200809L
__cpp_range_based_for	201603L
__cpp_raw_strings	200710L
__cpp_ref_qualifiers	200710L
__cpp_return_type_deduction	201304L
__cpp_rvalue_references	200610L
__cpp_sized_deallocation	201309L
__cpp_static_assert	200410L
__cpp_structured_bindings	201606L
__cpp_template_template_args	201611L
__cpp_threadsafe_static_init	200806L
__cpp_unicode_characters	200704L
__cpp_unicode_literals	200710L
__cpp_user_defined_literals	200809L
__cpp_using_enum	201907L
__cpp_variable_templates	201304L
__cpp_variadic_templates	200704L
__cpp_variadic_using	201611L

32.2.3　标准库功能特性测试宏

以下列表的宏代表编译环境所支持的标准库功能特性，它们通常包含在 <version> 头文件或者表中的任意对应头文件中。同样，每个宏将被展开为该特性添加到标准时的年份和月份。请注意，这些宏展开的值会随着特性的变更而更新，如表 32-3 所示。

▼表 32-3

宏	值	头文件
__cpp_lib_addressof_constexpr	201603L	<memory>
__cpp_lib_allocator_traits_is_always_equal	201411L	<memory> <scoped_allocator> <string> <deque> <forward_list> <list> <vector> <map> <set> <unordered_map> <unordered_set>
__cpp_lib_any	201606L	<any>

续表

宏	值	头文件
__cpp_lib_apply	201603L	\<tuple>
__cpp_lib_array_constexpr	201811L	\<iterator> \<array>
__cpp_lib_as_const	201510L	\<utility>
__cpp_lib_assume_aligned	201811L	\<memory>
__cpp_lib_atomic_flag_test	201907L	\<atomic>
__cpp_lib_atomic_float	201711L	\<atomic>
__cpp_lib_atomic_is_always_lock_free	201603L	\<atomic>
__cpp_lib_atomic_lock_free_type_aliases	201907L	\<atomic>
__cpp_lib_atomic_ref	201806L	\<atomic>
__cpp_lib_atomic_shared_ptr	201711L	\<memory>
__cpp_lib_atomic_value_initialization	201911L	\<atomic> \<memory>
__cpp_lib_atomic_wait	201907L	\<atomic>
__cpp_lib_barrier	201907L	\<barrier>
__cpp_lib_bind_front	201907L	\<functional>
__cpp_lib_bit_cast	201806L	\<bit>
__cpp_lib_bitops	201907L	\<bit>
__cpp_lib_bool_constant	201505L	\<type_traits>
__cpp_lib_bounded_array_traits	201902L	\<type_traits>
__cpp_lib_boyer_moore_searcher	201603L	\<functional>
__cpp_lib_byte	201603L	\<cstddef>
__cpp_lib_char8_t	201907L	\<atomic> \<filesystem> \<istream> \<limits> \<locale> \<ostream> \<string> \<string_view>
__cpp_lib_chrono	201907L	\<chrono>
__cpp_lib_chrono_udls	201304L	\<chrono>
__cpp_lib_clamp	201603L	\<algorithm>
__cpp_lib_complex_udls	201309L	\<complex>
__cpp_lib_concepts	202002L	\<concepts>
__cpp_lib_constexpr_algorithms	201806L	\<algorithm>
__cpp_lib_constexpr_complex	201711L	\<complex>
__cpp_lib_constexpr_dynamic_alloc	201907L	\<memory>
__cpp_lib_constexpr_functional	201907L	\<functional>
__cpp_lib_constexpr_iterator	201811L	\<iterator>
__cpp_lib_constexpr_memory	201811L	\<memory>
__cpp_lib_constexpr_numeric	201911L	\<numeric>
__cpp_lib_constexpr_string	201907L	\<string>
__cpp_lib_constexpr_string_view	201811L	\<string_view>
__cpp_lib_constexpr_tuple	201811L	\<tuple>

续表

宏	值	头文件
__cpp_lib_constexpr_utility	201811L	\<utility>
__cpp_lib_constexpr_vector	201907L	\<vector>
__cpp_lib_coroutine	201902L	\<coroutine>
__cpp_lib_destroying_delete	201806L	\<new>
__cpp_lib_enable_shared_from_this	201603L	\<memory>
__cpp_lib_endian	201907L	\<bit>
__cpp_lib_erase_if	202002L	\<string> \<deque> \<forward_list> \<list> \<vector> \<map> \<set> \<unordered_map> \<unordered_set>
__cpp_lib_exchange_function	201304L	\<utility>
__cpp_lib_execution	201902L	\<execution>
__cpp_lib_filesystem	201703L	\<filesystem>
__cpp_lib_format	201907L	\<format>
__cpp_lib_gcd_lcm	201606L	\<numeric>
__cpp_lib_generic_associative_lookup	201304L	\<map> \<set>
__cpp_lib_generic_unordered_lookup	201811L	\<unordered_map> \<unordered_set>
__cpp_lib_hardware_interference_size	201703L	\<new>
__cpp_lib_has_unique_object_representations	201606L	\<type_traits>
__cpp_lib_hypot	201603L	\<cmath>
__cpp_lib_incomplete_container_elements	201505L	\<forward_list> \<list> \<vector>
__cpp_lib_int_pow2	202002L	\<bit>
__cpp_lib_integer_comparison_functions	202002L	\<utility>
__cpp_lib_integer_sequence	201304L	\<utility>
__cpp_lib_integral_constant_callable	201304L	\<type_traits>
__cpp_lib_interpolate	201902L	\<cmath> \<numeric>
__cpp_lib_invoke	201411L	\<functional>
__cpp_lib_is_aggregate	201703L	\<type_traits>
__cpp_lib_is_constant_evaluated	201811L	\<type_traits>
__cpp_lib_is_final	201402L	\<type_traits>
__cpp_lib_is_invocable	201703L	\<type_traits>
__cpp_lib_is_layout_compatible	201907L	\<type_traits>
__cpp_lib_is_nothrow_convertible	201806L	\<type_traits>
__cpp_lib_is_null_pointer	201309L	\<type_traits>
__cpp_lib_is_pointer_interconvertible	201907L	\<type_traits>
__cpp_lib_is_swappable	201603L	\<type_traits>
__cpp_lib_jthread	201911L	\<stop_token> \<thread>
__cpp_lib_latch	201907L	\<latch>

续表

宏	值	头文件
__cpp_lib_launder	201606L	\<new\>
__cpp_lib_list_remove_return_type	201806L	\<forward_list\> \<list\>
__cpp_lib_logical_traits	201510L	\<type_traits\>
__cpp_lib_make_from_tuple	201606L	\<tuple\>
__cpp_lib_make_reverse_iterator	201402L	\<iterator\>
__cpp_lib_make_unique	201304L	\<memory\>
__cpp_lib_map_try_emplace	201411L	\<map\>
__cpp_lib_math_constants	201907L	\<numbers\>
__cpp_lib_math_special_functions	201603L	\<cmath\>
__cpp_lib_memory_resource	201603L	\<memory_resource\>
__cpp_lib_node_extract	201606L	\<map\> \<set\> \<unordered_map\> \<unordered_set\>
__cpp_lib_nonmember_container_access	201411L	\<iterator\> \<array\> \<deque\> \<forward_list\> \<list\> \<map\> \<regex\> \<set\> \<string\> \<unordered_map\> \<unordered_set\> \<vector\>
__cpp_lib_not_fn	201603L	\<functional\>
__cpp_lib_null_iterators	201304L	\<iterator\>
__cpp_lib_optional	201606L	\<optional\>
__cpp_lib_parallel_algorithm	201603L	\<algorithm\> \<numeric\>
__cpp_lib_polymorphic_allocator	201902L	\<memory\>
__cpp_lib_quoted_string_io	201304L	\<iomanip\>
__cpp_lib_ranges	201911L	\<algorithm\> \<functional\> \<iterator\> \<memory\> \<ranges\>
__cpp_lib_raw_memory_algorithms	201606L	\<memory\>
__cpp_lib_remove_cvref	201711L	\<type_traits\>
__cpp_lib_result_of_sfinae	201210L	\<type_traits\> \<functional\>
__cpp_lib_robust_nonmodifying_seq_ops	201304L	\<algorithm\>
__cpp_lib_sample	201603L	\<algorithm\>
__cpp_lib_scoped_lock	201703L	\<mutex\>
__cpp_lib_semaphore	201907L	\<semaphore\>
__cpp_lib_shared_mutex	201505L	\<shared_mutex\>
__cpp_lib_shared_ptr_arrays	201707L	\<memory\>
__cpp_lib_shared_ptr_weak_type	201606L	\<memory\>
__cpp_lib_shared_timed_mutex	201402L	\<shared_mutex\>
__cpp_lib_shift	201806L	\<algorithm\>
__cpp_lib_smart_ptr_for_overwrite	201811L	\<memory\>
__cpp_lib_source_location	201907L	\<source_location\>
__cpp_lib_span	202002L	\<span\>

续表

宏	值	头文件
__cpp_lib_ssize	201902L	\<iterator\>
__cpp_lib_starts_ends_with	201711L	\<string\> \<string_view\>
__cpp_lib_string_udls	201304L	\<string\>
__cpp_lib_string_view	201803L	\<string\> \<string_view\>
__cpp_lib_syncbuf	201803L	\<syncstream\>
__cpp_lib_three_way_comparison	201907L	\<compare\>
__cpp_lib_to_address	201711L	\<memory\>
__cpp_lib_to_array	201907L	\<array\>
__cpp_lib_to_chars	201611L	\<charconv\>
__cpp_lib_transformation_trait_aliases	201304L	\<type_traits\>
__cpp_lib_transparent_operators	201510L	\<memory\> \<functional\>
__cpp_lib_tuple_element_t	201402L	\<tuple\>
__cpp_lib_tuples_by_type	201304L	\<tuple\> \<utility\>
__cpp_lib_type_identity	201806L	\<type_traits\>
__cpp_lib_type_trait_variable_templates	201510L	\<type_traits\>
__cpp_lib_uncaught_exceptions	201411L	\<exception\>
__cpp_lib_unordered_map_try_emplace	201411L	\<unordered_map\>
__cpp_lib_unwrap_ref	201811L	\<functional\>
__cpp_lib_variant	201606L	\<variant\>
__cpp_lib_void_t	201411L	\<type_traits\>

32.3 新增宏__VA_OPT__

从 C99 标准开始，C 语言引入了可变参数宏__VA_ARGS__，而顺理成章的 C++11 标准也将其纳入标准当中。__VA_ARGS__ 常见的用法集中于打印日志上，例如：

```
#define LOG(msg, …) printf("[" __FILE__ ":%d] " msg, __LINE__, __VA_ARGS__)
LOG("Hello %d", 2020);
```

LOG 的使用和 printf 非常相似，并且可以很方便地将代码文件和行数记录到日志当中。不过它们也并非完全相同，因为对于函数 printf 来说，除了第一个参数以外的其他参数都是可选的：

```
printf("Hello 2020");    // 编译成功
```

而对于 LOG 宏来说，这种写法是非法的：

```
LOG("Hello 2020");
```

上面这句代码展开后应该是：

```
printf("[" __FILE__ ":%d] " "Hello 2020", __LINE__, );
```

很明显，函数的最后多出了一个逗号，在 GCC 和 Clang 上编译都会报错。虽然在 Visual Studio 2019 上不会报错，但这并不具备通用性。实际上 GCC 和 Clang 也有类似扩展，只不过没有隐式地提供，我们可以使用##连接逗号和__VA_ARGS__：

```
#define LOG(msg, …) printf("[" __FILE__ ":%d] " msg, __LINE__, ##__VA_ARGS__)
LOG("Hello 2020"); // GCC 和 Clang 编译成功
```

为了用更加标准的方法解决以上问题，C++20 标准引入了一个新的宏__VA_OPT__令可变参数宏更易于在可变参数为空的情况下使用。还是以刚刚的 LOG 为例，我们将代码修改为：

```
#define LOG(msg, …) printf("[" __FILE__ ":%d] " msg, __LINE__ __VA_OPT__
(,) __VA_ARGS__)
```

观察上面的代码可以发现，__LINE__ 后面的逗号被修改为__VA_OPT__(,)，这是告诉编译器这个逗号是可选的。当可变参数不为空的时候逗号才会被替换出来，否则就会忽略这个逗号。对于下面两句日志而言：

```
LOG("Hello 2020");
LOG("Hello %d", 2020);
```

由于第一句代码中没有可变参数，所以被忽略，替换结果如下：

```
printf("[" __FILE__ ":%d] " "Hello 2020", __LINE__);
```

第二句代码中存在可变参数，所以被替换出来，最后结果如下：

```
printf("[" __FILE__ ":%d] " "Hello %d", __LINE__, 2020);
```

32.4　总结

本章介绍了新标准增加的预处理器和宏，其中最主要的是特性测试宏。因为随着近十年来的 C++标准更新速度的加快，在 C++98 标准沉浸十几年的 C++程序员似乎并没有习惯标准这样的迭代速度，所以对编译环境支持哪些特性并没有深刻的认识。但是从 C++20 标准开始，我们可以通过这些宏来判断开发环境对新特性的支持程度，让程序员可以合理地利用更加优秀的 C++特性。另外，对于代码库的作者也有不凡的意义，因为有了特性测试宏，他们可以根据客户端开发环境适配不同的功能代码，让自己的代码库能够高效地应用在更多的环境上。

第 33 章

协程（C++20）

33.1 协程的使用方法

协程并不是一个新鲜的概念，如果读者熟悉 C#或者 Python，可能或多或少对它有所了解。概括来讲，协程是一种可以被挂起和恢复的函数，它提供了一种创建异步代码的方法。

事实上，C++中协程的概念早在 2017 年已经被提出，并且作为技术规范（Technical Specification）加入 C++扩展中。不过协程迟迟没有加入 C++标准中，因为很多专家质疑和反对这项新特性，他们认为协程过于复杂让人难以理解，并且有过多需要自定义的代码才能让其正常工作。所以这项提案直到 2019 年 3 月的 C++标准委员会上才通过投票加入 C++20 标准中，并且最终采用了微软的实现方案。

在我看来，协程的实现确实非常复杂，只想通过文字描述来理解协程有一定的困难，想要充分理解协程甚至可能需要深入汇编层面去观察其代码的生成详情。为了便于读者理解，我将本章分为两个部分，首先讨论协程的使用方法，由于 C++20 标准库提供了一系列的辅助代码，因此在协程的使用的理解上不会有太大难度。然后我们再去讨论协程的实现原理，这部分我会通过实现一套辅助代码的方法尽可能理清协程的实现原理。最后请注意，本章中的示例代码均采用 MSVC 进行编译。

刚刚提到过，协程是一种可以被挂起和恢复的函数，那么究竟如何让函数挂起和恢复呢？请看下面的代码：

```
#include <iostream>
#include <chrono>
#include <future>
```

```
using namespace std::chrono_literals;

std::future<int> foo()
{
  std::cout << "call foo\n";
    std::this_thread::sleep_for(3s);
    co_return 5;
}

std::future<std::future<int>> bar()
{
  std::cout << "call bar\n";
  std::cout << "before foo\n";
  auto n = co_await std::async(foo);          // 挂起点
  std::cout << "after foo\n";
  co_return n;
}

int main()
{
  std::cout << "before bar\n";
  auto i = bar();
  std::cout << "after bar\n";
    i.wait();
  std::cout << "result = " << i.get().get();
}
```

编译运行以上代码，输出结果如下：

```
before bar
call bar
before foo
after bar
call foo
after foo
result = 5
```

仔细观察输出结果就会发现，代码在输出 before foo 以后的运行流程不同寻常。普通情况下，即使异步调用 foo() 函数，before foo 之后输出的应该也是 after foo，但是真实结果输出的却是 after bar。也就是说线程执行到 auto n = co_await std::async (foo);之后跳出了 bar 函数，如同从函数中间 return 了一般，返回后执行了 std::cout << "after bar\n";，最后等待 std::future<std::future<int>>的结果。实际上，我们看到的这个过程就是协程的挂起操作，而 auto n = co_await std::async (foo);是协程的挂起点。

观察这句代码我们会发现一个新的关键字 co_await，读者暂时不需要理会它的具体功能，只需要将其当作是挂起点的标识即可。继续观察输出结果会看到 call foo 和紧随其后的 after foo，说明函数 foo 执行结束之后，bar 函数从当前的挂起点恢复了执行。进一步来说，co_await 会触发一个挂起点，在触发挂起点后执行流程会返回到调用者继续执行，同时异步执行 co_await 所等待的对象，在等待对象执行完毕后，挂起点恢复执行流程继续执行后续代码。观察 foo 函数的代码，也会发现一个新的关键字 co_return，我们暂时不需要关心它的详情，只需要知道它设置了返回值的结果，并且触发了挂起点的恢复，伪代码如下：

```
std::cout << "call foo\n";
std::this_thread::sleep_for(3s);
set_return_future_value(5);
set_future_ready();
```

需要说明的是，这里没有使用<< std::endl 换行是因为异步执行会打乱输出，为了防止输出格式混乱，这里直接在字符串中使用\n 换行。

在理解 co_await 和 co_return 挂起和恢复协程之后，我们再来讨论另一种情况：

```cpp
#include <iostream>
#include <experimental/generator>

std::experimental::generator<int> foo()
{
  std::cout << "begin" << std::endl;
  for (int i = 0; i < 10; i++) {
      co_yield i;
  }
  std::cout << "end" << std::endl;
}

int main()
{
  for (auto i : foo()) {
      std::cout << i << std::endl;
  }
}
```

编译运行以上代码，输出结果如下：

```
begin
0
1
2
```

```
3
4
5
6
7
8
9
end
```

这次读者应该能猜到挂起点的位置了，就是 co_yield i;。代码在执行到 for (auto i : foo()) 的时候调用函数 foo()，并且输出字符串 begin。然后进入循环，当执行到 co_yield i; 时协程被挂起，并将 i 的值返回给调用者。对于第一次执行，i 的值为 0，紧跟在 begin 之后的输出为 0。再次进入循环并调用 foo() 的时候，函数并不会从头开始执行，而是从上次执行的挂起点恢复执行，于是 0 之后不会再次输出 begin，而是输出数字 1。依此类推，执行到输出 9 后再次进入 foo 函数，从挂起点恢复后跳出循环并执行 std::cout << "end" << std::endl;。

上面的两个例子中出现了 3 个新关键字，分别是 co_await、co_return 和 co_yield。C++20 标准规定，具有以上 3 个关键字中任意一个的函数就是协程。请注意，因为 main 函数不能为协程，所以函数体中不能出现这 3 个关键字。通常情况下，建议将协程和标准库中的 future、generator 一起使用，因为协程辅助代码较为复杂，所以应该尽量避免自定义它们。

请注意，协程虽然提供了一种异步代码的编写方法，但是并不会自动执行异步操作，例如：

```cpp
#include <iostream>
#include <chrono>
#include <future>
using namespace std::chrono_literals;

std::packaged_task<int()> task(
    []() {
        std::cout << "call task\n";
        std::this_thread::sleep_for(3s);
        return 5;
    }
);

std::future<int> bar()
{
    return task.get_future();
}
```

```
std::future<void> foo()
{
  std::cout << "call foo\n";
  std::cout << "before bar\n";
  auto i = co_await bar();
  std::cout << "after bar\n";
  std::cout << "result = " << i;
}

int main()
{
  std::cout << "before foo\n";
  auto w = foo();
  std::cout << "after foo\n";
  w.wait();
}
```

在上面的代码中，虽然使用 auto i = co_await bar();挂起了协程，但是并没有其他线程执行异步操作，造成的结果就是 w.wait();一直等待。代码运行的结果如下：

```
before foo
call foo
before bar
after foo
```

除了编写协程代码，我们还需要为协程创建异步执行环境，让我们修改上面代码的 bar 函数：

```
std::future<int> bar()
{
  std::future<int> r = task.get_future();
  std::thread t(std::move(task));
  t.detach();
  return r;
}
```

再次编译运行代码，可以获得正确的输出结果如下：

```
before foo
call foo
before bar
after foo
call task
after bar
result = 5
```

33.2　协程的实现原理

为了更容易地讨论协程的实现原理，我打算从协程的 3 个关键字入手，依次说明其背后的原理，最后就能呈现协程实现的整个面貌，让我们先从 co_await 开始吧。

33.2.1　co_await 运算符原理

从前面的代码示例，我们知道 co_await 运算符可以创建一个挂起点将协程挂起并等待协程恢复。那么 co_await 运算符所针对的操作数具体是什么呢？

```
auto n = co_await std::async(foo);
```

这句代码可以拆解分析：

```
std::future<std::future<int>> expr = std::async(foo);
auto n = co_await expr;
```

这里我们将表达式 expr 命名为可等待体，顾名思义是指该对象是可以被等待的。请注意，并非所有对象都是可等待体，例如下面的代码就一定会报错：

```
co_await std::string{ "hello" };
```

编译该代码编译器提示：

```
error C3312: no callable 'await_resume' function found for type 'std::string'
error C3312: no callable 'await_ready' function found for type 'std::string'
error C3312: no callable 'await_suspend' function found for type 'std::string'
```

错误提示说 std::string 缺少 3 个函数，目标对象可被等待需要实现 await_resume、await_ready 和 await_suspen 这 3 个成员函数。具备这 3 个函数的对象可以称为等待器，也就是说等待器和可等待体可以是同一个对象。那么等待器是做什么的，为什么要给同一个对象两种命名呢？我们需要从以上的 3 个函数开始讨论。

1. await_ready 函数叫作 is_ready 或许更加容易理解，该函数用于判定可等待体是否已经准备好，也就是说可等待体是否已经完成了目标任务，如果已经完成，则返回 true；否则返回 false。

2. await_suspend 这个函数名则更加令人难以理解，命名为 schedule_continuation 应该会更加清晰，它的作用就是调度协程的执行流程，比如异步等待可等待体的结果、恢复协程以及将执行的控制权返回调用者。

3. await_resume 实际上用于接收异步执行结果，可以叫作 retrieve_value。
了解了这 3 个函数的作用，现在就动手让 std::string 支持 co_await：

```
class awaitable_string : public std::string {
public:
  using std::string::string;
  bool await_ready() const { return true; }
  void await_suspend(std::experimental::coroutine_handle<> h) const {}
  std::string await_resume() const { return *this; }
};

std::future<std::string> foo()
{
  auto str = co_await awaitable_string{ "hello" };
  co_return str;
}

int main()
{
  auto s = foo();
  std::cout << s.get();
}
```

上面的代码可以编译成功并且输出字符串 hello，因为我们实现的 awaitable_string 公有继承了 std::string 并且实现了 await_ready、await_suspend 和 await_resume 这 3 个函数。不过读者应该也猜到了，这个实现并没有异步功能。但这并不妨碍我们进一步理解它们，足够简单的代码反而更容易让人理解。

1. bool await_ready() 返回 true 表明目标对象已经准备好了，也就是说协程无须在此挂起，执行流会继续按照代码编写顺序同步执行后续代码，在这种情况下 await_suspend 会被忽略，直接执行 await_resume 函数获得结果。如果函数返回 false，则标识目标对象没有准备好，需要执行后续操作。

2. 所谓的后续操作即调用 void await_suspend(std::experimental:: coroutine_handle<> h) 函数，这里有一个特殊的形参 coroutine_handle<>，正如它的类型名所示，它是协程的句柄，可以用于控制协程的运行流程。读者不必了解其细节，只需要知道该句柄由编译器生成，其中包含协程挂起和恢复的上下文信息即可，coroutine_handle<> 有 operator() 和 resume() 函数，它们可以执行挂起点之后的代码。回到 await_suspend 函数本身，它可以借助 coroutine_handle<> 控制协程的执行流程。值得注意的是，await_suspend 不一定返回 void 类型，还可以返回 bool 和 coroutine_handle 类型。

1）返回 void 类型表示协程需要将执行流的控制权交给调用者，协程保持挂起状态。

2）返回 bool 类型则又会出现两种情况，当返回值为 true 时，效果和返回类型与 void 相同；当返回 false 的时候，则恢复当前协程运行。

3）返回 coroutine_handle 类型的时候，则会恢复该句柄对应的协程。

值得注意的是，如果在 await_suspend 中捕获到了异常，那么协程也会恢复并且在协程中抛出该异常。

3. std::string await_resume() 实际上和恢复本身没有关系，可以看到它只是返回最终结果而已。

了解了以上知识点之后，我们可以尝试让 await_ready 返回 false，看一看会发生什么事情：

```cpp
class awaitable_string : public std::string {
public:
    …
    bool await_ready() const { return false; }
    …
};
```

编译运行修改后的代码会发现程序被无限期挂起了，原因是虽然 awaitable_string{ "hello" }在构造的时候已经准备好了，但是由于 await_ready 返回 false，因此编译器认为目标对象没有准备好，需要 await_suspend 来做协程的调度，但是这个函数什么也没做。这样就不会恢复协程的执行，co_return str; 自然不会执行，程序在 std::cout << s.get(); 被无限期挂起了。要解决这个问题，我们需要实现一些 await_suspend 的代码，例如：

```cpp
class awaitable_string : public std::string {
public:
    using std::string::string;
    bool await_ready() const { return false; }
    void await_suspend(std::experimental::coroutine_handle<> h) const {
        std::thread t{ [h] {
                // 模拟复杂操作，用时 3s
                std::this_thread::sleep_for(3s);
                h(); }
        };
        t.detach();
    }
    std::string await_resume() const { return *this; }
};
```

修改代码后再次编译运行代码会发现，程序运行 3s 后输出 hello 字符串。这是因为 await_suspend 函数创建了新线程，并且在线程中等待 3s 后执行恢复流程，该恢复流程执行到 co_return str;导致 s.get()获得结果，最终输出 hello 字符串。

1. co_await 运算符的重载

看到这里相信读者已经知道 co_await 运算符是干什么的了。但是我们还有一个问题没有解决，那就是为什么有可等待体和等待器两种名称，实际上我们在上文中看到的 awaitable_string 是一种特殊的情况，也就是可等待体和等待器是同一个对象，但是这不是必需的。我们可以重载 co_await 运算符，让它从可等待体转换为等待器，还是以 std::string 为例：

```
awaitable_string operator co_await(std::string&& str)
{
  return awaitable_string{ str };
}


std::future<std::string> foo()
{
  auto str = co_await std::string{ "hello" };
  co_return str;
}
```

在上面的代码中，awaitable_string operator co_await(std::string&& str)是 co_await 的重载，它将 std::string 转换为 awaitable_string 后返回,这样我们就可以在 foo 函数中直接使用 co_await std::string { "hello" };，而不必担心编译报错了。

除了使用非成员的方式重载 co_await 之外，还可以使用成员重载 co_await。只不过对于 std::string 来说，修改 STL 的代码明显是不可行的，所以这里采用非成员方式。

2. 可等待体和等待器的完整实现

最后让我们实现一个完整的可等待体和等待器来结束 co_await 的讨论：

```
#include <iostream>
#include <fstream>
#include <streambuf>
#include <future>

class file_io_string {
```

```
public:
  file_io_string(const char* file_name) {
      t_ = std::thread{ [file_name, this]() mutable {
          std::ifstream f(file_name);
          std::string str((std::istreambuf_iterator<char>(f)),
          std::istreambuf_iterator<char>());
          result_ = str;
          ready_ = true;
      } };
  }
  bool await_ready() const { return ready_; }
  void await_suspend(std::experimental::coroutine_handle<> h) {
      std::thread r{ [h, t = std::move(t_)] () mutable {
          t.join();
          h(); }
      };
      r.detach();
  }
  std::string await_resume() const { return result_; }
private:
  bool ready_ = false;
  std::thread t_;
  std::string result_;
};

std::future<std::string> foo()
{
  auto str = co_await file_io_string{ "test.txt" };
  co_return str;
}

int main()
{
  auto s = foo();
  std::cout << s.get();
}
```

在上面的代码中，file_io_string 既是一个可等待体也是一个等待器，它可以异步读取一个文件数据到 std::string 中。file_io_string 在构造函数中创建新线程执行文件读取操作并且设置 ready_为 true。一般情况下，主线程的执行会比 IO 线程快，所以主线程调用 await_ready 的时候 ready_更可能为 false，这时代码会执行 await_suspend 函数，await_suspend 函数创建新线程等待文件 IO 线程执行完毕，并且从挂起点恢复执行 foo 函数。

33.2.2 co_yield 运算符原理

为了弄清楚 co_yield 运算符的实现原理，我们还是得从一段代码开始：

```
struct my_int_generator {};

my_int_generator foo()
{
  for (int i = 0; i < 10; i++) {
      co_yield i;
  }
}
```

编译上面的代码会获得两条相同的错误提示：

```
error C2039: 'promise_type': is not a member of 'std::experimental::coroutine
_traits<my_int_generator>'
```

编译器表示 std::experimental::coroutine_traits<my_int_generator> 中没有 promise_type 成员类型。现在问题来了，我们的代码里并没有所谓的 promise_type，更不知道 coroutine_traits 是什么了。解开这两个谜团，co_yield 运算符的实现原理也就清晰了。

promise_type

现在让我们聚焦到 promise_type 类型上，这是一个非常关键的结构，实际上它不仅能影响 co_yield 的行为，co_await 和 co_return 也会被其影响。简单来说，promise_type 可以用于自定义协程自身行为，代码的编写者可以自定义协程的多种状态以及自定义协程中任何 co_await、co_return 或 co_yield 表达式的行为，比如挂起前和恢复后的处理、如何返回最终结果等。

通常情况下 promise_type 会作为函数的嵌套类型存在，比如在 std::experimental:: generator 类模板中就存在嵌套类型 promise_type。当然，我们不能期待所有已经存在的代码都有嵌套类型 promise_type。所以 C++ 标准提供了另外一种方式获取 promise_type，那就是 std::experimental::coroutine_traits<T>。比如 std::future 就是这么做的：

```
template <class _Ty, class… _ArgTypes>
struct coroutine_traits<future<_Ty>, _ArgTypes…> {…}
```

说动手就动手，为了让上一节的代码正常编译，我们这就来实现一个 promise_type：

```
struct my_int_generator {
  struct promise_type {};
};

my_int_generator foo()
{
  for (int i = 0; i < 10; i++) {
      co_yield i;
  }
}
```

编译上面的代码，编译器依然会报错。显然，promise_type 不能是空结构体。让我们看一看错误提示：

```
error C2039: 'yield_value': is not a member of 'my_int_generator::promise_
type'
message : see declaration of 'my_int_generator::promise_type'
error C3789: this function cannot be a coroutine: 'my_int_generator::promise
_type' does not declare the member 'get_return_object()'
```

实际上，想要实现一个 generator 可用的 promise_type，有几个成员函数是必须实现的：

```
#include <experimental/resumable>
using namespace std::experimental;
struct my_int_generator {
  struct promise_type {
      int* value_ = nullptr;

      my_int_generator get_return_object() {
          return my_int_generator{ *this };
      }
      auto initial_suspend() const noexcept {
          return suspend_always{};
      }
      auto final_suspend() const noexcept {
          return suspend_always{};
      }
      auto yield_value(int& value) {
          value_ = &value;
          return suspend_always{};
      }
      void return_void() {}
  };

  explicit my_int_generator(promise_type& p)
```

```
            : handle_(coroutine_handle<promise_type>::from_promise(p)) {}
    ~my_int_generator() {
        if (handle_) {
            handle_.destroy();
        }
    }
    coroutine_handle<promise_type> handle_;
};

my_int_generator foo()
{
    for (int i = 0; i < 10; i++) {
        co_yield i;
    }
}


int main()
{
    auto obj = foo();
}
```

我知道上面这份代码不是那么容易理解，不过没关系，接下来我们来逐个讨论。

1. `get_return_object` 是一个非常关键的函数，理解这个函数名我们需要从调用者的角度来看问题。可以看到调用者是 main 函数，它使用 obj 接受 foo() 执行的返回值。那么问题来了，foo() 函数并没有 return 任何值。这时协程需要 `promise_type` 帮助它返回一个对象，这个辅助函数就是 `get_return_object`。现在就好理解了，`get_return_object` 就是通过 `my_int_generator` 的构造函数创建了一个对象并且返回给调用者，其中构造函数的形参接受一个 `promise_type` 的引用类型，并将其转换为 `coroutine_handle <promise_type>`类型。前文已经讨论过，`coroutine_handle` 的作用是控制协程执行流，这里也不例外，我们后面需要用它来恢复协程的执行。

2. 通常情况下我们不需要在意 `initial_suspend` 和 `final_suspend` 这两个函数，它们是 C++标准给予代码库编写者在协程执行前后的挂起机会，程序员可以利用这些机会做一些额外的逻辑处理，大多数情况下是用不到的。值得注意的是，这两个函数的返回类型必须是一个等待器，为了代码编写的方便，标准为我们准备了两种等待器 `suspend_always` 和 `suspend_never`，分别表示必然挂起和从不挂起：

```
struct suspend_always {
    bool await_ready() noexcept {
        return false;
```

```
    }
    void await_suspend(coroutine_handle<>) noexcept {}
    void await_resume() noexcept {}
};
struct suspend_never {
    bool await_ready() noexcept {
        return true;
    }
    void await_suspend(coroutine_handle<>) noexcept {}
    void await_resume() noexcept {}
};
```

库的编写者可以根据实际情况选择返回类型。这里的 my_int_generator 选择返回 suspend_always 的具体原因后面会提到。

3. yield_value 的意思很简单，保存 co_yield 操作数的值并且返回等待器，generator 通常返回 suspend_always。事实上，co_yield i;可以等价于代码：

```
co_await promise.yield_value(i);
```

4. return_void 用于实现没有 co_return 的情况。promise_type 中必须存在 return_void 或者 return_value。

现在代码已经可以顺利编译通过了，不过 my_int_generator 还没有任何 generator 的动作，这里我们需要操作协程句柄恢复执行协程代码并且返回生成值：

```
struct my_int_generator {
    …
    int next() {
        if (!handle_) {
            return -1;
        }
        handle_();
        if (handle_.done()) {
            handle_.destroy();
            handle_ = nullptr;
            return -1;
        }
        return handle_.promise().value_;
    }
    …
};

int main()
{
  auto obj = foo();
```

```
        std::cout << obj.next() << std::endl;
        std::cout << obj.next() << std::endl;
        std::cout << obj.next() << std::endl;
    }
```

在上面的代码中，成员函数 next 先使用 if(!handle_) 检查协程句柄的有效性，然后执行恢复协程 handle_();并通过 handle_.done() 检查协程是否执行完毕，如果执行完毕则销毁句柄，否则返回生成的值 handle_.promise().value_。值得注意的是，这里需要先恢复协程，至于原因读者是否还记得 initial_suspend 和 final_suspend 返回的都是 suspend_always，这个返回类型让协程在进入循环前就挂起了，所以需要让协程先恢复运行。运行以上代码，程序顺利输出：

```
0
1
2
```

如果读者想让自己的 generator 支持基于范围的 for 循环：

```
for (auto i : foo()) {
  std::cout << i << std::endl;
}
```

可以回顾一下第 17 章，为 generator 实现一套迭代器即可。

33.2.3　co_return 运算符原理

理解了复杂的 co_await 和 co_yield 后，co_return 运算符的原理就很容易理解了。和 co_yield 相同，co_return 也需要 promise_type 的支持，请看下面的代码：

```
struct my_int_return {
    struct promise_type {
        int value_ = 0;
        my_int_return get_return_object() {
            return my_int_return{ *this };
        }

        auto initial_suspend() const noexcept {
            return suspend_never{};
        }
        auto final_suspend() const noexcept {
            return suspend_always{};
        }
```

```cpp
        void return_value(int value) {
            value_ = value;
        }
    };

    explicit my_int_return(promise_type& p)
        : handle_(coroutine_handle<promise_type>::from_promise(p)) {}

    ~my_int_return() {
        if (handle_) {
            handle_.destroy();
        }
    }

    int get() {
        if (!ready_) {
            value_ = handle_.promise().value_;
            ready_ = true;
            if (handle_.done()) {
                handle_.destroy();
                handle_ = nullptr;
            }
        }

        return value_;
    }

    coroutine_handle<promise_type> handle_;
    int value_ = 0;
    bool ready_ = false;
};

my_int_return foo()
{
    co_return 5;
}

int main()
{
    auto obj = foo();
    std::cout << obj.get();
    std::cout << obj.get();
    std::cout << obj.get();
}
```

这段代码和上一节的代码示例非常相似，读者可以对比着去理解。唯一需要说明的是成员函数 `void return_value(int value)`，函数 foo 中的 `co_return` 5 实际上就是调用的 `return_value(5)`。如果 `co_return` 没有任何返回值，则需要用成员函数 `void return_void()` 代替 `void return_value(int value)`。

33.2.4 promise_type 的其他功能

`promise_type` 还有一个额外的功能，即可对 `co_await` 的操作数进行转换处理。为此我们需要给 `promise_type` 添加一个成员函数 `await_transform`，例如：

```
struct promise_type {
    …
    awaitable await_transform(expr e) {
        return awaitable(e);
    }
};
```

这样做的结果是代码 `co_await expr`; 最终会转换为：`co_await promise.await_transform(expr)`;。

除此之外，`promise_type` 还可以对异常进行处理，为此我们需要给 `promise_type` 添加一个成员函数 `void set_exception`，例如：

```
struct promise_type {
    …
    void unhandled_exception() {
        eptr_ = std::current_exception();
    }
};
```

当协程运行过程中发生异常时，代码会捕获异常并且调用 unhandled_ exception 函数，这个过程代码类似于：

```
co_await promise.initial_suspend();
try
{
    …
}
catch (…)
{
    promise.unhandled_exception();
}
FinalSuspend:
```

```
co_await promise.final_suspend();
}
```

捕获异常后我们可以选择在调用者上下文中重新抛出该异常。

33.3   总结

总的来说，协程的实现原理非常复杂，编译器为每个协程生成大量的代码，同时也需要程序员配合编写辅助代码才能正确使用。稍有疏忽就可能引发未定义的行为，尤其要注意协程上下文创建和销毁的时机、协程句柄的生命周期、运行的代码是否与线程强关联等。我的建议是，没有特别的需求，通常情况下应该使用成熟的协程库帮助我们完成协程函数的编写，比如 STL、cppcoro 等。最后还是提醒读者，在生产中使用协程编写代码请确保对协程机制和执行流有深入理解。

第 34 章

基础特性的其他优化（C++11～C++20）

34.1 显式自定义类型转换运算符（C++11）

C++是支持自定义类型转换运算符的，通过自定义转换运算符可以对原本没有关系的两个类型进行转换，可以说为类型转换提供了不少方便。不过一直以来 C++专家对自定义类型转换都保持谨慎的态度，其原因是自定义类型转换可能让程序员更容易写出与实际期待不符的代码，而编译器无法给出有效的提示，请观察以下代码：

```
#include <iostream>
#include <vector>

template<class T>
class SomeStorage {
public:
  SomeStorage() = default;
  SomeStorage(std::initializer_list<T> l) : data_(l) {};
  operator bool() const { return !data_.empty(); }
private:
  std::vector<T> data_;
};

int main()
{
  SomeStorage<float> s1{ 1., 2., 3. };
  SomeStorage<int> s2{ 1, 2, 3 };

  std::cout << std::boolalpha;
```

```
    std::cout << "s1 == s2 : " << (s1 == s2) << std::endl;
    std::cout << "s1 + s2  : " << (s1 + s2) << std::endl;
}
```

以上代码的编译运行结果如下：

```
s1 == s2 : true
s1 + s2  : 2
```

SomeStorage 是一个用于存储某类型数据的类模板。比如 SomeStorage
<int>用于存放整型数据，SomeStorage<float>用于存放浮点数据。正常逻辑下
这两个类的实例 s1 和 s2 是不能相等的，但是编译运行代码后发现 s1 == s2 的输
出为 true。另外，这两个不相关的类居然还可以做加法运算，返回结果为 2，乍看
起来完全没有道理。事实上，这里忽略了自定义类型转换运算符 operator bool()
的影响。在 s1 和 s2 比较和相加的过程中，编译器会对它们做隐式的自定义类型转
换以符合比较和相加的条件。由于这两个对象都不为空，因此它们的返回值都为
true，s1 == s2 的运算结果自然也为 true，而求和运算会将 bool 转换为 int，
于是输出运算结果为 2。可见，自定义类型转换运算符有时候就是这么不尽如人意。

另外，类型转换问题不止存在于自定义类型转换运算符中，构造函数中也同样
有问题，例如：

```
#include <iostream>
#include <string.h>

class SomeString {
public:
  SomeString(const char * p) : str_(strdup(p)) {}
  SomeString(int alloc_size) : str_((char *)malloc(alloc_size)) {}
  ~SomeString() { free(str_); }
private:
  char *str_;
  friend void PrintStr(const SomeString& str);
};

void PrintStr(const SomeString& str)
{
  std::cout << str.str_ << std::endl;
}

int main()
{
  PrintStr("hello world");
  PrintStr(58);                  // 代码写错，却编译成功
}
```

SomeString 类重载了两个构造函数，其中 SomeString(const char * p) 接受一个字符串作为参数并且将字符串复制到对象中，SomeString(int alloc_size)接受一个整数用于分配字符串内存。函数 PrintStr 的意图是打印 SomeString 的字符串。PrintStr("hello world")编译成功是符合预期的，因为字符串会隐式构造 SomeString 对象。奇怪的是 PrintStr(58)这个函数的调用，很明显这不是程序员写 PrintStr 函数的意图，真正的意图可能是 PrintStr("58")，但由于粗心漏掉了引号。问题来了，编译器面对这样的代码不会给出任何错误或者警告提示。因为编译器会将 58 作为参数通过 SomeString(int alloc_size)构造函数构造成 SomeString 对象。

当然了，C++已经考虑到了构造函数面临的这种问题，我们可以使用 explicit 说明符将构造函数声明为显式，这样隐式的构造无法通过编译：

```
class SomeString {
public:
  SomeString(const char * p) : str_(_strdup(p)) {}
  explicit SomeString(int alloc_size) : str_((char *)malloc(alloc_size)) {}
  ~SomeString() { free(str_); }
private:
  char *str_;
  friend void PrintStr(const SomeString& str);
};

int main()
{
  PrintStr("hello world");
  PrintStr(58);                    // 编译失败
  PrintStr(SomeString(58));
}
```

以上代码用 explicit 说明符声明了 SomeString(int alloc_size)，这样一来通过整数构造对象必须用显式的方式，所以 PrintStr(58)会编译失败。

借鉴显式构造函数的成功经验，C++11 标准将 explicit 引入自定义类型转换中，称为显式自定义类型转换。语法上和显式构造函数如出一辙，只需在自定义类型转换运算符的函数前添加 explicit 说明符，例如：

```
#include <iostream>
#include <vector>

template<class T>
class SomeStorage {
public:
  SomeStorage() = default;
```

```cpp
    SomeStorage(std::initializer_list<T> l) : data_(l) {};
    explicit operator bool() const { return !data_.empty(); }
private:
    std::vector<T> data_;
};

int main()
{
    SomeStorage<float> s1{ 1., 2., 3. };
    SomeStorage<int> s2{ 1, 2, 3 };

    std::cout << std::boolalpha;
    std::cout << "s1 == s2 : " << (s1 == s2) << std::endl;    // 编译失败
    std::cout << "s1 + s2  : " << (s1 + s2) << std::endl;     // 编译失败
    std::cout << "s1 : " << static_cast<bool>(s1) << std::endl;
    std::cout << "s2 : " << static_cast<bool>(s2) << std::endl;
    if (s1) {
        std::cout << "s1 is not empty" << std::endl;
    }
}
```

以上代码给 operator bool() 添加了 explicit 说明符，将自定义类型转换运算符声明为显式的。于是，在编译 s1 == s2 和 s1 + s2 的时候我们收到了两条错误信息，因为现在已经无法隐式地调用自定义类型转换运算符函数了，而显式地转换 static_cast <bool>(s1) 和 static_cast<bool>(s2) 则可以编译成功。在这份代码中我们还发现了另外一个有趣的地方，if 语句内的 s1 可以成功地调用显式自定义转换函数将其转换为 bool 类型而不会引发编译错误，这似乎和显式自定义类型转换运算符有些矛盾。实际上，这个"矛盾"恰好是 C++11 标准所允许的。

为了做进一步解释，这里需要引入布尔转换，顾名思义就是将其他类型转换为 bool。对于布尔转换，C++11 标准为其准备了一些特殊规则以减少代码冗余：在某些期待上下文为 bool 类型的语境中，可以隐式执行布尔转换，即使这个转换被声明为显式。这些语境包括以下几种。

- if、while、for 的控制表达式。
- 内建逻辑运算符!、&&和||的操作数。
- 条件运算符?:的首个操作数。
- static_assert 声明中的 bool 常量表达式。
- noexcept 说明符中的表达式。

以上语境对类型进行布尔转换是非常自然的，并不会产生其他不良的影响，而且会让代码更加简练，容易理解。

最后需要说明的是，新标准库也充分利用了显式自定义类型转换特性，比如 std::unique_ptr 定义了显式 bool 类型转换运算符来指示智能指针的内部指针是否为空，std::ifstream 定义了显式 bool 类型转换运算符来指示是否成功打开了目标文件等。

34.2 关于 std::launder()（C++17）

std::launder()是 C++17 标准库中新引入的函数，虽然本书并不打算介绍标准库中新增的内容，但是对于 std::launder()还是有必要说明一下的，因为它想要解决的是 C++语言的一个核心问题。让我们通过标准文档中的例子看一看这个问题到底是什么？

```
struct X { const int n; };
union U { X x; float f; };
```

请注意上面的代码片段中，结构体 X 的数据成员 n 是一个 const int 类型。接下来聚合初始化联合类型 U：

```
U u = {{ 1 }};
```

现在 const int 类型数据成员 n 被初始化为 1，由于 n 的常量性，编译器可以总是认为 u.x.n 为 1。接下来我们使用 replace new 的方法重写初始化这块内存区域：

```
X *p = new (&u.x) X {2};
```

新创建的 p->n 的值为 2。现在问题来了，请读者想一想 u.x.n 的值应该是多少？如果只是从内存的角度来看，毫无疑问这里的结果是 2，但是事情往往没那么简单，由于 u.x.n 是一个常量且初始化为 1，因此编译器有理由认为 u.x.n 是无法被修改的，通过一些优化后 u.x.n 的结果有可能为 1。实际上在标准看来，这个结果是未定义的。在经过 replace new 的操作后，我们不能直接使用 u.x.n，只能通过 p 来访问 n。

具体来说，C++标准规定：如果新的对象在已被某个对象占用的内存上进行构建，那么原始对象的指针、引用以及对象名都会自动转向新的对象，除非对象是一个常量类型或对象中有常量数据成员或者引用类型。简单来说就是，如果数据结构 X 的数据成员 n 不是一个常量类型，那么 u.x.n 的结果一定是 2。但是由于常量性的存在，从语法规则来说 x 已经不具备将原始对象的指针、引用以及对象名自动转向新对象的条件，因此结果是未定义的，要访问 n 就必须通过新对象的指针 p。实际上，这并不是一个新的语法规则，不过好像大多数人对此不太了解。

标准库引入 std::launder() 就是为了解决上述问题，标准文档的例子中：

```
assert(*std::launder(&u.x.n) == 2);
```

它是一个有定义的行为，而且获取 n 的值也保证为 2。怎么理解 std::launder() 呢？在我看来不妨从字面意思理解，launder 在英文中有清洗和刷洗的意思。而在这里不妨理解为洗内存，它的目的是防止编译器追踪到数据的来源以阻止编译器对数据的优化。最后要说一句，如果读者阅读 std::launder 的代码可能会感到惊讶，因为这个函数什么也没做，类似于：

```
template<typename T>
constexpr T*
launder(T* p) noexcept
{
  return p;
}
```

没错，到目前为止这个函数确实什么也没做。Botond Ballo 曾在 2016 年芬兰奥卢的 C++标准委员会会议报告中写到过关于 std::launder() 的体会。

34.3　返回值优化（C++11～C++17）

返回值优化是 C++中的一种编译优化技术，它允许编译器将函数返回的对象直接构造到它们本来要存储的变量空间中而不产生临时对象。严格来说返回值优化分为 RVO（Return Value Optimization）和 NRVO（Named Return Value Optimization），不过在优化方法上的区别并不大，一般来说当返回语句的操作数为临时对象时，我们称之为 RVO；而当返回语句的操作数为具名对象时，我们称之为 NRVO。在 C++11 标准中，这种优化技术被称为复制消除（copy elision）。如果使用 GCC 作为编译器，则这项优化技术是默认开启的，取消优化需要额外的编译参数 "-fno-elide-constructors"。

让我们从下面的例子开始对返回值优化技术进行探索：

```
#include <iostream>
class X {
public:
```

```
    X() { std::cout << "X ctor" << std::endl; }
    X(const X&x) { std::cout << "X copy ctor" << std::endl; }
    ~X() { std::cout << "X dtor" << std::endl; }
};

X make_x()
{
  X x1;
  return x1;
}

int main()
{
  X x2 = make_x();
}
```

可以看到函数 make_x() 返回了对象 x1 并赋值到 x2 上，理论上说这其中必定需要经过两次复制构造函数，第一次是 x1 复制到临时对象，第二次是临时对象复制到 x2。现在让我们用 GCC 编译并且运行这份代码，会输出结果：

```
X ctor
X dtor
```

令人吃惊的是，整个过程一次复制构造都没有调用，这就是 NRVO 的效果。如果这里将 make_x 函数改为：

```
X make_x()
{
  return X();
}
```

也会收到同样的效果，只不过优化技术名称从 NRVO 变成了 RVO。

接下来在编译命令行中添加开关 "-fno-elide-constructors"，然后再次编译运行该代码，这时的输出结果如下：

```
X ctor
X copy ctor
X dtor
X copy ctor
X dtor
X dtor
```

这才是我们刚刚预想的结果，一个默认构造函数和两个复制构造函数的调用。从结果可以看出返回值优化的效果特别理想，整整减少了两次复制构造和析构，这对于比较复杂或者占用内存很大的对象来说将是很重要的优化。

但是请别高兴得太早，实际上返回值优化是很容易失效的，例如：

```cpp
#include <iostream>
#include <ctime>

class X {
public:
  X() { std::cout << "X ctor" << std::endl; }
  X(const X&x) { std::cout << "X copy ctor" << std::endl; }
  ~X() { std::cout << "X dtor" << std::endl; }
};

X make_x()
{
  X x1, x2;
  if (std::time(nullptr) % 50 == 0) {
      return x1;
  }
  else {
      return x2;
  }
}

int main()
{
  X x3 = make_x();
}
```

现在 make_x() 函数不确定会返回哪个对象了，如果继续在 GCC 中添加 "-fno-elide-constructors" 开关进行编译，则运行时依然会出现两次复制构造函数：

```
X ctor
X ctor
X copy ctor
X dtor
X dtor
X copy ctor
X dtor
X dtor
```

若删除 "-fno-elide-constructors" 开关是否会消除复制构造函数呢？答案是否定的，这时只能消除一次复制构造：

```
X ctor
X ctor
```

```
X copy ctor
X dtor
X dtor
X dtor
```

原因其实很容易想到，由于以上代码中究竟由 x1 还是 x2 复制到 x3 是无法在编译期决定的，因此编译器无法在默认构造阶段就对 x3 进行构造，它需要分别将 x1 和 x2 构造后，根据运行时的结果将 x1 或者 x2 复制构造到 x3，在这个过程中返回值优化技术也尽其所能地将中间的临时对象优化掉了，所以这里只会看到一次复制构造函数的调用。

为了让读者更清晰地了解这部分的过程，我们让 GCC 生成中间代码 GIMPLE，然后对比其中的区别。

不带 "-fno-elide-constructors" 的中间代码：

```
make_x ()
{
  struct X x1 [value-expr: *<retval>];

  X::X (<retval>);
  try
    {
      return <retval>;
    }
  catch
    {
      X::~X (<retval>);
    }
}
…
main ()
{
  int D.39995;

  {
    struct X x2;

    try
      {
        x2 = make_x (); [return slot optimization]
        try
          {

          }
        finally
```

```
              {
                X::~X (&x2);
              }
          }
        finally
          {
            x2 = {CLOBBER};
          }
      }
    D.39995 = 0;
    return D.39995;
}
```

带 "-fno-elide-constructors" 的中间代码：

```
make_x ()
{
  struct X x1;

  try
    {
      X::X (&x1);
      try
        {
          X::X (<retval>, &x1);
          return <retval>;
        }
      finally
        {
          X::~X (&x1);
        }
    }
  finally
    {
      x1 = {CLOBBER};
    }
}
…
main ()
{
  struct X D.36509;
  int D.40184;

  {
    struct X x2;
```

```
    try
      {
        D.36509 = make_x (); [return slot optimization]
        try
          {
            try
              {
                X::X (&x2, &D.36509);
              }
            finally
              {
                try
                  {
                    X::~X (&D.36509);
                  }
                catch
                  {
                    X::~X (&x2);
                  }
              }
          }
        finally
          {
            D.36509 = {CLOBBER};
          }
        try
          {

          }
        finally
          {
            X::~X (&x2);
          }
      }
    finally
      {
        x2 = {CLOBBER};
      }
  }
  D.40184 = 0;
  return D.40184;
}
```

读者看出其中的区别了吗?

1. make_x 函数中前者直接使用调用者的返回值构造 X::X (<retval>);，而后者使用 x1 构造 X::X (&x1);，在构造结束之后再复制到返回值 X::X (<retval>, &x1);。

2. 在 main 函数中前者在 make_x 后没有任何复制动作，因为这时 x2 已经构建完成，而后者先调用 D.36509 = make_x ();将返回值复制到临时对象，然后再通过 X::X (&x2, &D.36509);复制到 x2。

另外值得注意的是，虽然返回值优化技术可以省略创建临时对象和复制构造的过程，但是 C++11 标准规定复制构造函数必须是存在且可访问的，否则程序是不符合语法规则的，例如：

```
#include <iostream>
class X {
public:
  X() { std::cout << "X ctor" << std::endl; }
  ~X() { std::cout << "X dtor" << std::endl; }
private:
  X(const X&x) { std::cout << "X copy ctor" << std::endl; }
};

X make_x()
{
  return X();
}

int main()
{
  X x2 = make_x();
}
```

在上面的代码中，我们将类 X 的复制构造函数设置为私有。根据返回值优化的要求，复制构造函数必须是可访问的，所以上面的代码在 C++11 的编译环境下将会导致编译错误。

C++14 标准对返回值优化做了进一步的规定，规定中明确了对于常量表达式和常量初始化而言，编译器应该保证 RVO，但是禁止 NRVO。

在 C++17 标准中提到了确保复制消除的新特性，它从另一个角度出发对 C++进行了性能优化，而且也能达到 RVO 的效果。该特性指出，在传递临时对象或者从函数返回临时对象的情况下，编译器应该省略对象的复制和移动构造函数，即使这些复制和移动构造还有一些额外的作用，最终还是直接将对象构造到目标的存储变量上，从而避免临时对象的产生。标准还强调，这里的复制和移动构造函数甚至可以是不存在或者不可访问的。

以上描述可以分为两个部分理解，首先对于临时对象强制省略对象的复制和移动构造函数，这一点实际上和 RVO 一样，只是对编译器提出了硬性要求。其次，也是最引人注意的一点，它允许复制和移动构造函数是不存在和不可访问的。在上面的例子中我们已经看到，返回值优化对于这一点是不允许的，现在我们不妨将上面代码的编译环境切换到 C++17，读者一定会惊喜地发现代码编译成功了。另外，我们甚至可以更激进一些，显式删除复制构造函数：

```
X(const X&x) = delete;
```

同样会发现，这份代码依然能正确地编译运行。这一点带来的最大好处是，所有类型都能使用工厂函数，即使该类型没有复制或者移动构造函数，例如：

```
#include <atomic>

template<class T, class Arg>
T create(Arg&& arg)
{
  return T(std::forward<Arg>(arg));
}

int main()
{
  std::atomic<int> x = create<std::atomic<int>>(11);
}
```

请注意上面的代码，由于 std::atomic 的复制构造函数被显式删除了，同时编译器也不会提供默认的移动构造函数，因此在 C++17 之前是无法编译成功的。而在 C++17 的标准下则不存在这个问题，代码能够顺利地编译运行。

最后提醒读者一点，返回值优化虽然能够帮助我们减少返回对象的复制，但是作为程序员还是应该尽量减少对这些优化的依赖，因为不同的编译器对其的支持可能是不同的。面对传递对象的需求，我们可以尽量通过传递引用参数的方式完成，不要忘了 C++11 中支持的移动语义，它也能在一定程度上代替返回值优化的工作。

34.4 允许按值进行默认比较（C++20）

以下代码在 C++20 标准之前是无法编译成功的：

```
struct C {
  int i;
  friend bool operator==(C, C) = default;
};
```

因为在 C++20 之前的标准中，类的默认比较规则要求类 C 可以有一个参数为 const C&的非静态成员函数，或者有两个参数为 const C&的友元函数。而 C++20 标准对这一条规则做了适度的放宽，它规定类的默认比较运算符函数可以是一个参数为 const C&的非静态成员函数，或是两个参数为 const C&或 C 的友元函数。这里的区别在于允许按值进行默认比较，于是上面的代码可以顺利地通过编译。但是请注意，下面这两种情况依旧是标准不允许的：

```
struct A {
    friend bool operator==(A, const A&) = default;
};

struct B {
    bool operator==(B) const = default;
};
```

在上面的代码中，A 因为混用 const A&和 A 而不符合标准要求，所以编译失败。另外，标准并没有放宽默认比较中对于非静态成员函数的要求，B 依然无法通过编译。

34.5　支持 new 表达式推导数组长度（C++20）

一直以来，C++在声明数组的时候都支持通过初始化时的元素个数推导数组长度，比如：

```
int x[]{ 1, 2, 3 };
char s[]{ "hello world" };
```

这种声明数组的方式非常方便，特别是对于字符串数组而言，将计算数组所需长度的任务交给编译器，省去了我们挨个数字符检查的烦恼。但遗憾的是，这个特性并不完整，因为在用 new 表达式声明数组的时候无法把推导数组长度的任务交给编译器，所以下面的代码就无法成功编译了：

```
int *x = new int[]{ 1, 2, 3 };
char *s = new char[]{ "hello world" };
```

好在 C++20 标准解决了以上问题。提案文档中强调在数组声明时根据初始化元素个数推导数组长度的特性应该是一致的，所以用以上方式声明数组理应是一个合法的语法规则。需要注意的是，到目前为止支持这一特性的编译器只有 Clang，GCC 和 MSVC 都是无法编译上面的代码的。

34.6　允许数组转换为未知范围的数组（C++20）

在 C++20 标准中允许数组转换为未知范围的数组，例如：

```
void f(int(&)[]) {}
int arr[1];

int main()
{
  f(arr);
  int(&r)[] = arr;
}
```

以上代码在 C++20 标准下可以正常编译通过。对于重载函数的情况，编译器依旧会选择更为精准匹配的函数：

```
void f(int(&)[])
{
  std::cout << "call f(int(&)[])";
}
void f(int(&)[1])
{
  std::cout << "call f(int(&)[1])";
}
int arr[1];

int main()
{
  f(arr);
}
```

在上面的代码中，void f(int(&)[1])明显更匹配 int arr[1];，所以输出结果为 call f(int(&)[1])。需要注意的是，到目前为止只有 GCC 能够支持该特性。

34.7　在 delete 运算符函数中析构对象（C++20）

我们知道，通常情况下 delete 一个对象，编译器会先调用该对象的析构函数，之后才会调用 delete 运算符删除内存，例如：

```cpp
#include <new>
struct X {
  X() {}
  ~X()
  {
      std::cout << "call dtor" << std::endl;
  }
  void* operator new(size_t s)
  {
      return ::operator new(s);
  }

  void operator delete(void* ptr)
  {
      std::cout << "call delete" << std::endl;
      ::operator delete(ptr);
  }
};

X* x = new X;
delete x;
```

以上代码的输出结果必然是：

```
call dtor
call delete
```

在 C++20 标准以前，这个析构和释放内存的操作完全由编译器控制，我们无法将其分解开来。但是从 C++20 标准开始，这个过程可以由我们控制了，而且实现方法也非常简单：

```cpp
struct X {
  X() {}
  ~X()
  {
      std::cout << "call dtor" << std::endl;
```

```
    }
    void* operator new(size_t s)
    {
        return ::operator new(s);
    }

    void operator delete(X* ptr, std::destroying_delete_t)
    {
        std::cout << "call delete" << std::endl;
        ::operator delete(ptr);
    }
};
```

请注意在上面的代码中，delete 运算符发生的两个变化：第一个参数类型由 void *修改为 X *；增加了一个类型为 std::destroying_delete_t 的形参，且我们并不会用到它。编译器会识别到 delete 运算符形参的变化，然后由我们去控制对象的析构。比如在上面的代码中，我们没有调用析构函数，于是输出的结果如下：

```
call delete
```

在这种情况下，我们需要自己调用析构函数：

```
void operator delete(X* ptr, std::destroying_delete_t)
{
  ptr->~X();
  std::cout << "call delete" << std::endl;
  ::operator delete(ptr);
}
```

34.8　调用伪析构函数结束对象生命周期（C++20）

C++20 标准完善了调用伪析构函数结束对象生命周期的规则。在过去，调用伪析构函数会根据对象的不同执行不同的行为，例如：

```
template<typename T>
void destroy(T* p) {
  p->~T();
}
```

在上面的代码中，当 T 是非平凡类型时，p->~T();会结束对象生命周期；相反当 T 为平凡类型时，比如 int 类型，p->~T();会被当成无效语句。C++20 标准修补了这种行为不一致的规则，它规定伪析构函数的调用总是会结束对象的生命周期，即使对象是一个平凡类型。

34.9   修复 const 和默认复制构造函数不匹配造成无法编译的问题（ C++20 ）

考虑这样一个类或者结构体，它编写复制构造函数的时候没有使用 const：

```
struct MyType {
  MyType() = default;
  MyType(MyType&) {};
};
```

当它聚合到拥有默认复制构造函数的数据结构时，会产生一个编译错误：

```
template <typename T>
struct Wrapper {
  Wrapper() = default;
  Wrapper(const Wrapper&) = default;
  T t;
};
Wrapper<MyType> var;
```

Wrapper 的复制构造函数的形参是 const 版本而其成员 MyType 不是，这种不匹配在 C++17 和以前的标准中是不被允许的。但仔细想想，这样的规定并不合理，因为代码并没有试图去调用复制构造函数。在 C++20 标准中修正了这一点，如果不发生复制动作，这样的写法是可以通过编译的。需要注意的是，就目前的编译器情况来看 MSVC 和 GCC 都对 C++17 标准做了优化，也就是说以上代码无论在 C++17 还是 C++20 标准上都可以编译通过，只有 Clang 严格遵照标准，在 C++17 的环境下会报错。当然：

```
Wrapper<MyType> var1;
Wrapper<MyType> var2(var1);
```

这样的写法是无论如何都会编译失败的。

34.10 不推荐使用 volatile 的情况（C++20）

volatile 是一个非常著名的关键字，用于表达易失性。它能够让编译器不要对代码做过多的优化，保证数据的加载和存储操作被多次执行，即使编译器知道这种操作是无用的，也无法对其进行优化。事实上，在现代的计算机环境中，volatile 限定符的意义已经不大了。首先我们必须知道，该限定符并不能保证数据的同步，无法保证内存操作不被中断，它的存在不能代替原子操作。其次，虽然 volatile 操作的顺序不能相对于其他 volatile 操作改变，但是可以相对于非 volatile 操作改变。更进一步来说，即使从 C++编译代码的层面上保证了操作执行的顺序，但是对于现代 CPU 而言这种操作执行顺序也是无法保证的。

因为 volatile 限定符现实意义的减少以及部分程序员对此理解的偏差，C++20 标准在部分情况中不推荐 volatile 的使用，这些情况包括以下几种。

1. 不推荐算术类型的后缀++和--表达式以及前缀++和--表达式使用 volatile 限定符：

```
volatile int d = 5;
d++;
--d;
```

2. 不推荐非类类型左操作数的赋值使用 volatile 限定符：

```
// E1 op= E2
volatile int d = 5;
d += 2;
d *= 3;
```

3. 不推荐函数形参和返回类型使用 volatile 限定符：

```
volatile int f() { return 1; }
int g(volatile int v) { return v; }
```

4. 不推荐结构化绑定使用 volatile 限定符：

```
struct X {
  int a;
  short b;
};
X x{ 11, 7 };
volatile auto [a, b] = x;
```

以上 4 种情况在 C++20 标准的编译环境中编译都会给出 `'volatile'`-qualified type is deprecated 的警告信息。

34.11   不推荐在下标表达式中使用逗号运算符（C++20）

对于逗号运算符我们再熟悉不过了，它可以让多个表达式按照从左往右的顺序进行计算，整体的结果为系列中最后一个表达式的值，例如：

```
int a[]{ 1,2,3 };
int x = 1, y = 2;
std::cout << a[x, y];
```

在上面的代码中，`std::cout << a[x, y];`等同于`std::cout << a[y];`，最后输出结果是 3。不过从 C++20 标准开始，`std::cout << a[x, y];`这句代码会被编译器提出警告，因为标准已经不推荐在下标表达式中使用逗号运算符了。该规则的提案文档明确地表示，希望 `array[x,y]` 这种表达方式能用在矩阵、视图、几何实体、图形 API 中。而对于老代码的维护者或者依旧想在下标表达式中使用逗号运算符的读者，可以在下标表达式外加上小括号来消除警告：

```
std::cout << a[(x, y)];
```

34.12   模块（C++20）

模块（module）是 C++20 标准引入的一个新特性，它的主要用途是将大型工程中的代码拆分成独立的逻辑单元，以方便大型工程的代码管理。模块能够大大减少使用头文件带来的问题，例如在使用头文件时经常会遇到宏和函数的重定义，而模块则会好很多，因为宏和未导出名称对于导入模块是不可见的。使用模块也能大幅提升编译效率，因为编译后的模块信息会存储在一个二进制文件中，编译器对于它的处理速度要远快于单纯使用文本替换的头文件方法。可惜到目前为止并没有主流编译器完全支持该特性，所以这里只做简单介绍：

```
// helloworld.ixx
export module helloworld;
import std.core;
```

```
export void hello() {
  std::cout << "Hello world!\n";
}

// modules_test.cpp
import helloworld;
int main()
{
    hello();
}
```

上面的代码很容易理解，helloworld.ixx 是接口文件，它将编译成一个名为 helloworld 的导出模块。在模块中使用 import 引入了 std.core, std.core 是一个 STL 模块，包含了 STL 中最主要的容器和算法。除此之外，模块还使用 export 导出了一个 hello 函数。编译器编译 helloworld.ixx 会生成一个 helloworld.ifc，该文件包含了模块的元数据。modules_test.cpp 可以通过 import helloworld;导入 helloworld 模块，并且调用它的导出函数 hello。

在使用 VS 2019 进行编译时有两点需要注意。

1. 在安装 VS 2019 的 C++环境时勾选模块（默认不勾选）。如果不做这一步，会导致 import std.core;无法正确编译。

2. 编译选项开启/experimental:module。

34.13　总结

本章介绍了新标准中多个基础特性的优化，这些特性大部分是对现有 C++功能的完善，虽然它们非常简单，但是有些却非常实用，比如支持显式自定义类型转换运算符、支持 new 表达式推导数组长度等。在这些特性当中影响最大的应该是返回值优化，虽然该特性对于程序员本身来说并无感知，但是编译器却做了相当多的工作，也正因为该特性的存在使代码在升级标准环境后可以有性能上的提升。

第 35 章

可变参数模板（C++11 C++17 C++20）

35.1 可变参数模板的概念和语法

可变参数模板是 C++11 标准引入的一种新特性，顾名思义就是类模板或者函数模板的形参个数是可变的。作为一个模板元编程的爱好者，刚看到这个特性的时候是非常激动的，因为这个特性能很大程度上加强模板的能力。举两个例子，熟悉 C++ 标准库的读者肯定知道 std::bind1st 和 std::bind2nd 两个函数模板，两个函数能够绑定一个对象到函数或者函数对象，不过它们有一个很大的限制——只能绑定一个对象。为了解决这个问题，C++标准委员会在 2005 年的 C++技术报告中(tr1)提出了新的函数模板 std::bind，该函数可以将多个对象绑定到函数或者函数对象上，不过由于缺乏可变参数模板的支持，这里所谓的多个也是有限制的，比如在 boost 中最多是 9 个，后来 GCC 和 Visual Studio C++的标准库沿用了这个设定。无独有偶，这份技术报告中还提出了 std::tuple 类型，该类型能够存储多种类型的对象，当然这里的多种类型的数量同样有限制，比如在 boost 中这个数量最多为 10，后来 GCC 和 Visual Studio C++的标准库也沿用了这个设定。可以看出这两个函数模板和类模板对于可变参数都有很强烈的需求，于是在 C++11 标准支持可变参数模板以后，std::bind 和 std::tuple 就被改写为可以接受任意多个模板形参的版本了。

可变参数模板的语法和可变参数函数的相似之处就是都用到了省略号，只不过这里的省略号用法会相对复杂一点：

```
template<class …Args>
void foo(Args …args) {}
```

```
template<class …Args>
class bar {
public:
  bar(Args …args) {
        foo(args…);
  }
};
```

在上面的代码中 class …Args 是类型模板形参包，它可以接受零个或者多个类型的模板实参。Args …args 叫作函数形参包，它出现在函数的形参列表中，可以接受零个或者多个函数实参。而 args…是形参包展开，通常简称包展开。它将形参包展开为零个或者多个模式的列表，这个过程称为解包。这里所谓的模式是实参展开的方法，形参包的名称必须出现在这个方法中作为实参展开的依据，最简单的情况为解包后就是实参本身。

以上这些语法概念看起来可能会有点复杂。不过没关系，结合下面的例子后读者会发现这些语法实际上非常自然：

```
template<class …Args>
void foo(Args …args) {}

int main()
{
  unsigned int x = 8;
    foo();          // foo()
  foo(1);           // foo<int>(int)
  foo(1, 11.7);     // foo<int,double>(int,double)
  foo(1, 11.7, x);  // foo<int,double,unsigned int>(int,double,unsigned int)
}
```

以上是一个变参函数模板，它可以接受任意多个实参，编译器会根据实参的类型和个数推导出形参包的内容。另外，C++11 标准中变参类模板虽然不能通过推导得出形参包的具体内容，但是我们可以直接指定它：

```
template<class …Args>
class bar {};

int main()
{
  bar<> b1;
  bar<int> b2;
  bar<int, double> b3;
  bar<int, double, unsigned int> b4;
}
```

需要注意的是，无论是模板形参包还是函数形参包都可以与普通形参结合，但是对于结合的顺序有一些特殊要求。

在类模板中，模板形参包必须是模板形参列表的最后一个形参：

```
template<class …Args, class T>
class bar {};
bar<int, double, unsigned int> b1;      // 编译失败，形参包并非最后一个

template<class T, class …Args>
class baz {};
baz<int, double, unsigned int> b1;      // 编译成功
```

但是对于函数模板而言，模板形参包不必出现在最后，只要保证后续的形参类型能够通过实参推导或者具有默认参数即可，例如：

```
template<class …Args, class T, class U = double>
void foo(T, U, Args …args) {}

foo(1, 2, 11.7);    // 编译成功
```

虽然以上介绍的都是类型模板形参，但是实际上非类型模板形参也可以作为形参包，而且相对于类型形参包，非类型形参包则更加直观：

```
template<int …Args>
void foo1() {};

template<int …Args>
class bar1 {};

int main()
{
  foo1<1, 2, 5, 7, 11>();
  bar1<1, 5, 8> b;
}
```

35.2　形参包展开

虽然上一节已经简单介绍了可变参数模板的基本语法，但是读者应该已经注意到，节中的例子并没有实际用途，无论是函数模板 foo 还是类模板 bar，它们的主体都是空的。实际上，它们都缺少了一个最关键的环节，那就是形参包展开，简称包展开。只有结合了包展开，才能发挥变参模板的能力。需要注意的是，包展开并

不是在所有情况下都能够进行的，允许包展开的场景包括以下几种。

1. 表达式列表。
2. 初始化列表。
3. 基类描述。
4. 成员初始化列表。
5. 函数参数列表。
6. 模板参数列表。
7. 动态异常列表（C++17 已经不再使用）。
8. lambda 表达式捕获列表。
9. Sizeof... 运算符。
10. 对其运算符。
11. 属性列表。

虽然这里列出的场景比较多，但是因为大多数是比较常见的场景，所以理解起来应该不会有什么难度。让我们通过几个例子来说明包展开的具体用法：

```cpp
#include <iostream>

template<class T, class U>
T baz(T t, U u)
{
  std::cout << t << ":" << u << std::endl;
  return t;
}

template<class ...Args>
void foo(Args ...args) {}

template<class ...Args>
class bar {
public:
  bar(Args ...args)
  {
      foo(baz(&args, args) ...);
  }
};

int main()
{
  bar<int, double, unsigned int> b(1, 5.0, 8);
}
```

在上面的代码中，baz 是一个普通的函数模板，它将实参通过 std::cout 输出到控制台上。foo 是一个可变参数的函数模板，不过这个函数什么也不做。在 main 函数中，模板 bar 实例化了一个 bar<int, double, unsigned int>类型并且构造了对象 b，在它的构造函数里对形参包进行了展开，其中 baz(&args, args)… 是包展开，而 baz(&args, args) 就是模式，也可以理解为包展开的方法。所以这段代码相当于：

```
class bar {
public:
  bar(int a1, double a2, unsigned int a3)
  {
      foo(baz(&a1, a1), baz(&a2, a2), baz(&a3, a3));
  }
};
```

　　为了让读者更加清晰地了解编译器对这段代码的处理，下面展示了 GCC 生成的 GIMPLE 中间代码的关键部分：

```
main ()
{
  …
  struct bar b;
  …
  bar<int, double, unsigned int>::bar (&b, 1, 5.0e+0, 8);
  …
}

bar<int, double, unsigned int>::bar (struct bar * const this, int args#0,
double args#1, unsigned int args#2)
{
  args_2.0_1 = args#2;
  _2 = baz<unsigned int*, unsigned int> (&args#2, args_2.0_1);
  args_1.1_3 = args#1;
  _4 = baz<double*, double> (&args#1, args_1.1_3);
  args_0.2_5 = args#0;
  _6 = baz<int*, int> (&args#0, args_0.2_5);
  foo<int*, double*, unsigned int*> (_6, _4, _2);
}

baz<unsigned int*, unsigned int> (unsigned int * t, unsigned int u) {
  …
}

baz<double*, double> (double * t, double u) {
  …
```

```
  }

baz<int*, int> (int * t, int u) {
  …
  }
…
```

可以看到，在 bar 的构造函数中分别调用了 3 个不同的 baz 函数，然后将它们的计算结果作为参数传入 foo 函数中。接着，稍微修改一下这个例子：

```
template<class …T>
int baz(T …t)
{
  return 0;
}

template<class …Args>
void foo(Args …args) {}

template<class …Args>
class bar {
public:
  bar(Args …args)
  {
      foo(baz(&args…) + args…);
  }
};

int main()
{
  bar<int, double, unsigned int> b(1, 5.0, 8);
}
```

在上面这段代码中形参包又是怎么解包的？要理解这个解包过程，需要将其分为两个部分：第一个部分是对函数模板 baz(&args…) 的解包，其中&args…是包展开，&args 是模式，这部分会被展开为 baz(&a1, &a2, &a3)；第二部分是对 foo(baz(&args…) + args…) 的解包，由于 baz(&args…) 已经被解包，因此现在相当于解包的是 foo(baz(&a1, &a2, &a3) + args…)，其中 baz(&a1, &a2, &a3) + args…是包展开，baz(&a1, &a2, &a3) + args 是模式，最后的结果为 foo(baz(&a1, &a2, &a3) + a1, baz(&a1, &a2, &a3) + a2, baz(&a1, &a2, &a3) + a3)。

在我们刚刚看到的这些例子中包展开的模式都还算是比较常规的，而实际上模式还可以更加灵活，例如：

```
#include <iostream>

int add(int a, int b) { return a + b; };
int sub(int a, int b) { return a - b; };

template<class …Args>
void foo(Args (*…args)(int, int))
{
  int tmp[] = {(std::cout << args(7, 11) << std::endl, 0) …};
}

int main()
{
  foo(add, sub);
}
```

这个例子比之前看到的都要复杂一些，首先函数模板 foo 的形参包不再是简单的 Args …args，而是 Args (*…args)(int, int)，从形式上看这个形参包解包后将是零个或者多个函数指针。为了让编译器能自动推导出所有函数的调用，在函数模板 foo 的函数体里使用了一个小技巧。函数体内定义了一个 int 类型的数组 tmp，并且借用了逗号表达式的特性，在括号中用逗号分隔的表达式会以从左往右的顺序执行，最后返回最右表达式的结果。在这个过程中 std::cout << args(7, 11) << std::endl 得到了执行。(std::cout << args(7, 11) << std::endl, 0)…是一个包展开，而 (std::cout << args(7, 11) << std::endl, 0) 是包展开的模式。

我们已经见识了很多函数模板中包展开的例子，但是这些并不是包展开的全部，接下来让我们了解一下在类的继承中形参包以及包展开是怎么使用的：

```
#include <iostream>

template<class …Args>
class derived : public Args…
{
public:
  derived(const Args& …args) : Args(args) … {}
};

class base1
{
public:
  base1() {}
  base1(const base1&)
```

```
  {
      std::cout << "copy ctor base1" << std::endl;
  }
};

class base2
{
public:
  base2() {}
  base2(const base2&)
  {
      std::cout << "copy ctor base2" << std::endl;
  }
};

int main()
{
  base1 b1;
  base2 b2;
  derived<base1, base2> d(b1, b2);
}
```

在上面的代码中，derived 是可变参数的类模板，有趣的地方是它将形参包作为自己的基类并且在其构造函数的初始化列表中对函数形参包进行了解包，其中 Args(args)…是包展开，Args(args)是模式。

到此为止读者应该对形参包和包展开有了一定的理解，现在是时候介绍另一种可变参数模板了，这种可变参数模板拥有一个模板形参包，请注意这里并没有输入或者打印错误，确实是模板形参包。之所以在前面没有提到这类可变参数模板，主要是因为它看起来过于复杂：

```
template<template<class …> class …Args>
class bar : public Args<int, double>… {
public:
  bar(const Args<int, double>& …args) : Args<int, double>(args) … {}
};

template<class …Args>
class baz1 {};

template<class …Args>
class baz2 {};

int main()
{
```

```
    baz1<int, double> a1;
    baz2<int, double> a2;
    bar<baz1, baz2> b(a1, a2);
}
```

可以看到类模板 bar 的模板形参是一个模板形参包，也就是说其形参包是可以
接受零个或者多个模板的模板形参。在这个例子中，bar<baz1, baz2>接受了两
个类模板 baz1 和 baz2。不过模板缺少模板实参是无法实例化的，所以 bar 实际上
继承的不是 baz1 和 baz2 两个模板，而是它们的实例 baz1<int, double>和
baz2<int, double>。还有一个有趣的地方，template<template <class …>
class …Args>似乎存在两个形参包，但事实并非如此。因为最里面的
template<class …>只说明模板形参是一个变参模板，它不能在 bar 中被展开。

但是这并不意味着两个形参包不能同时存在于同一个模式中，要做到这一点，
只要满足包展开后的长度相同即可，让我们看一看提案文档中的经典例子：

```
template<class…> struct Tuple {};
template<class T1, class T2> struct Pair {};
template<class …Args1>
struct zip {
  template<class …Args2>
  struct with {
      typedef Tuple<Pair<Args1, Args2>…> type;
  };
};

int main()
{
  zip<short, int>::with<unsigned short, unsigned>::type t1;   // 编译成功
  zip<short>::with<unsigned short, unsigned>::type t2;        // 编译失败，形参
                                                             // 包长度不同

}
```

在上面的例子中，可变参数模板 zip 的形参包 Args1 和 with 的形参包 Args2
同时出现在模式 Pair<Args1, Args2>中，如果要对 Pair<Args1, Args2>…进
行解包，就要求 Args1 和 Args2 的长度相同。编译器能够成功编译 t1，t1 的类型
为 Tuple<Pair<short, unsigned short>, Pair<int, unsigned>>，但
是编译器在编译 t2 时会提示编译失败，因为 Args1 形参包中只有一个实参，而
Args2 中有两个实参，它们的长度不同。

现在回头看一看这些例子，我们会发现例子里包展开的场景基本上涵盖了常用
的几种，包括表达式、初始化列表、基类描述、成员初始化列表、函数形参列表和
模板形参列表等。在剩下没有涉及的几种场景中，还有一种可能会偶尔用到，那就

是 lambda 表达式的捕获列表：

```cpp
template<class …Args> void foo(Args …args) {}

template<class …Args>
class bar
{
public:
  bar(Args …args) {
      auto lm = [args …]{ foo(&args…); };
      lm();
  }
};

int main()
{
  bar<int, double> b2(5, 8.11);
}
```

在以上代码的 lambda 表达式 lm 的捕获列表里，args …是一个包展开，而 args 是模式。比较有趣的是，除了捕获列表里的包展开，在 lambda 表达式的函数体内 foo(&args …)还有一个包展开，而这里的包展开是&args …，模式为&args。接下来看一个实际生产中可能会用到的例子：

```cpp
template<class F, class… Args>
auto delay_invoke(F f, Args… args) {
    return [f, args…]() -> decltype(auto) {
        return std::invoke(f, args…);
    };
}
```

上面这段代码实现了一个 delay_invoke，目的是将函数对象和参数打包到一个 lambda 表达式中，等到需要的时候直接调用 lambda 表达式实例，而无须关心参数如何传递。

最后值得强调一下的是函数模板推导的匹配顺序：在推导的形参同时满足定参函数模板和可变参数函数模板的时候，编译器将优先选择定参函数模板，因为它比可变参数函数模板更加精确，比如：

```cpp
#include <iostream>

template<class… Args> void foo(Args… args)
{
  std::cout << "foo(Args… args)" << std::endl;
}
```

```
template<class T1, class… Args> void foo(T1 a1, Args… args)
{
  std::cout << "foo(T1 a1, Args… args)" << std::endl;
}

template<class T1, class T2> void foo(T1 a1, T2 a2)
{
  std::cout << "foo(T1 a1, T2 a2)" << std::endl;
}

int main()
{
  foo();
  foo(1, 2, 3);
  foo(1, 2);
}
```

上面的代码编译运行的结果是：

```
foo(Args… args)
foo(T1 a1, Args… args)
foo(T1 a1, T2 a2)
```

可以看到，当 foo() 没有任何实参的时候，编译器使用 foo(Args… args) 来匹配，因为只有它支持零参数的情况。当 foo(1,2,3) 有 3 个实参的时候，编译器不再使用 foo(Args… args) 来匹配，虽然它能够匹配 3 个实参，但是它不如 foo(T1 a1, Args… args) 精确，所以编译器采用了 foo(T1 a1, Args… args) 来匹配 3 个参数。foo(1,2) 有两个参数，编译器再次抛弃了 foo(T1 a1, Args… args)，因为这时候有更加精确的定参函数模板 foo(T1 a1, T2 a2)。

35.3　sizeof…运算符

我们知道 sizeof 运算符能获取某个对象类型的字节大小。不过当 sizeof 之后紧跟…时其含义就完全不同了。sizeof…是专门针对形参包引入的新运算符，目的是获取形参包中形参的个数，返回的类型是 std::size_t，例如：

```
#include <iostream>

template<class …Args> void foo(Args …args)
{
```

```
        std::cout << "foo sizeof…(args) = " << sizeof…(args) << std::endl;
}

template<class …Args>
class bar
{
public:
  bar() {
        std::cout << "bar sizeof…(Args) = " << sizeof…(Args) << std::endl;
  }
};

int main()
{
  foo();
  foo(1,2,3);

  bar<> b1;
  bar<int, double> b2;
}
```

编译运行以上代码的输出结果如下：

```
foo sizeof…(args) = 0
foo sizeof…(args) = 3
bar sizeof…(Args) = 0
bar sizeof…(Args) = 2
```

35.4　可变参数模板的递归计算

在 C++11 标准中，要对可变参数模板形参包的包展开进行逐个计算需要用到递归的方法，比如下面的求和函数：

```
#include <iostream>

template<class T>
T sum(T arg)
{
  return arg;
}

template<class T1, class… Args>
```

```
auto sum(T1 arg1, Args …args)
{
  return arg1 + sum(args…);
}

int main()
{
  std::cout << sum(1, 5.0, 11.7) << std::endl;
}
```

在上面的代码中，当传入函数模板 sum 的实参数量等于 1 时，编译器会选择调用 T sum(T arg)，该函数什么也没有做，只是返回实参本身。当传入的实参数量大于 1 时，编译器会选择调用 auto sum(T1 arg1, Args …args)，注意，这里使用 C++14 的特性将 auto 作为返回类型的占位符，把返回类型的推导交给编译器。这个函数将除了第一个形参的其他形参作为实参递归调用了 sum 函数，然后将其结果与第一个形参求和。最终编译器生成的结果应该和下面的伪代码类似：

```
sum(double arg)
{
  return arg;
}

sum(double arg0, double args1)
{
  return arg0 + sum(args1);
}

sum(int arg1, double args1, double args2)
{
  return arg1 + sum(args1, args2);;
}

int main()
{
  std::cout << sum(1, 5.0, 11.7) << std::endl;
}
```

35.5 折叠表达式

在前面的例子中，我们提到了利用数组和递归的方式对形参包进行计算的方法。这些都是非常实用的技巧，解决了 C++11 标准中包展开方法并不丰富的问题。不过实话实说，递归计算的方式过于烦琐，数组和括号表达式的方法技巧性太强也不是很容易想到。为了用更加正规的方法完成包展开，C++ 委员会在 C++17 标准中引入了折叠表达式的新特性。让我们使用折叠表达式的特性改写递归的例子：

```cpp
#include <iostream>

template<class… Args>
auto sum(Args …args)
{
  return (args + …);
}

int main()
{
  std::cout << sum(1, 5.0, 11.7) << std::endl;
}
```

如果读者是第一次接触折叠表达式，一定会为以上代码的简洁感到惊叹。在这份代码中，我们不再需要编写多个 sum 函数，然后通过递归的方式求和。需要做的只是按照折叠表达式的规则折叠形参包 (args + …)。根据折叠表达式的规则，(args + …) 会被折叠为 arg0 + (arg1 + arg2)，即 $1 + (5.0 + 11.7)$。

到此为止，读者应该已经迫不及待地想了解折叠表达式的折叠规则了吧。那么接下来我们就来详细地讨论折叠表达式的折叠规则。

在 C++17 的标准中有 4 种折叠规则，分别是一元向左折叠、一元向右折叠、二元向左折叠和二元向右折叠。上面的例子就是一个典型的一元向右折叠：

(args op …)折叠为(arg0 op (arg1 op … (argN-1 op argN)))

对于一元向左折叠而言，折叠方向正好相反：

(… op args)折叠为((((arg0 op arg1) op arg2) op …) op argN)

二元折叠总体上和一元相同，唯一的区别是多了一个初始值，比如二元向右折叠：

(args op … op init)折叠为(arg0 op (arg1 op …(argN-1 op (argN op init))))

二元向左折叠也是只有方向上正好相反：

(init op … op args) 折 叠 为 ((((((init op arg0) op arg1) op arg2) op …) op argN)

虽然没有提前声明以上各部分元素的含义，但是读者也能大概看明白其中的意思。这其中，args 表示的是形参包的名称，init 表示的是初始化值，而 op 则代表任意一个二元运算符。值得注意的是，在二元折叠中，两个运算符必须相同。

在折叠规则中最重要的一点就是操作数之间的结合顺序。如果在使用折叠表达式的时候不能清楚地区分它们，可能会造成编译失败，例如：

```cpp
#include <iostream>
#include <string>

template<class… Args>
auto sum(Args …args)
{
  return (args + …);
}

int main()
{
  std::cout << sum(std::string("hello "), "c++ ", "world") << std::endl;
  // 编译错误
}
```

上面的代码会编译失败，理由很简单，因为折叠表达式(args + …)向右折叠，所以翻译出来的实际代码是(std::string("hello ") + ("c++ " + "world"))。但是两个原生的字符串类型是无法相加的，所以编译一定会报错。要使这段代码通过编译，只需要修改一下折叠表达式即可：

```cpp
template<class… Args>
auto sum(Args …args)
{
  return (… + args);
}
```

这样翻译出来的代码将是((std::string("hello ") + "c++ ") + "world")。而 std::string 类型的字符串可以使用+将两个字符串连接起来，于是可以顺利地通过编译。

最后让我们来看一个有初始化值的例子：

```cpp
#include <iostream>
#include <string>

template<class …Args>
void print(Args …args)
{
  (std::cout << … << args) << std::endl;
}

int main()
{
```

```
        print(std::string("hello "), "c++ ", "world");
    }
```

在上面的代码中，print 是一个输出函数，它会将传入的实参输出到控制台上。该函数运用了二元向左折叠(std::cout << … << args)，其中 std::cout 是初始化值，编译器会将代码翻译为(((std::cout << std::string("hello ")) << "c++ ") << "world") << std::endl;。

35.6　一元折叠表达式中空参数包的特殊处理

一元折叠表达式对空参数包展开有一些特殊规则，这是因为编译器很难确定折叠表达式最终的求值类型，比如：

```
template<typename… Args>
auto sum(Args… args)
{
    return (args + …);
}
```

在上面的代码中，如果函数模板 sum 的实参为空，那么表达式 args + …是无法确定求值类型的。当然，二元折叠表达式不会有这种情况，因为它可以指定一个初始化值：

```
template<typename… Args>
auto sum(Args… args)
{
    return (args + … + 0);
}
```

这样即使参数包为空，表达式的求值结果类型依然可以确定，编译器可以顺利地执行编译。为了解决一元折叠表达式中参数包为空的问题，下面的规则是必须遵守的。

1. 只有&&、||和,运算符能够在空参数包的一元折叠表达式中使用。
2. &&的求值结果一定为 true。
3. ||的求值结果一定为 false。
4. ,的求值结果为 void()。
5. 其他运算符都是非法的。

```
#include <iostream>
```

```
template<typename… Args>
auto andop(Args… args)
{
  return (args && …);
}

int main()
{
  std::cout << std::boolalpha << andop();
}
```

在上面的代码中，虽然函数模板 andop 的参数包为空，但是依然能成功地编译运行并且输出计算结果 true。

35.7　using 声明中的包展开

从 C++17 标准开始，包展开允许出现在 using 声明的列表内，这对于可变参数类模板派生于形参包的情况很有用，例如：

```
#include <iostream>
#include <string>

template<class T>
class base {
public:
  base() {}
  base(T t) : t_(t) {}
private:
  T t_;
};

template<class… Args>
class derived : public base<Args>…
{
public:
  using base<Args>::base…;
};

int main()
{
```

```
        derived<int, std::string, bool> d1 = 11;
        derived<int, std::string, bool> d2 = std::string("hello");
        derived<int, std::string, bool> d3 = true;
    }
```

在上面的代码中，可变参数类模板 derived 继承了通过它的形参包实例化的 base 类模板。using base<Args>::base…将实例化的 base 类模板的构造函数引入了派生类 derived。于是我们可以看到，derived<int, std::string, bool>具有了 base<int>、base<std::string>和 base<bool>的构造函数。

35.8　lambda 表达式初始化捕获的包展开

读者应该还记得，我们在介绍 lambda 表达式使用可变参数模板时列出了这样一个例子：

```
template<class F, class… Args>
auto delay_invoke(F f, Args… args) {
    return [f, args…]() -> decltype(auto) {
        return std::invoke(f, args…);
    };
}
```

当时留下了一个问题没有解决，那就是按值捕获的性能问题。假设该 delay_invoke 传递的实参都是复杂的数据结构且数据量很大，那么这种按值捕获显然不是一个理想的解决方案。当然了，引用捕获更加不对，在 delay_invoke 的使用场景下很容易造成未定义的结果。那么我们该怎么办？其实有一个办法，它需要结合初始化捕获和移动语义，让我们将代码修改为：

```
template<class F, class… Args>
auto delay_invoke(F f, Args… args) {
  return[f = std::move(f), tup = std::make_tuple(std::move(args) …)]()
        -> decltype(auto) {
        return std::apply(f, tup);
    };
}
```

上面的代码首先使用了 std::make_tuple 和 std::move 将参数打包到 std::tuple 中，这个过程使用移动语义消除了对象的复制；接下来为了方便地展开 std::tuple 中的参数，需要将 std::invoke 修改为 std::apply。虽然在这个例子中性能问题解决了，但事情还没完，尤其是当我们需要用 lambda 表达式调用确定的函数时，例如：

```
template <class… Args>
auto delay_invoke_foo(Args… args) {
    return [args…]() -> decltype(auto) {
        return foo(args…);
    };
}
```

如果还是按照刚刚的办法使用 std::tuple 打包参数，那么代码会变得难以理解：

```
template <class… Args>
auto delay_invoke_foo(Args… args) {
  return[tup = std::make_tuple(std::move(args) …)]() -> decltype(auto) {
      return std::apply([](auto const&… args) -> decltype(auto) {
          return foo(args…);
          }, tup);
  };
}
```

幸运的是，在 C++20 标准中我们有了更好的解决方案，标准支持 lambda 表达式初始化捕获的包展开。以上代码可以修改为：

```
template <class… Args>
auto delay_invoke_foo(Args… args) {
    return […args=std::move(args)]() -> decltype(auto) {
        return foo(args…);

    };
}
```

上面的代码变得非常简洁！需要注意的是，捕获列表中…的位置在 args 之前，这一点和简单的捕获列表是有区别的。

回过头来看最初的示例代码，在 C++20 标准环境下我们可以将其修改为：

```
template<class F, class… Args>
auto delay_invoke(F f, Args… args) {
  return[f = std::move(f), …args = std::move(args)]() -> decltype(auto) {
      return std::invoke(f, args…s);
  };
}
```

可以看出在省略了 std::tuple 以后代码也变得清晰了不少。

35.9 总结

　　本章详细介绍了可变参数模板特性，该特性可以说是新标准中最重要的模板相关的特性。熟悉模板元编程的读者应该很清楚，过去想实现一个可以处理多个模板形参的模板只能机械化地重复代码，为了减少这种机械的重复，有些代码库会使用C++宏编程的技巧，比如 boost、loki 等。但是众所周知，C++宏编程对于代码的编写和调试是非常不友好的，一旦出现问题很难排查出原因。可变参数模板的出现正好能解决这个问题，丰富的包展开和折叠表达式功能也让原本晦涩难懂的模板元编程代码变得更加容易理解。对于不用编写模板元编程的程序员来说，本章的内容也有重要的意义，因为在标准库中已经有很多地方使用了该特性，比如 std::tuple、std:: variant、std::bind 等。理解可变参数模板特性有助于正确地使用它们。

第 36 章

typename 优化（C++17 C++20）

36.1 允许使用 typename 声明模板形参

在 C++17 标准之前，必须使用 class 来声明模板形参，而 typename 是不允许使用的，例如：

```
template <typename T> struct A {};
template <template <typename> class T> struct B {};
int main()
{
  B<A> ba;
}
```

上面的代码可以顺利地编译通过，但是如果将 B 的定义修改为 template <template <typename> typename T> struct B {};，则可能会发生编译错误。具体情况要根据编译器厂商和版本而定，比如在 GCC 新版本中这种写法都是允许的，而 Clang 的新版本也只会给出一个警告，只有在它们的老版本中才会给出错误提示。总之，在 C++17 之前 typename 的这种写法是不符合标准的。

其实，这种严苛的规则在过去看来是顺理成章的。因为在过去，能作为模板形参的只有类模板，并没有其他可能性，所以规定必须使用 class 来声明模板形参是合情合理的。但是自从 C++11 标准诞生，随着别名模板的引入，类模板不再是模板形参的唯一选择了，例如：

```
template <typename T> using A = int;
template <template <typename> class T> struct B {};
int main()
```

```
{
  B<A> ba;
}
```

可以看到，这里的 A 实际上就是 int 类型而不是一个类模板。很明显，现在已经没有必要强调必须使用 class 来声明模板形参了，删除这个规则可以让语言更加简单合理。所以在 C++17 标准中使用 typename 来声明模板形参已经不是问题了：

```
template <typename T> using A = int;
template <template <typename> typename T> struct B {};
int main()
{
  B<A> ba;
}
```

36.2　减少 typename 使用的必要性

我们知道当使用未决类型的内嵌类型时，例如 X<T>::Y，需要使用 typename 明确告知编译器 X<T>::Y 是一个类型，否则编译器会将其当作一个表达式的名称，比如一个静态数据成员或者静态成员函数：

```
template<class T> void f(T::R);
```

它是无法正确编译的，必须明确表示为：

```
template<class T> void f(typename T::R);
```

在 C++20 标准之前，只有两种情况例外，它们分别是指定基类和成员初始化，例如：

```
struct Impl {};

struct Wrap {
  using B = Impl;
};

template<class T>
struct D : T::B {
  D() : T::B() {}
};

D<Wrap> var;
```

在上面的代码中 `struct D : T::B` 和 `D() : T::B() {}` 都没有指定 `typename`，但是编译器依然可以正确地识别程序意图。实际上，除了以上两种情况外，还有很多时候也可以从语义中明确地判断出 `X<T>::Y` 表示的是类型，比如使用 `using` 创建类型别名的时候，`using R = typename T::B;` 中 `typename` 完全没有存在的必要。

在 C++20 标准中，增加了一些情况可以让我们省略 `typename` 关键字。

1. 在上下文仅可能是类型标识的情况，可以忽略 `typename`。

- `static_cast`、`const_cast`、`reinterpret_cast` 或 `dynamic_cast` 等类型转换：

```
static_cast<T::B>(p);
```

- 定义类型别名：

```
using R = T::B;
```

- 后置返回类型：

```
auto g() -> T::B;
```

- 模板类型形参的默认参数：

```
template <class R = T::B> struct X;
```

2. 还有一些声明的情况也可以忽略 `typename`。

- 全局或者命名空间中简单的声明或者函数的定义：

```
template<class T> T::R f();
```

- 结构体的成员：

```
template<class T>
struct D : T::B {
  D() : T::B() {}
  T::B b;     // 编译成功
};
```

- 作为成员函数或者 lambda 表达式形参声明：

```
template<class T>
struct D : T::B {
  D() : T::B() {}
  T::B f(T::B) { return T::B(); } // 编译成功
};
```

最后需要提出的是，到目前为止实现了这部分特性的编译器只有 GCC 而已，至于 Clang 和 MSVC 编译以上代码依然会报错，并且提示需要添加 `typename`。

36.3　总结

　　本章的内容虽然比较简单，但是对于爱好模板元编程的读者来说却有一定意义。要知道模板元编程可以说是对类型的编程，所以在模板元编程的代码中总是会出现成堆的 typename 关键字，这些冗余的描述增加了无谓的代码量，非常影响代码的整洁。C++20 标准减少 typename 声明的必要性无疑减轻了这种负担。允许使用 typename 声明模板形参也让模板声明体系显得更加合理了。

第 37 章

模板参数优化（C++11 C++17 C++20）

37.1 允许常量求值作为所有非类型模板的实参

熟悉模板编程的读者应该知道，相对于以类型为模板参数的模板而言，以非类型为模板参数的模板实例化规则更加严格。在 C++17 标准之前，这些规则包括以下几种。

1. 如果整型作为模板实参，则必须是模板形参类型的经转换常量表达式。所谓经转换常量表达式是指隐式转换到某类型的常量表达式，特点是隐式转换和常量表达式。这一点很好理解，例如：

```
constexpr char v = 42;
constexpr char foo() { return 42; }
template<int> struct X {};

int main()
{
  X<v> x1;
  X<foo()> x2;
}
```

在上面的代码中 constexpr char 到 int 的转换就满足隐式转换和常量表达式。

2. 如果对象指针作为模板实参，则必须是静态或者是有内部或者外部链接的完整对象。

3. 如果函数指针作为模板实参，则必须是有链接的函数指针。

4. 如果左值引用的形参作为模板实参，则必须也是有内部或者外部链接的。

5. 而对于成员指针作为模板实参的情况，必须是静态成员。

请注意，以上提到的后 4 条规则都强调了两种特性：链接和静态。因为一旦代码满足了这些要求，就表明实参指引的内存地址固定了下来，对于编译器而言这是实例化模板的关键。比如：

```
template<const char *> struct Y {};
extern const char str1[] = "hello world";    // 外部链接
const char str2[] = "hello world";           // 内部链接

int main()
{
  Y<str1> y1;
  Y<str2> y2;
}
```

除了上面的规则以外，其他的实例化方式都是非法的，这其中也包括了一些合理场景，例如返回指针的常量表达式：

```
int v = 42;
constexpr int* foo() { return &v; }
template<const int*> struct X {};

int main()
{
  X<foo()> x;
}
```

上面的代码在 C++17 之前是无法编译成功的，因为模板并不接受 foo() 的返回值类型，根据第一条规则它只会接受整型的经转换常量表达式。

在 C++17 标准中，C++委员会对这套规则做了重新的梳理，一方面简化规则的描述，另一方面也允许常量求值作为所有非类型模板的实参。新的标准只强调了一条规则：非类型模板形参使用的实参可以是该模板形参类型的任何经转换常量表达式。其中经转换常量表达式的定义添加了对象、数组、函数等到指针的转换。这从另一个角度对以前的规则进行了兼容。

在新规则的支持下，上面的代码可以编译成功，因为新规则不再强调经转换常量表达式的求值结果为整型。由于规则的修改，还带来了一个有趣的变化。仔细观察新规则会发现，现在对于指针不再要求是具有链接的，取而代之的是必须满足经转换常量表达式求值。这就是说，下面的代码可以顺利地编译通过：

```
template<const char *> struct Y {};
int main()
{
```

```
static const char str[] = "hello world";
Y<str> y;
}
```

在 C++17 以前，上面的代码会编译失败，给出的错误提示为&str，而不是一个有效的模板实参，因为 str 没有链接。不过 C++17 不存在上述问题，代码能够顺利地编译通过。

最后要强调的是，新规则并非万能，以下对象作为非类型模板实参依旧会造成编译器报错。

1. 对象的非静态成员对象。
2. 临时对象。
3. 字符串字面量。
4. typeid 的结果。
5. 预定义变量。

37.2　允许局部和匿名类型作为模板实参

在 C++11 标准之前，将局部或匿名类型作为模板实参是不被允许的，但是这个限制并没有什么道理，所以在 C++11 标准中允许了这样的行为，让我们看一个提案文档中的例子：

```
template <class T> class X { };
template <class T> void f(T t) { }
struct {} unnamed_obj;

int main()
{
  struct A { };
  enum { e1 };
  typedef struct {} B;
  B b;
  X<A>   x1;            // C++11 编译成功，C++03 编译失败
  X<A*>  x2;            // C++11 编译成功，C++03 编译失败
  X<B>   x3;            // C++11 编译成功，C++03 编译失败
  f(e1);                // C++11 编译成功，C++03 编译失败
  f(unnamed_obj);       // C++11 编译成功，C++03 编译失败
  f(b);                 // C++11 编译成功，C++03 编译失败
}
```

在上面的代码中，由于结构体 A 和 B 都是局部类型，因此 x1、x2 和 x3 在 C++11 之前会编译失败。另外，因为 e1、unnamed_obj 的类型为匿名类型，所以 f(e1) 和 f(unnamed_obj) 在 C++11 之前也会编译失败。最后，由于 b 的类型是局部类型，因此 f(b) 在 C++11 之前同样无法编译成功。当然，在 C++11 上就没有以上的编译问题了。

37.3　允许函数模板的默认模板参数

在 C++11 标准之前，与局部和匿名类型不能作为模板实参同样没有道理的还有函数模板不能有默认模板参数的规则。说这条规则没有道理，是因为类模板是可以有默认模板参数的，而函数模板却不能，但却找不到一条要这么限制函数模板的理由。正因如此，这条限制在 C++11 标准中也被解除了。在 C++11 中，我们可以自由地在函数模板中使用默认的模板参数，甚至在语法上比类模板更加灵活：

```
template<class T = double>
void foo()
{
  T t;
}

int main()
{
  foo();
}
```

在上面的代码中，函数模板 foo 有一个默认的模板参数 double，所以在 main 函数中直接调用 foo 不会造成编译失败。因为在没有指定模板实参的时候它会使用默认的模板参数。值得注意的是，函数模板的默认模板参数是不会影响模板实参的推导的，也就是说推导出的类型的优先级高于默认参数，比如：

```
template<class T = double>
void foo(T t) {}

int main()
{
  foo(5);
}
```

在上面的代码中，虽然函数模板 foo 的默认模板参数是 double，但是由于函数模板会根据函数实参推导模板实参类型，而且其优先级高于默认模板参数，因此这里相当于调用了 foo(int) 函数。

最后要说的是，函数模板的默认模板参数要比类模板的默认模板参数以及函数的默认参数都要灵活。我们知道无论是函数的默认参数还是类模板的默认模板参数，都必须保证从右往左定义默认值，否则无法通过编译，例如：

```
template<class T = double, class U, class R = double>
struct X {};

void foo(int a = 0, int b, double c = 1.0) {}
```

以上代码由于模板参数 U 和参数 b 没有指定默认参数，破坏了必须从右往左定义默认值的规则，因此会编译失败。而函数模板就没有这个问题了：

```
template<class T = double, class U, class R = double>
void foo(U u) {}

int main()
{
  foo(5);
}
```

以上代码可以顺利地通过编译，其中 T 和 R 都有默认参数 double，而 U 没有默认参数，不过 U 可以通过实参 5 推导出来。所以这里实际上调用的是 foo<double, int, double>(int) 函数。

37.4 函数模板添加到 ADL 查找规则

在 C++20 标准之前，ADL 的查找规则是无法查找到带显式指定模板实参的函数模板的，比如：

```
namespace N {
  struct A {};
  template <class T> int f(T) { return 1; }
}

int x = f<N::A>(N::A());
```

MSVC 会报错并提示找不到函数 f，而 GCC 相对友好一些，它会报错并且询问是否要调用的是 N::f。而 Clang 更加友好，它会编译成功，最后给出一条温馨的警告信息。

从 C++20 标准开始以上问题得以解决，编译器可以顺利地找到命名空间 N 中的函数 f。不过需要注意的是，有些情况仍会让编译器报错，比如：

```
int h = 0;
void g() {}
namespace N {
  struct A {};
  template <class T> int f(T) { return 1; }
  template <class T> int g(T) { return 2; }
  template <class T> int h(T) { return 3; }
}
int x = f<N::A>(N::A());  // 编译成功，查找 f 没有找到任何定义，f 被认为是模板
int y = g<N::A>(N::A());  // 编译成功，查找 g 找到一个函数，g 被认为是模板
int z = h<N::A>(N::A());  // 编译失败
```

在上面的代码中 f 和 g 都编译成功，因为根据标准要求编译器查找 f 和 g 的结果分别是什么都没找到以及找到一个函数，在这种情况下可以猜测它们都是模板函数，并且尝试匹配到命名空间 N 的 f 和 g 两个函数模板。而 h 则不同，编译器可以找到一个 int 变量 h，在这种情况下紧跟 h 之后的<可以被认为是小于号，不符合标准要求，所以编译器仍会报错。

37.5　允许非类型模板形参中的字面量类类型

在 C++20 之前，非类型模板形参可以是整数类型、枚举类型、指针类型、引用类型和 std::nullptr_t，但是类类型是无法作为非类型模板形参的，比如：

```
struct A {};

template <A a>
struct B {};

A a;
B<a> b; // 编译失败
```

不过从 C++20 开始，字面量类类型（literal class）可以作为形参在非类型模板形参列表中使用了。具体要求如下。

1. 所有基类和非静态数据成员都是公开且不可变的。
2. 所有基类和非静态数据成员的类型是标量类型、左值引用或前者的（可能是

多维）数组。

使用 C++20 的编译环境可以顺利编译上述代码，注意，到目前为止 Clang 还没有支持这项特性。

不知道读者是否曾经为非类型模板形参不能使用字符串字面量而感到遗憾呢？比如：

```
template <const char *>
struct X {};
```

```
X<"hello"> x; // 编译失败
```

现在，我们可以利用字面量类类型以及其构造函数，让非类型模板形参间接地支持字符串字面量了，请看下面的代码：

```
template <typename T, std::size_t N>
struct basic_fixed_string
{
  constexpr basic_fixed_string(const T(&foo)[N + 1])
  {
      std::copy_n(foo, N + 1, data_);
  }

  T data_[N + 1];
};
template <typename T, std::size_t N>
basic_fixed_string(const T(&str)[N])->basic_fixed_string<T, N - 1>;

template <basic_fixed_string Str>
struct X {
  X() {
      std::cout << Str.data_;
  }
};
```

```
X<"hello world"> x;
```

以上代码是在提案文档的示例上稍作修改，其中 `basic_fixed_string` 是一个典型的字面量类类型，它的构造函数接受一个常量字符串数组并将该数组复制到数据成员 `m_data` 中，因为构造函数声明为 `constexpr`，所以可以在编译期执行完毕。接下来，代码通过自定义推导指引（详情请见第 39 章）：

```
template <typename CharT, std::size_t N>
basic_fixed_string(const CharT(&str)[N])->basic_fixed_string<CharT, N - 1>;
```

明确编译器通过构造函数推导模板实参的方法。然后将 `basic_fixed_string`

作为模板形参加入类模板 X 的模板形参列表中，这样编译器编译 X<"hello world"> x;的时候就会根据 basic_fixed_string 的构造函数将"hello world"复制到data_中。最终,代码在运行期执行X的构造函数,输出字符串hello world。

37.6　扩展的模板参数匹配规则

一直以来，模板形参只能精确匹配实参列表，也就是说实参列表里的每一项必须和模板形参有着相同的类型。虽然这种匹配规则非常严谨且不易出错，但是却排除了很多合理的情况，比如：

```
template <template <typename> class T, class U> void foo()
{
  T<U> n;
}
template <class, class = int> struct bar {};

int main()
{
  foo<bar, double>();
}
```

在上面的代码中，函数模板 foo 的模板形参列表接受一个模板实参，并且要求这个模板实参只有一个模板形参，巧的是类模板 bar 的模板形参列表中正好只有一个形参是需要指定的，而另外一个形参可以使用默认值。看起来 foo<bar, double>()这种写法应该顺利地通过编译，但是事与愿违，这份代码在 C++17 之前是无法编译成功的。原因就是我们上文提到的：模板形参只能精确匹配实参列表，而这里类模板 bar 的模板形参数量与函数模板 foo 要求的模板实参的模板形参数量并不匹配，很明显这种匹配规则过于严苛了。

另外，由于在 C++17 中非类型模板形参可以使用 auto 作为占位符，因此我们可以写出这样的代码：

```
template <template <auto> class T, auto N> void foo()
{
  T<N> n;
}
template <auto> struct bar {};

int main()
```

```
{
  foo<bar, 5>();
}
```

在上面的代码中，类型占位符 auto 最终都会被推导为 int 类型，于是模板形参和模板实参列表是匹配的，编译起来没有问题。但是修改一下函数模板 foo，结果还是正确的吗？

```
template <template <int> class T, int N> void foo()
{
  T<N> n;
}
```

从推导的角度来看，类模板 bar 的模板形参中类型占位符 auto 被推导为 int，这样一来整个推导过程似乎是顺理成章的，但是从匹配规则的角度来看又违反了必须精确匹配的要求，所以为了让以 auto 占位符作为非类型模板形参这个特性使用得更为广泛，也是时候对模板参数的匹配规则进行一些扩展了。

在 C++17 标准中放宽了对模板参数的匹配规则，它要求模板形参至少和实参列表一样特化。换句话说，模板形参可以和实参列表精确匹配。另外，模板形参也可以比实参列表更加特化。在新的匹配规则下，让我们重新审视上面的代码。

很显然，函数模板 foo 的模板形参 template <typename> class T 相较于实参 template <class, class = int> struct bar 更加特化。而模板形参 template <int> class T 相较于 template <auto> struct bar 也更加特化。这两份代码在 C++17 中都可以顺利地编译成功。

37.7 总结

本章介绍的都是和模板参数相关的内容，其中允许常量求值作为非类型模板实参、允许局部和匿名类型作为模板实参和允许非类型模板形参中的字面量类类型扩展了模板参数的匹配范围，而函数模板添加到 ADL 查找规则和扩展的模板参数匹配规则则是优化了模板参数的匹配规则。掌握了这些特性能够让模板代码的编写更加得心应手，让模板完成之前不可能完成的任务，比如让字符串字面量作为模板实参就是一个典型的例子。

第38章

类模板的模板实参推导（C++17 C++20）

38.1　通过初始化构造推导类模板的模板实参

在 C++17 标准之前，实例化类模板必须显式指定模板实参，例如：

```
std::tuple<int, double, const char*> v{5, 11.7, "hello world"};
```

可以看到这种写法十分冗长，幸运的是，由于函数模板可以通过函数的实参列表推导出模板实参，因此出现了 std::make_pair 和 std::make_tuple 这类函数，结合 auto 关键字，上面的代码可以简化为：

```
auto v = std::make_tuple(5, 11.7, "hello world");
```

虽然这种方法在一定程度上解决了问题，但是很明显在 std::tuple 的初始化阶段，编译器有条件通过 v{5, 11.7, "hello world"}初始化列表中的实参推导出 std::tuple 的模板实参，这样就不必引入函数模板 std::make_tuple 了。

C++17 标准支持了类模板的模板实参推导，上面的代码可以进一步简化为：

```
std::tuple v{ 5, 11.7, "hello world" };
```

实例化类模板也不再需要显式地指定每个模板实参，编译器可以通过对象的初始化构造推导出缺失的模板实参。典型的使用例子还包括：

```
std::mutex mx;
std::lock_guard lg{ mx };
std::complex c{ 3.5 };
std::vector v{ 5,7,9 };
auto v1 = new std::vector{ 1, 3, 5 };
```

在上面的代码中，lg 的类型被推导为 std::lock_guard<std::mutex>，c 和 v 的类型分别被推导为 std::complex<double> 和 std::vector<int>。当然了，使用 new 表达式也能触发类模板的实参推导。除了以类型为模板形参的类模板，实参推导对非类型形参的类模板同样适用，下面的例子就是通过初始化，同时推导出类型模板实参 char 和非类型模板实参 6 的：

```
#include <iostream>

template<class T, std::size_t N>
struct MyCountOf
{
  MyCountOf(T(&)[N]) {}
  std::size_t value = N;
};

int main()
{
  MyCountOf c("hello");
  std::cout << c.value << std::endl;
}
```

对于非类型模板形参为 auto 占位符的情况也是支持推导的：

```
template<class T, auto N>
struct X
{
  X(T(&)[N]) {}
};

int main()
{
  X x("hello");
}
```

需要注意的是，不同于函数模板，类模板的模板实参是不允许部分推导的。比如：

```
template<class T1, class T2>
void foo(T1, T2) {}

int main()
{
  foo<int>(5, 6.8);
}
```

上面这段代码可以编译成功，虽然函数模板实例化的时候只显式指定了一个模板实参 T1，但是由于模板实参 T2 可以通过函数实参列表推导，因此并不会影响编译器的正常工作，最终编译器正确将函数模板实例化为 foo<int, double>(int, double)。但是这在类模板上是行不通的：

```
template<class T1, class T2>
struct foo
{
  foo(T1, T2) {}
};

int main()
{
  foo v1(5, 6.8);                    // 编译成功
  foo<> v2(5, 6.8);                  // 编译错误
  foo<int> v3(5, 6.8);               // 编译错误
  foo<int, double> v4(5, 6.8);       // 编译成功
}
```

在上面的代码中，v1 和 v4 可以顺利通过编译，其中 v1 符合类模板实参的推导要求，而 v4 则显式指定了模板实参。v2 和 v3 就没那么幸运了，它们都没有完整地指定模板实参，这是编译器不能接受的。

38.2　拷贝初始化优先

在类模板的模板实参推导过程中往往会出现这样两难的场景：

```
std::vector v1{ 1, 3, 5 };
std::vector v2{ v1 };

std::tuple t1{ 5, 6.8, "hello" };
std::tuple t2{ t1 };
```

这里读者不妨猜测一下 v2 和 t2 的类型。v2 是 std::vector<int>类型还是 std::vector<std::vector<int>>类型，t2 是 std::tuple<int, double, const char*>类型还是 std::tuple<std::tuple<int, double, const char*>>类型？实际上，正如本节的标题所言，这里会优先解释为拷贝初始化。更明确地说，v2 的类型为 std::vector<int>，t2 的类型为 std::tuple<int, double, const char*>。

同理，下面的类模板也都会被实例化为 std::vector<int>类型：

```
std::vector v3(v1);
std::vector v4 = {v1};
auto v5 = std::vector{v1};
```

请读者注意，使用列表初始化的时候，当且仅当初始化列表中只有一个与目标类模板相同的元素才会触发拷贝初始化，在其他情况下都会创建一个新的类型，比如：

```
std::vector v1{ 1, 3, 5 };
std::vector v3{ v1, v1 };

std::tuple t1{ 5, 6.8, "hello" };
std::tuple t3{ t1, t1 };
```

其中 v3 的类型为 std::vector<std::vector<int>>，t3 的类型为 std::tuple<std::tuple<int, double, const char*>, std::tuple<int, double, const char*>>。最后值得一提的是，虽然 C++17 标准的编译器现在一致表现为优先拷贝初始化，但是真正在标准中明确的是 C++20。该语法补充是在 2017 年 7 月提出的，可惜那时候 C++17 标准已经发布了。

38.3   lambda 类型的用途

请读者思考一个问题，要将一个 lambda 表达式作为数据成员存储在某个对象中，应该如何编写这种类的代码？在 C++17 以前，大部分人想出的解决方案应该差不多是这样的：

```cpp
#include <iostream>

template<class T>
struct LambdaWarp
{
  LambdaWarp(T t) : func(t) {}
  template<class … Args>
  void operator() (Args&& … arg)
  {
      func(std::forward<Args>(arg) …);
  }
  T func;
};
```

```
int main()
{
  auto l = [](int a, int b) {
      std::cout << a + b << std::endl;
  };

  LambdaWarp<decltype(l)> x(l);
  x(11, 7);
}
```

在这份代码中,最关键的步骤是使用 decltype 获取 lambda 表达式 l 的类型,只有通过这种方法才能准确地实例化类模板。在 C++支持了类模板的模板实参推导以后, 上面的代码可以进行一些优化:

```
#include <iostream>

template<class T>
struct LambdaWarp
{
  LambdaWarp(T t) : func(t) {}

  template<class … Args>
  void operator() (Args&& … arg)
  {
      func(std::forward<Args>(arg) …);
  }
  T func;
};

int main()
{
  LambdaWarp x([](int a, int b) {
      std::cout << a + b << std::endl;
  });
  x(11, 7);
}
```

上面的代码不再显式指定 lambda 表达式类型,而是让编译器通过初始化构造自动推导出 lambda 表达式类型,简化了代码的同时也更加符合 lambda 表达式的使用习惯。

38.4 别名模板的类模板实参推导

C++20 标准支持了别名模板的类模板实参推导，顾名思义该特性结合了别名模板和类模板实参推导的两种特性。让我们看一看提案文档提供的示例代码：

```
template <class T, class U> struct C {
  C(T, U) {}
};

template<class V>
using A = C<V*, V*>;

int i{};
double d{};
A a1(&i, &i);       // 编译成功，可以推导为A<int>
A a2(i, i);         // 编译失败，i无法推导为V*
A a3(&i, &d);       // 编译失败，(int *, double *)无法推导为(V*, V*)
```

在上面的代码中，A 是 C 的别名模板，它约束 C 的两个模板参数为相同类型的指针 V*。在推导过程中，A a1(&i, &i);可以编译成功，因为构造函数推导出来的两个实参类型都是 int *符合 V*，最终推导为 A<int>。而对于 A a2(i, i);，由于实参推导出来的不是指针类型，因此推导失败无法编译。同样，A a3(&i, &d);虽然符合实参推导结果为指针的要求，但是却违反了两个指针类型必须相同的规则，结果也是无法编译的。最后需要说明的是，到目前为止只有 GCC 对该特性做了支持。

38.5 聚合类型的类模板实参推导

除了上一节提到的别名模板，C++20 标准还规定聚合类型也可以进行类模板的实参推导。例如：

```
template <class T>
struct S {
  T x;
  T y;
};
```

```
S s1{ 1, 2 }; //编译成功 S<int>
S s2{ 1, 2u }; // 编译失败
```

编译器会根据初始化列表推导出模板实参，在上面的代码中，S s1{ 1, 2 };
推导出的模板实参均为 int 类型，符合单一模板参数 T，所以可以顺利编译。相反，
S s2{ 1, 2u };由于初始化列表的两个元素推导出了不同的类型 int 和 unsigned
int，无法满足确定的模板参数 T，因此编译失败。

除了以上简单的聚合类型，嵌套聚合类型也可以进行类模板实参推导，例如：

```
template <class T, class U>
struct X {
  S<T> s;
  U u;
  T t;
};

X x{ {1, 2}, 3u, 4 };
```

请注意，在上面的代码中模板形参 T 并不是被{1, 2}推导出来的，而是被初始
化列表中最后一个元素 4 推导而来，S<T> s;不参与到模板实参的推导中。另外，
如果显示指定 S<T>的模板实参，则初始化列表的子括号可以忽略，例如：

```
template <class T, class U>
struct X {
  S<int> s;
  U u;
  T t;
};

X x{ 1, 2, 3u, 4 };
```

以上这部分特性到目前为止只在 GCC 中实现。

C++20 标准还规定聚合类型中的数组也可以是推导对象，不过这部分特性至今
还没有编译器实现，这里我们看一下提案文档的例子即可：

```
template <class T, std::size_t N>
struct A {
  T array[N];
};
A a{ {1, 2, 3} };

template <typename T>
struct B {
```

```
    T array[2];
};
B b = { 0, 1 };
```

在上面的代码中，类模板 A 需要推导数组类型和数组大小，根据初始化列表 array 被推导为 int array[3]，注意，这里初始化列表中的子括号是必须存在的。而对于类模板 B 而言，数组大小是确定的，编译器只需要推导数组类型，这时候可以省略初始化列表中的子括号。

38.6　总结

本章主要介绍了类模板的模板实参推导，该特性让类模板可以像函数模板一样通过构造函数调用的实参推导出模板形参，比如，从前需要调用 std::make_pair、std::make_tuple 让编译器帮助我们推导 pair 和 tuple 的具体类型，现在已经可以直接初始化构造了，这让使用类模板的体验更好。另外，对于是否有必要用此方法替代 std::make_xxx 这一系列函数，我认为在现代编译器优化技术的保证下 std::make_xxx 一类函数并不会产生额外的开销，所以继续使用 std::make_xxx 这类函数能够给代码带来更大的兼容性。而对于没有历史包袱的项目而言，直接使用类模板的模板实参推导显然会让代码看起来更加简洁清晰。

第 39 章

用户自定义推导指引（C++17）

39.1 使用自定义推导指引推导模板实例

在第 38 章中，我们了解了一些关于类模板的模板实参推导的内容。不过，在介绍这部分内容的过程中我省略了一个重要的问题，为了解释这个问题我们首先需要实现一个自己的 std::pair，由于标准库的 std::pair 比较烦琐，因此下面实现了一个精简版：

```
template<typename T1, typename T2>
struct MyPair {
  MyPair(const T1& x, const T2& y)
      : first(x), second(y) {}
  T1 first;
  T2 second;
};
```

这份代码虽然非常简单，但已经能满足基本的要求。接下来，我们利用类模板的模板实参推导来实例化这个模板：

```
MyPair p(5, 11.7);
```

代码顺利地通过编译，没有任何问题。我们再对代码做一点修改：

```
MyPair p1(5, "hello");
```

编译出错了，编译器提示 T2 是一个 char [6] 类型。这一点和我们预测的结果有所不同，要知道使用 std::pair 或者 std::make_pair 推导出的 T2 都是 const char*类型：

```
auto p3 = std::make_pair(5, "hello");      // T2 = const char*
std::pair p4(5, "hello");                  // T2 = const char*
```

为什么会出现这种情况呢？读者首先能想到的应该是"数组类型衰退为指针"。没错，原因就是这个。由于 std::pair 和 MyPair 构造函数的形参都是引用类型，因此从构造函数的角度它们都无法触发数组类型的衰退。但无论是 std::make_pair 还是 std::pair，都有自己的办法让数组类型衰退为指针。对于 std::make_pair 来说，从 C++11 开始它使用 std::decay 主动让数组类型衰退为指针，而在 C++11 之前，它用传值的办法来达到让数组类型衰退为指针的目的。当然，我们可以仿造 std::make_pair 写出自己的 make_mypair：

```
template<typename T1, typename T2>
inline MyPair<T1, T2>
make_mypair(T1 x, T2 y)
{
  return MyPair<T1, T2>(x, y);
}


auto p5 = make_mypair(5, "hello");
```

接下来的问题是 std::pair 如何让数组类型衰退？我们在 std::pair 的实现代码中并不能发现任何一个按值传参的构造函数。

想解决上面的问题就需要用到用户自定义推导指引了。仔细阅读标准库会发现这么一句简单的代码：

```
template<typename _T1, typename _T2> pair(_T1, _T2) -> pair<_T1, _T2>;
```

这是一条典型的用户自定义推导指引，其中 template<typename _T1, typename _T2> pair 是类模板名，(_T1, _T2)是形参声明，pair<_T1, _T2> 是指引的目标类型。它在语法上有点类似函数的返回类型后置，只不过以类名代替了函数名。用户自定义推导指引的目的是告诉编译器如何进行推导，比如这条语句，它告诉编译器直接推导按值传递的实参，更直观地说，编译器按照 pair(_T1, _T2) 的形式推导 std::pair p4(5, "hello")，由于_T2 并非引用，因此_T2 推导出的是"hello"经过衰退后的 const char*，编译器最终推导出的类型为 pair<int, const char*>。虽然 std::pair 的代码中没有按值传参的构造函数，但是用户自定义推导指引强行让编译器进行了这种推导。值得注意的是，用户自定义推导指引并不会改变类模板本身的定义，只是在模板的推导阶段起到引导作用，也就是说 std::pair 中依旧不会存在按值传参的构造函数。

了解了这些之后，接下来的事情就容易多了，我们只需要给 MyPair 加上一句类似的用户自定义推导指引即可：

```
template<typename T1, typename T2> MyPair(T1, T2)->MyPair<T1, T2>;
MyPair p6(5, "hello");
```

实际上，用户自定义推导指引的用途并不局限于以上这一种，我们可以根据实际需要来灵活使用，请看下面的例子：

```
std::vector v{ 1, 5u, 3.0 };
```

以上代码的目的很简单，它希望将 1、5u 和 3.0 都装进 std::vector 类型的容器中，但是显然 std::vector 的容器是无法满足需求的，因为初始化元素的类型不同。为了让上述代码能够合法使用，添加用户自定义推导指引是一个不错的方案：

```
namespace std {
  template<class … T> vector(T&&…t)->vector<std::common_type_t<T…>>;
}
std::vector v{ 1, 5u, 3.0 };
```

在这条用户自定义推导指引的作用下，编译器将 1、5u 和 3.0 的类型 int、unsigned int 和 double 交给 std::common_type_t 处理，并使用计算结果作为模板实参实例化类模板。最终 v 的类型为 std::vector<double>。

上面的两个例子用户自定义推导指引的对象都是模板，但事实上用户自定义推导指引不一定是模板，例如：

```
MyPair(int, const char*)->MyPair<long long, std::string>;
MyPair p7(5, "hello");
```

在上面这段代码中，p7 的类型为 MyPair<long long, std::string>，因为初始化列表中 5 和 hello 符合指引的形参声明，所以按照自定义的规则该类模板应该被实例化为 MyPair<long long, std::string>。

值得注意的是，在语法上用户自定义推导指引还支持 explicit 说明符，作用和其他使用场景类似，都是要求对象显式构造：

```
explicit MyPair(int, const char*)->MyPair<long long, std::string>;

MyPair p7_1(5, "hello");
MyPair p7_2{ 5, "hello" };
MyPair p7_3 = { 5, "hello" };
```

在 explicit 说明符的作用下 p7_3 无法编译成功，这是因为 p7_3 并非显式构造，所以无法触发用户自定义推导指引。

通过上述这些例子读者应该能看出来，用户自定义推导指引声明的前半部分就如同一个构造函数声明，这就引发了一个新的问题，当类模板的构造函数和用户自定义推导指引同时满足实例化要求的时候编译器是如何选择的？接下来，我对 MyPair 的构造函数进行了一些修改以解答这个问题：

```
template<typename T1, typename T2>
struct MyPair {
  MyPair(T1 x, T2 y)
      : first(x), second(y) {}
  T1 first;
  T2 second;
};

MyPair(int, const char*)->MyPair<long long, std::string>;

MyPair p8(5u, "hello");
MyPair p9(5, "hello");
```

在上面的代码中，MyPair 的构造函数的形参被修改为按值传递的方式。最终代码能够顺利地编译通过，但是编译器对 p8 和 p9 的处理方式却不相同，对于 p8，编译器使用了默认的推导规则，其推导类型为 MyPair<unsigned int, const char*>；而对 p9，编译器使用了用户自定义的推导规则 MyPair<long long, std::string>。由此可见，当类模板的构造函数和用户自定义推导指引同时满足实例化要求的时候，编译器优先选择用户自定义推导指引。

39.2　聚合类型类模板的推导指引

在 C++20 标准发布之前聚合类型的类模板是无法进行模板实参推导的，例如：

```
template<class T>
struct Wrap {
  T data;
};

Wrap w1{ 7 };
Wrap w2 = { 7 };
```

在上面的代码中 w1 和 w2 都会编译报错，错误信息提示 w1 和 w2 的类型推导失败。为了让代码顺利地通过编译，一种方法是显式地指定模板实参：

```
Wrap<int> w1{ 7 };
Wrap<int> w2 = { 7 };
```

另一种方法就是为类模板 Wrap 编写一条用户自定义推导指引：

```
template<class T> Wrap(T)->Wrap<T>;
```

当然，如果代码的编译环境是 C++20 标准，那么上面这条用户自定义推导指引就不是必需的了。

39.3　总结

以往 C++程序员是无法控制模板的推导过程的，而本章介绍的用户自定义推导指引改变了这种情况。用户能够通过用户自定义推导指引指定编译器的推导结果，实例化出更多的实例。现在 C++标准库中已经有越来越多的模块使用到了用户自定义推导指引，包括 std::pair、std::array、std::string、std::regex 等，读者可以通过搜索特性测试宏__cpp_deduction_guides 来找到这些代码的位置。

第 40 章

SFINAE（C++11）

40.1 替换失败和编译错误

SFINAE（Substitution Failure Is Not An Error，替换失败不是错误）主要是指在函数模板重载时，当模板形参替换为指定的实参或由函数实参推导出模板形参的过程中出现了失败，则放弃这个重载而不是抛出一个编译失败。它是模板推导的一个特性，虽然在 C++03 标准中没有明确禁止它，但是那时该特性并没有在标准中明确规定哪些符合 SFINAE，哪些应该抛出编译错误。这样，也就很少有编译器会支持它，毕竟这个特性的开发代价可不小。有一些看起来顺理成章的代码却是无法通过编译的。比如提案文档中的这个例子：

```
template <int I> struct X {};

char foo(int);
char foo(float);

template <class T> X<sizeof(foo((T)0))> f(T)
{
  return X<sizeof(foo((T)0))>();
}

int main()
{
  f(1);
}
```

上面的代码在不支持 C++11 的编译器上很有可能是无法成功编译的（请注意，该例子要使用 GCC4.3 之前的版本编译，因为 GCC4.3 已经逐步开始支持 C++0x）。主要原因是编译器无法推导像 sizeof(foo((T)0)) 这样的表达式。虽然在我们看来这是一个简单的表达式，但是要让编译器处理它可不容易，何况当时还没有明确的标准。这种情况明显地限制了 C++ 模板的推导能力，所以在 C++11 标准中明确规范了 SFINAE 规则，可以发现上面的代码在任何一个支持 C++11 的编译器中都能顺利地编译通过。

40.2　SFINAE 规则详解

在 SFINAE 规则中，模板形参的替换有两个时机，首先是在模板推导的最开始阶段，当明确地指定替换模板形参的实参时进行替换；其次在模板推导的最后，模板形参会根据实参进行推导或使用默认的模板实参。这个替换会覆盖到函数模板和模板形参中的所有类型和表达式。

以上这些都由编译器处理完成，程序员不必追溯太多细节。对于程序员而言，需要清楚的是哪些情况符合替换失败，而哪些情况会引发编译错误。实际上最初在区分替换失败和编译错误的时候有许多模糊不清的地方，后来标准委员会发现定义编译错误比替换失败更加容易，所以他们提出了编译错误的情况，而剩下的就是替换失败。

标准中规定，在直接上下文中使用模板实参替换形参后，类型或者表达式不符合语法，那么替换失败；而替换后在非直接上下文中产生的副作用导致的错误则被当作编译错误，这其中就包括以下几种。

1. 处理表达式外部某些实体时发生的错误，比如实例化某模板或生成某隐式定义的成员函数等。

2. 由于实现限制导致的错误，关于这一点可以理解为，虽然我们写出的可能是正确的代码，但是编译器实现上的限制造成了错误甚至编译器崩溃都被认为是编译错误。

3. 由于访问违规导致的错误。

4. 由于同一个函数的不同声明的词法顺序不同，导致替换顺序不同或者根本无法替换产生的错误。

除这些错误以外，其他的都可以认为是替换失败。看了上面的这些文字描述读者可能还不能领会其中的含义，不过通过下面几个例子，读者应该就能明白哪些是编译错误，哪些是替换失败。先看一个正常的替换失败的例子：

```
template<class T>
T foo(T& t)
{
  T tt(t);
  return tt;
}

void foo(…) {}

int main()
{
  double x = 7.0;
  foo(x);
  foo(5);
}
```

在上面的代码中，编译器会将 foo(x) 调用的函数模板推导为 double foo(double&)，而且推导出来的函数是符合语法的。另外，编译器也会尝试用 template<class T> T foo(T& t) 来推导 foo(5)，但是编译器很快发现无论怎么推导都无法满足语法规则，所以编译器无奈之下只能产生一次替换失败并将这个调用交给 void foo(…)。可以看到，这份代码虽然经历了一次替换失败，但是还是能编译成功。现在我们在保持 foo 函数定义不变的情况下，改变 foo 函数的实参，让代码产生一个编译错误：

```
class bar
{
public:
  bar() {};
  bar(bar&&) {};
};

int main()
{
  bar b;
  foo(b);
}
```

在上面的代码中，编译器会尝试用 template<class T> T foo(T& t) 来推导 foo(b)，其结果为 bar foo(bar&)。请注意，这里在直接上下文中最终的替换结果是符合语法规范的，所以它并不会引发替换失败，更加不会让编译器调用 void foo(…)，这个时候的编译器坚信这样替换是准确无误的。但问题是当替换完成并且进行下一步的编译工作时，编译器发现 bar 这个类根本无法生成隐式的复制构造函数，想使用替换失败为时已晚，只能抛出一个编译错误。继续看下面一条编译错误的例子：

```cpp
template<class T>
T foo(T*)
{
  return T();
}

void foo(…) {}

class bar
{
  bar() {};
};

int main()
{
  foo(static_cast<bar *>(nullptr));
}
```

上面的代码会编译报错，原因和上一个例子有些不同，这里的原因是访问违规。不过整体的推导过程非常相似，首先编译器会尝试用 template<class T> T foo(T*) 来推导 foo(static_cast<bar *>(nullptr))，其结果为 bar foo(bar*)，同样，这里的替换结果也符合语法规范，所以编译器顺利地进行下面的编译。但是由于类 bar 的构造函数是一个私有函数，以至于 foo 函数无法构造它，因此就造成了编译错误。最后，下面的例子展示了多个词法顺序不同的声明导致函数替换编译错误的情况：

```cpp
template <class T> struct A { using X = typename T::X; };
template <class T> typename T::X foo(typename A<T>::X);
template <class T> void foo(…) { }
template <class T> auto bar(typename A<T>::X) -> typename T::X;
template <class T> void bar(…) { }

int main()
{
  foo<int>(0);
  bar<int>(0);
}
```

在上面的代码中，foo<int>(0) 可以编译通过，bar<int>(0) 则不行。因为在 foo<int> (0) 中 T::X 并不符合语法规范且这是一个直接上下文环境，所以在模板替换的时候会发生替换失败，最后使用 template <class T> void foo(…)

的函数版本。但是 bar<int>(0) 和 foo<int>(0) 不同，它的模板声明方法是一个
返回类型后置，这样在推导和替换的时候会优先处理形参。而参数类型 A<int>::X
实例化了一个模板，它不是一个直接上下文环境，所以不会产生替换失败，编译器
也就不会尝试重载另外一个 bar 的声明从而导致编译错误。

　　到此为止我们花了很大篇幅来叙述替换导致编译错误，却很少提及 SFINAE 规
则的用法，原因之前也提到过，但是这里有必要再重申一次：除了上述会导致编译
错误的情况外，其他的错误均是替换失败。明确了编译错误的条件后，我们就可以
自由地使用 SFINAE 规则了：

```cpp
struct X {};
struct Y { Y(X) {} }; // X 可以转化为 Y

X foo(Y, Y) { return X(); }

template <class T>
auto foo(T t1, T t2) -> decltype(t1 + t2) {
  return t1 + t2;
}

int main()
{
  X x1, x2;
  X x3 = foo(x1, x2);
}
```

　　上面的代码是标准文档中的一个例子，在这个例子中 foo(x1, x2) 会优先使用
auto foo(T t1, T t2) -> decltype(t1 + t2) 来推导，不过很明显，x1 +
x2 不符合语法规范，所以编译器产生一个替换失败继而使用重载的版本 X foo(Y,
Y)，而这个版本形参 Y 正好能由 X 转换得到，于是编译成功。再来看一个非类型替
换的 SFINAE 例子：

```cpp
#include <iostream>

template <int I> void foo(char(*)[I % 2 == 0] = 0) {
  std::cout << "I % 2 == 0" << std::endl;
}
template <int I> void foo(char(*)[I % 2 == 1] = 0) {
  std::cout << "I % 2 == 1" << std::endl;
}

int main()
{
  char a[1];
```

```
    foo<1>(&a);
    foo<2>(&a);
    foo<3>(&a);
}
```

在上面的代码中，函数模板 foo 针对 int 类型模板形参的奇偶性重载了两个声明。当模板实参满足条件 I % 2 == 0 或 I % 2 == 1 时，会替换出一个数量为 1 的 char 类型的数组指针 char(*)[1]，这是符合语法规范的，相反，不满足条件时替换的形参为 char(*)[0]，很明显这将产生一个替换失败。最终我们看到的结果是，编译器根据实参的奇偶性选择替换后语法正确的函数版本进行调用：

```
I % 2 == 1
I % 2 == 0
I % 2 == 1
```

上面的两个例子非常简单，无法体现出 SFINAE 的实际价值，下面让我们结合 decltype 关键字来看一看 SFINAE 是怎么在实际代码中发挥作用的：

```cpp
#include <iostream>

class SomeObj1 {
public:
  void Dump2File() const
  {
      std::cout << "dump this object to file" << std::endl;
  }
};

class SomeObj2 {
};

template<class T>
auto DumpObj(const T &t)->decltype(((void)t.Dump2File()), void())
{
  t.Dump2File();
}

void DumpObj(...)
{
  std::cout << "the object must have a member function Dump2File" << std::endl;
}

int main()
{
```

```
        DumpObj(SomeObj1());
        DumpObj(SomeObj2());
    }
```

以上代码的意图是检查对象类型是否有成员函数 Dump2File，如果存在，则调用该函数；反之则输出警告信息。为了完成这样的功能，我们需要用到返回类型后置以及 decltype 关键字。之所以要用到返回类型后置的方法是因为这里需要参数先被替换，再根据参数推导返回值类型。而使用 decltype 关键字有两个目的，第一个目的当然是设置函数的返回值了，第二个目的是判断实参类型是否具有 Dump2File 成员函数。请注意这里的写法 decltype(((void)t.Dump2File()), void())，在括号里利用逗号表达式让编译器从左往右进行替换和推导，逗号右边的是最终我们想设置的函数返回值类型，而逗号左边则检查了对象 t 的类型是否具有 Dump2File 成员函数。如果成员函数存在，即符合语法规则，可以顺利地调用模板版本的函数；反之则产生替换失败，调用另一个重载版本的 DumpObj 函数。于是以上代码的最终输出结果如下：

```
dump this object to file
the object must have a member function Dump2File
```

如果我们继续发散一下上面采用的方法，就会发现该方法不仅能用在无参数的成员函数上，对于有参数的成员函数同样适用。至于具体怎么改进，这就留给读者自由发挥吧。

40.3 总结

虽然 SFINAE 的概念和规则描述起来多少有点复杂，但是我们发现其使用起来却十分自然，编译器基本上能按照我们预想的步骤进行编译。正如例子中看到的，SFINAE 的引入使模板匹配更加精准，它能让某些实参享受特殊待遇的函数版本，让剩下的一部分使用通用的函数版本，毫无疑问，这样的特性对于 C++的泛型能力来说是一个很大的增强。

第 41 章

概念和约束（C++20）

41.1　使用 std::enable_if 约束模板

在第 40 章中我们探讨了 SFINAE 规则，即替换失败不是错误。对于 SFINAE 规则，一个典型的应用就是标准库中的 std::enable_if 模板元函数，SFINAE 规则使该模板元函数能辅助模板的开发者限定实例化模板的模板实参类型，举例来说：

```
template <class T, class U = std::enable_if_t<std::is_integral_v<T>>>
struct X {};

X<int> x1; // 编译成功
X<std::string> x2; // 编译失败
```

在上面的代码中，类模板 X 的模板形参 class U = std::enable_if_t<std::is_integral_v<T>>只是作为一个约束条件存在，当 T 的类型为整型时，std::is_integral_v <T>返回 true，于是 std::enable_if_t<std::is_integral_v<T>>返回类型 void，所以 X<int>实际上是 X<int, void>的一个合法类型。反之，对于 X<std::string>来说，T 的类型不为整型，std::enable_if 不存在嵌套类型 type，于是 std::enable_if_t<std::is_integral_v<T>>无法符合语法规范，导致编译失败。

以下是 enable_if 的一种实现方法：

```
template<bool B, class T = void>
struct enable_if {};

template<class T>
struct enable_if<true, T> { using type = T; };
```

可以看到 enable_if 的实现十分简单，而让它发挥如此大作用的幕后功臣就是
SFINAE 规则。不过使用 std::enable_if 作为模板实参约束也有一些硬伤，比如
使用范围窄，需要加入额外的模板形参等。于是为了更好地对模板进行约束，C++20
标准引入了概念（concept）。

41.2　概念的背景介绍

概念是对 C++核心语言特性中模板功能的扩展。它在编译时进行评估，对类模
板、函数模板以及类模板的成员函数进行约束：它限制了能被接受为模板形参的实
参集。

实际上概念并不是新鲜的特性，早在 2008 年"概念"已经被 C++0x 接受，只不
过在 2009 年 7 月的法兰克福 C++标准委员会会议上，通过投票表决删除了 C++0x
中的"概念"，原因是委员会需要限制新语法规则带来的风险并保证标准的实现进度。
虽然在当时对于大多数程序员的影响不大，但是对于研究和意识到该特性的潜力的
人来说确实是非常令人失望的。

"概念"最早的实现要追溯到 2016 年的 GCC6.1，在 GCC6.1 中我们可以使用
-fconcepts 开关来开启"概念"实验性特性，当时我们称其为"Concept TS"（Concepts
Technical Specification）。但即使已经实现了"概念"特性，也没让它进入 C++17 标
准，原因简单来说就是"还不够好"。就这样一直到 2017 的多伦多 C++标准委员会
会议，新的概念功能特性才被正式列入 C++20 标准中。

所以在 C++20 中，上一节的例子可以改写为：

```
template <class C>
concept IntegerType = std::is_integral_v<C>;


template <IntegerType T>
struct X {};
```

上面的代码使用 concept 关键字定义了模板形参 T 的约束条件 IntegerType，
模板实参替换 T 之后必须满足 std::is_integral_v<C>计算结果为 true 的条件，
否则编译器会给出 IntegerType 约束失败的错误提示。这份代码还可以简化为：

```
template <class T>
requires std::is_integral_v<T>
struct X {};
```

requires 关键字可以直接约束模板形参 T，从而达到相同的效果。concept

和 `requires` 的详细用法将在后面的章节中讨论。现在我想让大家看一看用概念约束模板的另外一个优势，请对比下面的编译错误日志：

```
std::enable_if:
In substitution of 'template<bool _Cond, class _Tp> using enable_if_t =
typename std::enable_if::type [with bool _Cond = false; _Tp = void]':
required from here
error: no type named 'type' in 'struct std::enable_if<false, void>'
 2554 |     using enable_if_t = typename enable_if<_Cond, _Tp>::type;
------------------------------------------------------------------------
----------
concept:
error: template constraint failure for 'template<class T>  requires  Integer
Type<T> struct X'
```

显然，使用 concept 代码的错误日志更加简洁清晰，在错误日志中明确地提示用户 `struct X` 模板约束失败。

41.3　使用 concept 和约束表达式定义概念

我们可以使用 concept 关键字来定义概念，例如：

```
template <class C>
concept IntegerType = std::is_integral_v<C>;
```

其中 `IntegerType` 是概念名，这里的 `std::is_integral_v<C>`称为约束表达式。

约束表达式应该是一个 `bool` 类型的纯右值常量表达式，当实参替换形参后，如果表达式计算结果为 `true`，那么该实参满足约束条件，概念的计算结果为 `true`。反之，在实参替换形参后，如果表达式计算结果为 `false` 或者替换结果不合法，则该实参无法满足约束条件，概念的计算结果为 `false`。

请注意，这里所谓的计算都是编译期执行的，概念的最终结果是一个 `bool` 类型的纯右值：

```
template <class T> concept TestConcept = true;
static_assert(TestConcept<int>);
```

通过上面的代码可以看出，`TestConcept<int>`是一个 `bool` 类型的常量表达式，因为它能够作为 `static_assert` 的实参。

约束表达式还支持一般的逻辑操作，包括合取和析取：

```
// 合取
template <class C>
concept SignedIntegerType = std::is_integral_v<C> && std::is_signed_v<C>;

// 析取
template <class C>
concept IntegerFloatingType = std::is_integral_v<C> || std::is_floating_point_
v<C>;
```

观察上面的代码可知，约束的合取是通过逻辑与&&完成的，运算规则也与逻辑与相同，要求两个约束都为 true，整个约束表达式才会为 true，当左侧约束为 false 时，整个约束表达式遵循短路原则为 false。同样，约束的析取是通过逻辑或||完成的，运算规则与逻辑或相同，只要任意约束为 true，整个约束表达式就会为 true，当左侧约束为 true 时，整个约束表达式遵循短路原则为 true。让我们尝试用上面的两个概念约束模板实参：

```
template <SignedIntegerType T>
struct X {};

template <IntegerFloatingType T>
struct Y {};

X<int> x1;                  // 编译成功
X<unsigned int> x2;         // 编译失败

Y<int> y1;                  // 编译成功
Y<double> y2;               // 编译成功
```

在上面的代码中，只有 x2 会编译失败，因为 X 的模板形参的约束条件是一个有符号整型。

除了逻辑操作的合取和析取之外，约束表达式还有一种特殊情况叫作原子约束，很明显原子约束中的表达式不能存在约束的合取或者析取。由于原子约束概念解释起来比较晦涩，而且需要配合 requires 子句示例做解释，因此将在后面详细讨论。

41.4　requires 子句和约束检查顺序

除了使用 concept 关键字来定义概念，我们还可以使用 requires 子句直接约束模板实参，例如：

```
template <class T>
requires std::is_integral_v<T> && std::is_signed_v<C>
struct X {};
```

上面的代码同样能够限制类模板 X 的模板实参必须为有符号整型类型，其中 requires 紧跟的 std::is_integral_v<T>&& std::is_signed_v<C>必须是一个类型为 bool 的常量表达式。requires 子句对于该常量表达式还有一些额外的要求。

1. 是一个初等表达式或带括号的任意表达式。例如：

```
constexpr bool bar() { return true; }

template <class T>
requires bar()
struct X {};
```

由于这里的 bar() 不是初等表达式，不符合语法规则，因此编译失败，需要修改为：

```
constexpr bool bar() { return true; }

template <class T>
requires (bar())
struct X {};
```

2. 使用&&或者||运算符链接上述表达式：

```
constexpr bool bar() { return true; }

template <class T>
requires (bar()) && true || false
struct X {};
```

requires 子句除了能出现在模板形参列表尾部，还可以出现在函数模板声明尾部，所以下面的用法都是正确的：

```
template <class T> requires std::is_integral_v<T>
void foo();

template <class T>
void foo() requires std::is_integral_v<T>;
```

约束模板实参的方法很多，那么现在就有一个问题摆在我们面前——当一个模板同时具备多种约束时，如何确定优先级，例如：

```
template <class C>
```

```
concept ConstType = std::is_const_v<C>;

template <class C>
concept IntegralType = std::is_integral_v<C>;

template <ConstType T>
requires std::is_pointer_v<T>
void foo(IntegralType auto) requires std::is_same_v<T, char * const> {}
```

上面的代码分别使用概念 ConstType、模板形参列表尾部 requires std::
is_pointer_v<T>和函数模板声明尾部 requires std::is_ integral_v<T>
来约束模板实参，还使用概念 IntegralType 约束了 auto 占位符类型的函数形参。
对于函数模板调用：

```
foo<int>(1.5);
```

编译器究竟应该用什么顺序检查约束条件呢？事实上，标准文档给出了明确的
答案，编译器应该按照以下顺序检查各个约束条件。

1. 模板形参列表中的形参的约束表达式，其中检查顺序就是形参出现的顺序。
也就是说使用 concept 定义的概念约束的形参会被优先检查，放到刚刚的例子中
foo<int>()；最先不符合的是 ConstType 的约束表达式 std::is_const_v<C>。

2. 模板形参列表之后的 requires 子句中的约束表达式。这意味着，如果 foo
的模板实参通过了前一个约束检查后将会面临 std::is_pointer_v<T>的检查。

3. 简写函数模板声明中每个拥有受约束 auto 占位符类型的形参所引入的约束
表达式。还是放到例子中看，如果前两个约束条件已经满足，编译器则会检查函数
实参是否满足 IntegralType 的约束。

4. 函数模板声明尾部 requires 子句中的约束表达式。所以例子中最后检查的
是 std::is_same_v<T, char * const>。

为了更好地理解约束的检查顺序，让我们来分别编译以下 5 句代码，看一看编
译器输出日志（以 GCC 为例）：

```
foo<int>(1.5);
foo<const int>(1.5);
foo<int * const>(1.5);
foo<int * const>(1);
foo<char * const>(1);
```

- 对于 foo<int>(1.5);，不满足所有约束条件，编译器报错提示不满足
  ConstType<T>的约束。
- 对于 foo<const int>(1.5);，满足 ConstType<T>，但是不满足其他
  条件，编译器报错提示不满足 std::is_pointer_v<T>的约束。

- 对于 foo<int * const>(1.5);，满足前两个条件，但是不满足其他条件，
  编译器报错提示不满足 IntegralType<auto> 的约束。
- 对于 foo<int * const>(1);，满足前 3 个条件，但是不满足其他条件，
  编译器报错提示不满足 std::is_same_v<T, char * const> 的约束。
- foo<char * const>(1); 满足所有条件，编译成功。

41.5 原子约束

现在让我们回头看一看什么是原子约束。原子约束是表达式和表达式中模板形参到模板实参映射的组合（简称为形参映射）。比较两个原子约束是否相同的方法很特殊，除了比较代码上是否有相同的表现，还需要比较形参映射是否相同，也就是说功能上相同的原子约束可能是不同的原子约束，例如：

```
template <int N> constexpr bool Atomic = true;
template <int N> concept C = Atomic<N>;
template <int N> concept Add1 = C<N + 1>;
template <int N> concept AddOne = C<N + 1>;
template <int M> void f()
requires Add1<2 * M> {};
template <int M> void f()
requires AddOne<2 * M> && true {};

f<0>(); // 编译成功
```

在上面的代码中，虽然概念 Add1 和 AddOne 使用了不同的名称，但是实际上是相同的，因为在这两个函数中概念 C 的原子约束都是 Atomic<N>，其形参映射都为 N ~ 2 * M + 1。在两个函数都符合约束的情况下，编译器会选择约束更为复杂的 requires AddOne<2 * M> && true 作为目标函数，因为 AddOne<2 * M> && true 包含了 AddOne<2 * M>。接下来让我们把形参映射改变一下：

```
template <int N> void f2()
requires Add1<2 * N> {};
template <int N> void f2()
requires Add1<N * 2> && true {};

f2<0>(); // 编译失败
```

上面的代码无法通过编译，虽然都是用了概念 Add1，但是它们的形参映射不同，

分别为 2 * N + 1 和 N * 2 + 1，所以 Add1<N * 2> && true 并不能包含 Add1
<2 * N>，而对于 f2<0>();而言，两个 f2 函数模板都满足约束，这里的二义性让
编译器不知所措，导致编译失败。当然，如果将 requires Add1<N * 2> && true
中的 true 改为 false，就不会产生二义性，可以顺利地通过编译。

当约束表达式中存在原子约束时，如果约束表达式结果相同，则约束表达式应
该是相同的，否则会导致编译失败，例如：

```
template <class T> concept sad = false;
template <class T> int f1(T) requires (!sad<T>) { return 1; };
template <class T> int f1(T) requires (!sad<T>) && true {return 2; };
```

f1(0); // 编译失败

需要注意的是，逻辑否定表达式是一个原子约束。所以以上代码会产生二义性，
原子约束表达式!sad<T>并不来自相同的约束表达式。为了让代码能成功编译，需
要修改代码为：

```
template <class T> concept not_sad = !sad<T>;
template <class T> int f2(T) requires (not_sad<T>) { return 3; };
template <class T> int f2(T) requires (not_sad<T>) && true  { return 4; };
```

f2(0);

这样一来，原子约束表达式!sad<T>都来自概念 not_sad。另外，因为
(not_sad<T>) && true 包含了 not_sad<T>，所以编译器选取约束表达式为
requires (not_sad<T>) && true 的函数模板进行编译，最终函数返回 4。再
进一步：

```
template <class T> int f3(T) requires (not_sad<T> == true) { return 5; };
template <class T> int f3(T) requires (not_sad<T> == true) && true  { return
 6; };
```

f3(0);

```
template <class T> concept not_sad_is_true = !sad<T> == true;
template <class T> int f4(T) requires (not_sad_is_true<T>) { return 7; };
template <class T> int f4(T) requires (not_sad_is_true<T>) && true  { return
 8; };
```

f4(0);

同样的理由，f3(0);会因为二义性无法通过编译，而 f4(0)可以编译成功并最
后返回 8。

41.6　requires 表达式

　　requires 关键字除了可以引入 requires 子句，还可以用来定义一个 requires 表达式，该表达式同样是一个纯右值表达式，表达式为 true 时表示满足约束条件，反之 false 表示不满足约束条件。需要特别说明的是 requires 表达式的判定标准，因为这个标准比较特殊，具体来说是对 requires 表达式进行模板实参的替换，如果替换之后 requires 表达式中出现无效类型或者表达式违反约束条件，则 requires 表达式求值为 false，反之则 requires 表达式求值为 true。例如：

```
template <class T>
concept Check = requires {
  T().clear();
};

template <Check T>
struct G {};

G<std::vector<char>> x;      // 编译成功
G<std::string> y;            // 编译成功
G<std::array<char, 10>> z;   // 编译失败
```

　　上面的代码使用 requires 表达式定义了概念 Check，Check 要求 T().clear(); 是一个合法的表达式。因此 G<std::vector<char>> x; 和 G<std::string> y; 可以顺利通过编译，因为 std::vector<char> 和 std::string 都有成员函数 clear()。而 std::array<char, 10> 中不存在成员函数 clear()，导致编译失败。

　　值得注意的是，requires 表达式还支持形参列表，使用形参列表可以使 requires 表达式更加灵活清晰，比如在上面的例子中，我希望除了要求实参具备成员函数 clear() 以外还需要支持+运算符，那么我们可以将代码修改为：

```
template <class T>
concept Check = requires {
  T().clear();
  T() + T();
};
```

　　以上代码可以完成检查+运算符的工作，但通常我们并不这样做，因为存在更加

清晰的方式：

```
template <class T>
concept Check = requires(T a, T b) {
  a.clear();
  a + b;
};
```

在上面的代码中，我们使用了 requires 表达式的形参列表，形参列表和普通函数的形参列表类似，不同的是这些形参并不存在生命周期和存储方式，只在编译期起作用，而且只有在 requires 表达式作用域内才是有效的。自然的，对于需要运行时计算实参数量的不定参数列表来说，requires 表达式的形参列表也是不支持的：

```
template<typename T>
concept C = requires(T t, …) { // 编译失败，requires 表达式的形参列表不能使用…
  t;
};
```

回过头来看经过修改的概念，Check 会将 G<std::vector<char>> x;拒之门外，因为 std::vector<char>的实例是无法使用+运算符的。另外，由于 std::string 支持用+运算符完成字符串的连接，因此 G<std::string> y;能够编译成功。

在上面的 requires 表达式中，a.clear()和 a + b 可以说是对模板实参的两个要求，这些要求在 C++标准中称为要求序列（requirement-seq）。要求序列分为 4 种，包括简单要求、类型要求、复合要求以及嵌套要求，接下来就让我们详细讨论这 4 种要求。

41.6.1　简单要求

简单要求是不以 requires 关键字开始的要求，它只断言表达式的有效性，并不做表达式的求值操作。如果表达式替换模板实参失败，则该要求的计算结果为 false：

```
template<typename T> concept C =
requires (T a, T b) {
  a + b;
};
```

在上面的代码中 a + b 是一个简单要求，编译器会断言 a + b 的合法性，但不会计算其最终结果。不以 requires 关键字开始是简单表达式的重要特征，后面将提到的嵌套要求则正好相反，它要求以 requires 关键字开头。

41.6.2　类型要求

类型要求是以 typename 关键字开始的要求,紧跟 typename 的是一个类型名,通常可以用来检查嵌套类型、类模板以及别名模板特化的有效性。如果模板实参替换失败,则要求表达式的计算结果为 false:

```
template<typename T, typename T::type = 0> struct S;
template<typename T> using Ref = T&;
template<typename T> concept C = requires {
  typename T::inner;            // 要求嵌套类型
  typename S<T>;                // 要求类模板特化
  typename Ref<T>;              // 要求别名模板特化
};

template <C c>
struct M {};

struct H {
  using type = int;
  using inner = double;
};

M<H> m;
```

在上面的代码中,概念 C 中有 3 个类型要求,分别为 T::inner、S<T>和 Ref<T>,它们各自对应的是对嵌套类型、类模板特化和别名模板特化的检查。请注意代码中的类模板声明 S,它不是一个完整类型,缺少了类模板定义。但是编译器仍然可以编译成功,因为标准明确指出类型要求中的命名类模板特化不需要该类型是完整的。

41.6.3　复合要求

相对于简洁的简单要求和类型要求,复合要求则稍微复杂一些,比如下面的代码:

```
template <class T>
concept Check = requires(T a, T b) {
  {a.clear()} noexcept;
  {a + b} noexcept -> std::same_as<int>;
};
```

在上面的代码中,{a.clear()} noexcept;和{a + b} noexcept ->

std::same_as<int>;是需要断言的复合要求。复合要求可以由 3 个部分组成：{ }
中的表达式、noexcept 以及->后的返回类型约束，其中 noexcept 和->后的返回
类型约束是可选的。根据标准，断言一个复合要求需要按照以下顺序。

　　1. 替换模板实参到{E}中的表达式 E，检测表达式的有效性。

　　2. 如果使用了 noexcept，则需要检查并确保{E}中的表达式 E 不会有抛出异
常的可能。

　　3. 如果使用了->后的返回类型约束，则需要将模板实参替换到返回类型约束中，
并且确保表达式 E 的结果类型，即 decltype((E))，满足返回类型约束。

　　如果出现任何不符合以上检查规则的情况，则 requires 表达式判定为
false。例如，在之前的代码中只有 G<std::string> y;可以编译成功，因为
std::string 不仅存在成员函数 clear()，也能够进行+操作。但是现在，a + b
又多了两个约束，首先 noexcept 要求 a + b 不能有抛出异常的可能性，其次其结
果类型必须满足概念 std::same_as<int>;的约束。其中概念 std::same_as 的
实现类似于：

```
template< class T, class U >
concept same_as =  std::is_same_v<T, U> && std::is_same_v<U, T>;
```

a + b 的结果类型会作为第一个模板实参，实际编译代码类似于：

```
std::same_as<decltype((a + b)), int>
```

　　显然，两个 std::string 相加的运算结果不可能是 int 类型，所以
G<std::string> y;是不能通过编译的。最后如果我们给 std::vector<char>
添加以下声明：

```
int operator+ (const std::vector<char>&, const std::vector<char>&) noexcept;
```

　　那么 G<std::vector<char>> x;就可以编译成功了。值得注意的是，这里
的 noexcept 是必不可少的，operator+不需要是完整的。

41.6.4　嵌套要求

　　正如简单要求中提到的，嵌套要求是以 requires 开始的要求，它通常根据局
部形参来指定其他额外的要求。例如：

```
template <class T>
concept Check = requires(T a, T b) {
  requires std::same_as<decltype((a + b)), int>;
};
```

在上面的代码中，requires std::same_as<decltype((a + b)), int>; 是一个嵌套要求，它要求表达式 a + b 的结果类型与 int 相同，可以等同于：

```
template <class T>
concept Check = requires(T a, T b) {
  {a + b} -> std::same_as<int>;
};
```

最后请注意，这里的局部形参不是可以参与运算的操作数，例如：

```
template<typename T> concept C = requires (T a) {
  requires sizeof(a) == 4;  // 编译成功
  requires a == 0;          // 编译失败
};
```

这里 a == 0 中 a 的值是无法计算的。

41.7 约束可变参数模板

使用概念约束可变参数模板实际上就是将各个实参替换到概念的约束表达式后合取各个结果。例如下面的代码：

```
template<class T> concept C1 = true;
template<C1… T> struct s1 {};
```

s1 包展开后的约束为(C1<T> && …)，具体来说对于 s1<int, double, std::string>，其约束实际上为(C1<int> && C1<double> && C1<std::string>)。以上代码比较容易理解，但是有时候代码会更加复杂一些，比如：

```
template<class… Ts> concept C2 = true;
template<C2… T> struct s2 {};
```

现在问题来了，s2 包展开之后的结果应该是(C2<T> && …)、C2<T…>还是(C2<T…> && …)呢？是不是有点难以抉择，请记住，在这种情况下包展开的结果依然是(C2<T> && …)。不得不说，C2<T…>曾经是正确的，但现在不是了。再次强调一下，包展开的结果是(C2<T> && …)。

接下来让我们更进一步，对于：

```
template<class T, class U> concept C3 = true;
template<C3<int> T> struct s3 {};
```

经过模板实参替换后实际的约束为 C<T, int>，对比这个结果，下面的代码：

```
template<C3<int>… T> struct s3 {};
```

包展开后的约束应该是(C3<T, int> && …)。

41.8　约束类模板特化

约束可以影响类模板特化的结果，在模板实例化的时候编译器会自动选择更满足约束条件的特化版本进行实例化，比如：

```
template<typename T> concept C = true;
template<typename T> struct X {
  X() { std::cout << "1.template<typename T> struct X" << std::endl; }
};
template<typename T> struct X<T*> {
  X() { std::cout << "2.template<typename T> struct X<T*>" << std::endl; }
};
template<C T> struct X<T> {
  X() { std::cout << "3.template<C T> struct X<T>" << std::endl; }
};

X<int*> s1;
X<int> s2;
```

以上代码的输出结果如下：

```
2.template<typename T> struct X<T*>
3.template<C T> struct X<T>
```

显然，对于X<int*>而言，匹配更精确的是 template<typename T> struct X<T*>。而对于 X<int>，由于 template<C T> struct X<T>有概念约束，相对于template<typename T> struct X 更加特殊，因此编译器选择前者进行实例化。

上面的例子只是说明了约束对类模板特化的影响，实际上约束在类模板特化上可以发挥很大的作用，请看以下代码：

```
template<typename T> concept C = requires (T t) { t.f(); };
template<typename T> struct S {
  S() {
      std::cout << "1.template<typename T> struct S" << std::endl;
  }
};
```

```
template<C T> struct S<T> {
  S() {
      std::cout << "2.template<C T> struct S<T>" << std::endl;
  }
};
struct Arg { void f(); };

S<int> s1;
S<Arg> s2;
```

以上代码的输出结果如下:

```
1.template<typename T> struct S
2.template<C T> struct S<T>
```

可以看出,由于 S<int> 中的 int 无法满足概念 C 的约束条件,因此编译器使用 template<typename T> struct S 对 s1 进行实例化。而对于 S<Arg>,Arg 满足概念 C 的约束,所以编译器选择更加特殊的 template<C T> struct S<T> 来实例化 s2。值得注意的是,如果只是约束构造函数,区分不同类型的构造方法,那么有更简单的方式:

```
template<typename T> struct S {
  S() {
      std::cout << "1.call S()" << std::endl;
  }

  S() requires requires(T t) { t.f(); }  {
      std::cout << "2.call S() requires requires(T t)" << std::endl;
  }
};
struct Arg { void f(); };

S<int> s1;
S<Arg> s2;
```

41.9 约束 auto

上文曾介绍过使用概念约束简写函数模板中的 auto 占位符,事实上对 auto 和 decltype(auto) 的约束可以扩展到普遍情况,例如:

```
template <class C>
concept IntegerType = std::is_integral_v<C>;
```

```
IntegerType auto i1 = 5.2;      // 编译失败
IntegerType auto i2 = 11;       // 编译成功

IntegerType decltype(auto) i3 = 4.8;        // 编译失败
IntegerType decltype(auto) i4 = 7;          // 编译成功

IntegerType auto foo1() { return 1.1; }      // 编译失败
IntegerType auto foo2() { return 0; }        // 编译成功

auto bar1 = [](){ ->IntegerType auto  { return 1.0; };   // 编译失败
auto bar2 = [](){ ->IntegerType auto  { return 10; };    // 编译成功
```

在上面的代码中，概念 IntegerType 约束 auto 的推导结果必须是一个整型，于是在声明并初始化 i1 和 i3 的时候会导致编译失败。同理，函数 foo1 返回值为浮点类型也会导致编译失败。对于 lambda 表达式也是一样，只不过需要显式声明返回类型和约束概念。

最后需要注意的是，要约束的 auto 或 decltype(auto) 总是紧随约束之后。因此，cv 限定符和概念标识符不能随意混合：

```
const IntegerType auto i5 = 23;    // 编译成功
IntegerType auto const i6 = 8;     // 编译成功
IntegerType const auto i7 = 6;     // 编译失败
```

在上面的代码中，i5 和 i6 可以顺利通过编译，因为 auto 紧跟在 IntegerType 之后。反观 i7 的声明，IntegerType 和 auto 之间存在 const，导致编译失败。

41.10　总结

C++20 标准中的概念和约束不同于以往的实验版本，它不仅仅是一个扩展，而是一套完备的语言特性。与模板语法的相似使它很容易被程序员理解和接受。很明显，概念和约束的推行能够很好地补充 C++的类型检查机制，这对于通用代码库的作者来说无疑是一个很好的消息，而对于代码库的使用者来说编码的错误会更容易排查，并且在运行代码的时候不会有任何多余的开销。借用本贾尼·斯特劳斯特卢普的一句话："尝试使用概念！它们将极大地改善读者的通用编程，并让当前使用的变通方法（例如 traits 类）和低级技术（例如基于 enable_if 的重载）感觉就像是容易出错和烦琐的汇编编程"。

第42章

模板特性的其他优化（C++11 C++14）

42.1 外部模板（C++11）

读者对 extern 关键字应该不会陌生，它可以在声明变量和函数的时候使用，用于指定目标为外部链接，但其本身并不参与目标的定义，所以对目标的属性没有影响。extern 最常被使用的场景是当一个变量需要在多份源代码中使用的时候，如果每份源代码都定义一个变量，那么在代码链接时会出错，正确的方法是在其中一个源代码中定义该变量，在其他的源代码中使用 extern 声明该变量为外部变量。

```
\\ src1.cpp
int x = 0;

\\ src2.cpp
extern int x;
x = 11;
```

由于在多份源代码中定义同一个变量会让链接报错，因此我们不得不使用 extern 来声明外部变量。但是外部模板又是怎么一回事呢？我们都知道，在多份源代码中对同一模板进行相同的实例化是不会有任何链接问题的，例如：

```
// header.h
template<class T> bool foo(T t) { return true; }

// src1.cpp
#include <header.h>
bool b = foo(7);
```

```
// src2.cpp
#include <header.h>
bool b = foo(11);
```

在上面的代码中，`src1.cpp` 和 `src2.cpp` 都会实例化一份相同的函数代码 `bool foo<int>(int)`。不过它们并没有在链接的时候产生冲突，这是因为链接器对于模板有特殊待遇。编译器在编译每份源代码的时候会按照单个源代码的需要生成模板的实例，而链接器对于这些实例会进行一次去重操作，它将完全相同的实例删除，最后只留下一份实例。不过读者有没有发现，在整个过程中编译器生成各种模板实例，连接器却删除重复实例，中间的编译和连接时间完全被浪费了。如果只是一两份源代码中出现这种情况应该不会有太大影响，但是如果源代码数量达到上万的级别，那么编译和连接的过程将付出大量额外的时间成本。

为了优化编译和连接的性能，C++11 标准提出了外部模板的特性，这个特性保留了 `extern` 关键字的语义并扩展了关键字的功能，让它能够声明一个外部模板实例。在进一步说明外部模板之前，我们先回顾一下如何显式实例化一个模板：

```
// header.h
template<class T> bool foo(T t) { return true; }

// src1.cpp
#include <header.h>
template bool foo<double>(double);

// src2.cpp
#include <header.h>
template bool foo<double>(double);
```

在上面的代码中，`src1.cpp` 和 `src2.cpp` 编译时分别显式实例化了同一份函数 `bool foo<double>(double)`，而在连接时其中的一个副本被删除，这个过程和之前隐式实例化的代码是一样的。如果想在这里声明一个外部模板，只需要在其中一个显式实例化前加上 `extern template`，比如：

```
// header.h
template<class T> bool foo(T t) { return true; }

// src1.cpp
#include <header.h>
extern template bool foo<double>(double);

// src2.cpp
```

```
#include <header.h>
template bool foo<double>(double);
```

这样编译器将不会对 src1.cpp 生成 foo 函数模板的实例，而是在链接的时候使用 src2.cpp 生成的 bool foo<double>(double) 函数。如此一来就省去了之前冗余的副本实例的生成和删除的过程，改善了软件构建的性能。另外，外部模板除了可以针对函数模板进行优化，对于类模板也同样适用，例如：

```
// header.h
template<class T> class bar {
public:
  void foo(T t) {};
};

// src1.cpp
#include <header.h>
extern template class bar<int>;
extern template void bar<int>::foo(int);

// src2.cpp
#include <header.h>
template class bar<int>;
```

从上面的代码可以看出，extern template 不仅可以声明外部类模板实例 extern template class bar<int>，还可以明确具体的外部实例函数 extern template void bar<int>::foo(int)。

最后需要说明一下，我并没有在大型的工程中使用外部模板提升工程的构建性能，所以无法给出一个明确的数据证明。但是从原理上来说，这种优化应该是非常有效的，因为对一个复杂的模板实例化确实需要不少的时间。如果有读者正在苦于项目工程的构建效率过低，并且有足够的精力对大量的源代码进行修改，不妨试一试外部模板这个特性。

42.2 连续右尖括号的解析优化（C++11）

从 C++引入右尖括号开始直到 C++11 标准发布，C++一直存在这样一个问题，两个连续的右尖括号>>一定会被编译器解析为右移，这是因为编译器解析采用的是贪婪原则。但是在很多情况下，连续两个右尖括号并不是要表示右移，可能实例化模板时模板参数恰好也是一个类模板，又或者类型转换的目标类型是一个类模板。

在这种情况下，过去我们被要求在两个尖括号之间用空格分隔，比如：

```
#include <vector>
typedef std::vector<std::vector<int> > Table;   // 编译成功
typedef std::vector<std::vector<bool>> Flags;   // 编译失败，>>被解析为右移
```

如果上面的代码使用 GCC 4.1 编译，会发现代码无法通过编译，同时编译器会给出具体的提示，要求将代码中的 '>>' 修改为 '> >'。当然，类型转换 static_cast、const_cast、dynamic_cast 和 reinterpret_cast 也存在同样的问题。这个问题虽然不大，但是确实也挺让人厌烦的，所以在 C++11 中将连续右尖括号的解析进行了优化。

在 C++11 标准中，编译器不再一味地使用贪婪原则将连续的两个右尖括号解析为右移，它会识别左尖括号激活状态并且将右尖括号优先匹配给激活的左尖括号。这样一来，我们就无须在两个右尖括号中插入空格了。

还是编译上面的代码，只不过这一次我们采用新一点的编译器，比如 GCC 8.1，代码就能够顺利地编译。

这样就结束了吗？并不是，由于解析规则的修改会造成在老规则下编写的代码出现问题，比如：

```
template<int N>
class X {};


X <1 >> 3> x;
```

上面的代码用 GCC 4.1 可以顺利编译，因为代码里的 1 >> 3 被优先处理，相当于 X <(1 >> 3)> x。但是在新的编译器中，这段代码无法成功编译，因为连续两个右尖括号的第一个括号总是会跟开始的左尖括号匹配，相当于 (X <1 >)> 3> x。无法兼容老代码的问题虽然看似严重，但其实要解决这个问题非常简单，只要将需要优先解析的内容用小括号包括起来即可，比如 X <(1 >> 3)> x。

故事到这里还没有结束，由于涉及模板编程，因此情况比我们想象得还要复杂一点，因此来看一看下面的例子：

```
#include <iostream>

template<int I> struct X {
  static int const c = 2;
};
template<> struct X<0> {
  typedef int c;
};
template<typename T> struct Y {
```

```
    static int const c = 3;
};
static int const c = 4;
int main() {
  std::cout << (Y<X<1> >::c > ::c > ::c) << std::endl;
  std::cout << (Y<X< 1>>::c > ::c > ::c) << std::endl;
}
```

上面的代码在新老编译器上都可以成功编译，但是输出结果却不相同，用 GCC 4.1 编译这份代码，运行后输出为 0 和 3。但是在 GCC 8.1 或者以上版本的编译器上编译运行，得到的结果却是 0 和 0。现在让我们看一看这是怎么发生的。

- 对于 GCC 8.1 而言，std::cout << (Y<X<1> >::c > ::c > ::c) << std::endl;和 std::cout << (Y<X< 1>>::c > ::c > ::c) << std::endl;的解析方式相同，都是先解析 X<1>，接着解析 Y<X<1>>::c，最后的代码相当于 std::cout << (3 > 4 > 4) << std::endl，所以输出都为 0。

- 而对于 GCC 4.1，两个语句有着截然不同的解析顺序。其中 std::cout << (Y<X<1> >::c > ::c > ::c) << std::endl;和 GCC 8.1 的解析顺序相同，所以输出为 0。但是 std::cout << (Y<X< 1>>::c > ::c > ::c) << std::endl;的解析顺序则不同，先解析 1>>::c 得到结果 0，接着解析 X<0>::c 得到结果为类型 int，最后解析 Y<int> ::c 的结果为 3，所以输出结果为 3。

对于同一份代码的运行结果不同，这是我们处理兼容问题时最不想看到的情况。值得庆幸的是，像上面这份"奇怪"的代码不太会出现在真实的开发环境中。不过在将老代码迁移到新编译环境中时还是应该小心谨慎，避免出现难以预测的问题。

42.3 friend 声明模板形参（C++11）

友元在 C++中一直是一个备受争议的特性，争议的焦点是一个类的友元可以忽略该类的访问属性（public、protected、private），对类成员进行直接访问，破坏了代码的封装性。不过，我却很喜欢这个特性，在我看来友元语法简单且使用方便，合理使用不会造成代码混乱、难以阅读甚至可以简化代码，它提供了一种语法上的可能性，让程序员更灵活地控制对类的访问。至于说破坏封装性的问题，我们大可以谨慎使用友元，保证编写的类不会被滥用即可。

也许 C++ 委员会也是出于我这样的想法，在 C++ 标准中不但没有反对和删除这个特性，反而扩展了它在模板里的能力。介绍该能力之前，需要先介绍一个语法上的改进，在 C++11 标准中，将一个类声明为另外一个类的友元，可以忽略前者的 class 关键字。当然，忽略 class 关键字还有一个大前提，必须提前声明该类，例如：

```cpp
class C;

class X1 {
  friend class C;    // C++11 前后都能编译成功
};

class X2 {
  friend C;          // C++11 以前会编译错误，C++11 以后编译成功
};
```

在上面的代码中，X1 可以在 C++11 以及之前标准的编译器中编译成功，而 X2 在 C++11 之前则可能会编译失败，因为 friend C 缺少 class 关键字。这里说可能，是因为在某些新版本的编译器中，例如 GCC，即使指定了 -std=c++03，X2 也能够编译通过，而在另外一些新编译器中可能会给出警告，例如 Clang，但也会编译成功。请注意，这里为了保证 X2 编译通过，class C 的提前声明是必不可少的。

引入忽略 class 关键字这个能力后，我们会发现 friend 多了一些事情可以做，比如用 friend 声明基本类型、用 friend 声明别名、用 friend 声明模板参数：

```cpp
class C;
typedef C Ct;

class X1 {
  friend C;
  friend Ct;
  friend void;
  friend int;
};

template <typename T> class R {
  friend T;
};

R<C> rc;
R<Ct> rct;
R<int> ri;
R<void> rv;
```

以上代码中的 `friend C` 和 `friend Ct` 具有相同的含义，都是指定类 C 为类 X1 的友元。对于基本类型，`friend void` 和 `friend int` 虽然也能编译成功，但是实际上编译器不会做任何事情，也就是说它们会被忽略。这个特性可以延伸到模板参数上，当模板参数为 C 或者 Ct 时，C 为类 R<C>的友元，当模板参数为 int 等内置类型时，`friend T` 被忽略，类 R<int>不存在友元。

通过上面的示例可以发现，用模板参数结合友元可以让我们在使用友元的代码上进行切换而不需要多余的代码修改，例如：

```
class InnerVisitor { /*访问 SomeDatabase 内部数据*/ };

template <typename T> class SomeDatabase {
  friend T;
  // … 内部数据
public:
  // … 外部接口
};

typedef SomeDatabase<InnerVisitor> DiagDatabase;
typedef SomeDatabase<void> StandardDatabase;
```

这里 `DiagDatabase` 是一个对内的诊断数据库类，它设置 `InnerVisitor` 为友元，通过 `InnerVisitor` 对数据库数据进行诊断。而对外则使用类 `StandardDatabase`，因为它的友元声明为 `void`，所以不存在友元，外部需要通过标准方法访问数据库的数据。

42.4 变量模板（C++14）

请读者回答一个问题，如果想根据不同的类型去定义一个变量有哪些做法，根据以往的 C++知识，读者应该能想到两种方法。

在类模板定义静态数据成员：

```
#include <iostream>

template<class T>
struct PI {
  static constexpr T value = static_cast<T>(3.1415926535897932385);
};
```

```
int main()
{
  std::cout << PI<float>::value << std::endl;
}
```

使用函数模板返回所需的值：

```
#include <iostream>

template<class T>
constexpr T PI()
{
  return static_cast<T>(3.1415926535897932385);
}

int main()
{
  std::cout << PI<int>() << std::endl;
}
```

很明显，根据类型定义变量并不是一件有难度的事情，通过类模板和函数模板可以轻松达到这个目的。

不过 C++委员会似乎并不满足于此，在 C++14 的标准中引入了变量模板的特性，有了变量模板，我们不再需要冗余地定义类模板和函数模板，只需要专注要定义的变量即可，还是以变量 PI 为例：

```
#include <iostream>

template<class T>
constexpr T PI = static_cast<T>(3.1415926535897932385L);
int main()
{
  std::cout << PI<float> << std::endl;
}
```

在上面的代码中，constexpr T PI = static_cast<T>(3.14159265358979932385L);是变量的声明和初始化，template<class T>是变量的模板形参。请注意，虽然这里的变量声明为常量，但是对于变量模板而言这不是必需的，同其他模板一样，变量模板的模板形参也可以是非类型的：

```
#include <iostream>

template<class T, int N>
T PI = static_cast<T>(3.1415926535897932385L) * N;
```

```
int main()
{
  PI<float, 2> *= 5;
  std::cout << PI<float, 2> << std::endl;
}
```

在上面的代码中，变量模板 PI 不再是一个常量，我们可以在任意时候改变它的值。实际上，在 C++14 标准中变量模板给我们带来的最大便利是关于模板元编程的。举例来说，当比较两个类型是否相同时会用到：

```
bool b = std::is_same<int, std::size_t>::value;
```

可以看到，类模板 std::is_same 使用常量静态成员变量的方法定义了 value 的值，显而易见，直接使用变量模板编写代码要简单得多，比如：

```
template<class T1, class T2>
constexpr bool is_same_v = std::is_same<T1, T2>::value;

bool b = is_same_v<int, std::size_t>;
```

有些令人尴尬的是，虽然 C++14 标准已经支持变量模板的特性并且也证明了可以简化代码的编写，但是在 C++14 的标准库中却没有对它的支持。我们不得不继续使用 std::is_same<int, std::size_t>::value 的方法来判断两个类型是否相同。这个尴尬的问题一直延续到 C++17 标准的发布才得到解决，在 C++17 标准库的 type_traits 中对类型特征采用了变量模板，比如对于 some_trait<T>::value，会增加与它等效的变量模板 some_trait_v<T>，这里 _v 后缀表示该类型是一个变量模板。因此在 C++17 的环境下，判断两种类型是否相同就只需要编写一行代码即可：

```
bool b = std::is_same_v<int, std::size_t>;
```

42.5　explicit(bool)

C++20 标准扩展了 explicit 说明符的功能，在新标准中它可以接受一个求值类型为 bool 的常量表达式，用于指定 explicit 的功能是否生效。为了解释这项新功能的目的，让我们先看一看提案文档中的示例代码：

```
std::pair<std::string, std::string> safe() {
    return {"meow", "purr"};  // 编译成功
```

```
}

std::pair<std::vector<int>, std::vector<int>> unsafe() {
    return {11, 22};              // 编译失败
}
```

在上面的代码中 safe() 函数可以通过编译，unsafe() 则会编译报错。这个结果符合预期，整型转换为 std::vector<int> 看上去都不可能是合理的。不过，让我们想一想这个差异是怎么发生的。因为 "meow" 和 "purr" 都可以构造 std::string，所以 safe() 能编译成功，这没有问题。问题是整型也可以通过构造函数构造 std::vector<int>，为何 unsafe() 函数编译失败了，有读者可能会想到 std::vector<int> 的构造函数使用了 explicit 说明符，所以整型需要显式构造 std::vector<int>。知识点的确没错，但是这里 std::vector<int> 的构造函数使用 explicit 说明符无法阻止 std::pair 的构造，因为 std::pair 的实现类似于以下代码：

```
template<class T1, class T2>
struct MyPair {
  template <class U1, class U2>
  MyPair(const U1& u1, const U2& u2) : first_(u1), second_(u2) {}

  T1 first_;
  T2 second_;
};

MyPair<std::vector<int>, std::vector<int>> unsafe() {
  return { 11, 22 };  // 编译成功
}
```

上面这段代码是可以通过编译的，这说明 std::vector<int> 的构造函数使用 explicit 说明符没有限制作用。仔细观察代码会发现，实际上 {11, 22} 并没有直接构造 std::vector<int>，而是通过 first_(u1) 和 second_(u2) 间接构造 std::vector<int>，这个过程显然是一个显式构造。要解决这个问题，我们需要对 MyPair 的构造函数使用 explicit 说明符。

```
template<class T1, class T2>
struct MyPair {
  template <class U1, class U2>
  explicit MyPair(const U1& u1, const U2& u2) : first_(u1), second_(u2) {}

  T1 first_;
  T2 second_;
```

```
};

MyPair<std::vector<int>, std::vector<int>> unsafe() {
  return { 11, 22 };          // 编译失败
}

MyPair<std::string, std::string> safe() {
  return { "meow", "purr" };  // 编译失败
}
```

但是这样一来又会导致 safe() 编译失败。为了解决这一系列的问题，标准库采用 SFINAE 和概念的方法实现了 std::pair 的构造函数，其代码类似于：

```
// SFINAE 版本
template <typename T1, typename T2>
struct pair {
    template <typename U1=T1, typename U2=T2,
        std::enable_if_t<
            std::is_constructible_v<T1, U1> &&
            std::is_constructible_v<T2, U2> &&
            std::is_convertible_v<U1, T1> &&
            std::is_convertible_v<U2, T2>
        , int> = 0>
    constexpr pair(U1&&, U2&& );

    template <typename U1=T1, typename U2=T2,
        std::enable_if_t<
            std::is_constructible_v<T1, U1> &&
            std::is_constructible_v<T2, U2> &&
            !(std::is_convertible_v<U1, T1> &&
              std::is_convertible_v<U2, T2>)
        , int> = 0>
    explicit constexpr pair(U1&&, U2&& );
};

// 概念版本
template <typename T1, typename T2>
struct pair {
    template <typename U1=T1, typename U2=T2>
        requires std::is_constructible_v<T1, U1> &&
            std::is_constructible_v<T2, U2> &&
            std::is_convertible_v<U1, T1> &&
            std::is_convertible_v<U2, T2>
    constexpr pair(U1&&, U2&& );
```

```
template <typename U1=T1, typename U2=T2>
    requires std::is_constructible_v<T1, U1> &&
        std::is_constructible_v<T2, U2>
explicit constexpr pair(U1&&, U2&& );
};
```

从上面的代码可以看出，标准库利用 SFINAE 和概念实现了两套构造函数，对于类型可以转换地（使用 std::is_convertible_v 判定）采用无 explicit 说明符的构造函数，而对于其他情况使用有 explicit 说明符的构造函数。

尽管使用以上方法很好地解决了上述一系列问题，但是不得不说它的实现非常复杂。幸好 explicit(bool) 的引入有效地缩减了解决上述问题的编码：

```
// SFINAE 版本
template <typename T1, typename T2>
struct pair {
    template <typename U1=T1, typename U2=T2,
        std::enable_if_t<
            std::is_constructible_v<T1, U1> &&
            std::is_constructible_v<T2, U2>
        , int> = 0>
    explicit(!std::is_convertible_v<U1, T1> ||
        !std::is_convertible_v<U2, T2>)
    constexpr pair(U1&&, U2&& );
};
```

```
// 概念版本
template <typename T1, typename T2>
struct pair {
    template <typename U1=T1, typename U2=T2>
        requires std::is_constructible_v<T1, U1> &&
            std::is_constructible_v<T2, U2>
    explicit(!std::is_convertible_v<U1, T1> ||
        !std::is_convertible_v<U2, T2>)
    constexpr pair(U1&&, U2&& );
};
```

观察上述代码可以发现，std::pair 不再需要实现两套构造函数了。取而代之的是：

```
explicit(!std::is_convertible_v<U1, T1> || !std::is_convertible_v<U2, T2>)
```

当 U1、U2 不能转换到 T1 和 T2 的时候，!std::is_convertible_v<U1, T1> || !std::is_ convertible_v<U2, T2>的求值为 true，explicit(true)

表示该构造函数为显式的。反之，当 U1、U2 可以转换到 T1 和 T2 时，最终结果为
explicit(false)，explicit 说明符被忽略，构造函数可以隐式执行。

42.6　总结

本章介绍了 5 个和模板密切相关的特性，其中连续右尖括号的解析优化，虽然
看似改动很小，但却实打实地让我们在编写模板的时候舒心了不少。相对于前者，
外部模板和 friend 声明模板形参在实用性上确实少了一些，但不可否认的是它们
完善了模板机制。接着介绍变量模板，我认为是比较实用的新特性，很明显，相较
于 C++14 标准库，在 C++17 标准库引入了变量模板特性之后，type_traits 中的
模板元函数使用起来更加简明了。最后，explicit(bool)虽然比较复杂但非常实
用，它让 explicit 说明符可以根据指定类型来发挥作用，对于代码库的设计者来
说，这无疑增加了编码的灵活性。

附　录

特性章节对照表

特性章节对照表

特性	标准	章节
[[carries_dependency]] attribute	11	31.5.2
[[deprecated]] attribute	14	31.5.3
[[fallthrough]] attribute	17	31.5.4
[[likely]] and [[unlikely]] attributes	20	31.5.7
[[maybe_unused]] attribute	17	31.5.6
[[no_unique_address]] attribute	20	31.5.8
[[nodiscard]] attribute	17	31.5.5
[[noreturn]] attribute	11	31.5.1
__has_include	17	32.1
__VA_OPT__	20	32.3
add an rvalue reference	11	6
adding the constinit keyword	20	27.15
adding the long long type	11	1.1
adding u8 character literals	17	1.3
ADL and function templates that are not Visible	20	37.4
alignas	11	30.3
alignof	11	30.4
allow constant evaluation for all non-type template arguments	17	37.1
allow defaulting comparisons by value	20	34.4
allow initializing aggregates from a parenthesized list of values	20	15.5
allow pack expansion in lambda init-capture	20	35.8
allow structured bindings to accessible members	20	20.5
allow typename in a template template parameter	17	36.1
array size deduction in new-expressions	20	34.5

续表

特性	标准	章节
attribute specifier sequence	11	31.3
auto	11	3
binary literals	14	29.2
changing the active member of a union inside constexpr	20	27.13
char8_t: a type for UTF-8 characters and strings	20	1.3
class template argument deduction for aggregates	20	38.5
class template argument deduction for alias templates	20	38.4
class types in non-type template parameters	20	37.5
concepts	20	41
consistent comparison	20	24
const mismatch with defaulted copy constructor	20	34.9
consteval	20	27.14
constexpr	11	27
constexpr if	17	27.9
construction rules for enum class values	17	14.3
copy elision	11	34.3
coroutines	20	33
declaring non-type template parameters with auto	17	3.6
decltype	11	4
default constructible and assignable stateless lambdas	20	7.4
default member initializers for bit-fields	20	8.2
defaulted and deleted functions	11	10
delegating constructors	11	12
deprecate implicit capture of this via [=]	20	7.9
deprecate uses of the comma operator in subscripting expressions	20	34.11
deprecating volatile	20	34.10
designated initialization	20	9.5
down with typename	20	36.2
explicit conversion operator	11	34.1
explicit virtual overrides	11	16
explicit(bool)	20	42.5
extended constexpr	14	27.6
extended friend declarations	11	42.3
extension to aggregate initialization	17	15.2
extern template	11	42.1
familiar template syntax for generic lambdas	20	7.10
folding expressions	17	35.5

续表

特性	标准	章节
generalized lambda-capture	14	7.6
generalizing the range-based for loop	17	17.3
generic lambda expressions	14	7.7
hexadecimal floating literals	11	29.1
inheriting constructors	11	13
initializer list	11	9
inline namespace	11	2.1
inline variables	17	26
integrating feature-test macros	20	32.2
lambda capture of *this by value as [=,*this]	17	7.8
lambda expressions	11	7
local and unnamed types as template arguments	11	37.2
make exception specifications be part of the type system	17	21.6
matching of template template-arguments excludes compatible templates	17	37.6
nested inline namespaces	17	2.2
new character types	11	1.2
noexcept	11	21
non-static data member initializers	11	8.1
nullptr	11	23
pack expansions in using-declarations	17	35.7
permit conversions to arrays of unknown bound	20	34.6
permitting trivial default initialization in constexpr contexts	20	27.12
prohibit aggregates with user-declared constructors	20	15.4
range-based for loop	11	17
raw string literals	11	29.4
refining expression evaluation order	17	28
replacement of class objects containing reference members	17	34.2
return type deduction for normal functions	14	3.4
right angle brackets	11	42.2
selection statements with initializer	17	18
single-quotation-mark as a digit separator	11	29.3
solving the SFINAE problem for expressions	11	40
static_assert	11	19
std::is_constant_evaluated()	20	27.16
strongly typed enums	11	14
structured bindings	17	20
template argument deduction for class templates	17	38.1

续表

特性	标准	章节
template deduction guides	17	39
templates aliases	11	22.2
thread_local	11	25
trailing function return types	11	5
try-catch blocks in constexpr functions	20	27.11
unrestricted unions	11	11
user-defined literals	11	29.5
using attribute namespaces without repetition	17	31.4
using enum	20	14.4
variable templates	14	42.4
variadic templates	11	35
yet another approach for constrained declarations	20	41.9